面向数字影视的虚拟内容增强与视觉无缝融合

Virtual-reality Content Enhancement and Seamless Visual Fusion

张超　杨华民　韩成　于翠红　徐超　著

国防工业出版社

·北京·

内 容 简 介

本书面向数字影视摄制技术方面的巨大需求，主要介绍了虚拟内容增强和视觉无缝融合两大方面的主流关键技术。在各类关键技术介绍过程中，主要从理论知识、核心算法和验证评估三个层次展开。理论实践部分基于领域研究基础介绍了一些改进方法，读者可以根据实际应用场景选择适当的理论方法。对算法模型公式及算法流程均进行了翔实介绍，便于读者通过编程方式进行理论验证及算法实现，从而满足读者需求。

本书可作为高等院校计算机及相关专业高年级本科生及研究生的课程教材，也可作为数字影视、虚实融合等领域从业者或科研工作者的基础技术参考书。

图书在版编目(CIP)数据

面向数字影视的虚拟内容增强与视觉无缝融合 / 张超等著. -- 北京：国防工业出版社，2024.10.
ISBN 978-7-118-13489-6

Ⅰ. J90-39

中国国家版本馆 CIP 数据核字第 2024W2H821 号

※

国防工业出版社出版发行
(北京市海淀区紫竹院南路 23 号 邮政编码 100048)
三河市天利华印刷装订有限公司印刷
新华书店经售

*

开本 710×1000 1/16 **插页** 2 **印张** 17 **字数** 321 千字
2024 年 10 月第 1 版第 1 次印刷 **印数** 1-1500 册 **定价** 118.00 元

(本书如有印装错误，我社负责调换)

国防书店：(010)88540777 书店传真：(010)88540776
发行业务：(010)88540717 发行传真：(010)88540762

前 言

与传统影视摄制技术不同，数字影视在摄制过程中引入数字特效技术，实现了很多传统摄制技术无法拍摄的内容画面，例如，漫步太空、灾难重现、巨型怪兽、动作特效等，从宏大的史诗级制作到细节的精微刻画，数字特效技术无疑为艺术创作增加了更多的表达可能性。全球数字影视制作领域都呈现出蓬勃的发展态势，我国数字影视制作虽然起步晚，但无论在数字影视核心技术的科研攻关方面，还是在相关系统装备的研发方面，都进行了积极的探索创新，促使我国的民族文化艺术插上数字特效技术的翅膀而搏击长空。

纵观数字特效技术，亦真亦幻的虚实融合效果使观众如同身临其境一般观看到现实中无法获得的艺术画面，给观众带来极致的艺术体验。数字影视领域的科研人员及工作者只有不断深耕虚实融合关键技术，才能推动技术进步，助力我国影视业攀登艺术高峰。本书着眼于数字影视摄制技术方面对虚实增强与视觉融合的巨大需求，对相关关键技术进行了翔实的介绍，原理验证充分、逻辑清晰，易于读者学习和实践。

作者结合多年来从事虚实增强和视觉融合领域的科研工作经验，撰写本书。本书第1~5章由张超、杨华民、于翠红撰写，第6~8章由韩成、徐超撰写，全书由张超、韩成、于翠红统稿。

本书编写过程涉及的实验验证环节较多，感谢白志松、杨正全、张彤彤、陆思羽、张棋、张桃桃、都玉莹、杨轶涵等对撰写相关章节实验内容的鼎力相助。由于作者水平有限，书中难免存在疏漏和不当之处，希望广大读者批评指正。

作者
2024年1月

目录

第1章　研究现状及发展历程 …………………………………… 1

1.1　领域背景与研究意义 …………………………………… 1
1.2　视觉成像及深度估计 …………………………………… 2
1.3　多视图三维景物重建 …………………………………… 4
1.4　数字图像抠图及前背景分割 …………………………… 6
1.5　运动姿态估计及面部表情捕捉…………………………… 10
1.6　虚实景物注册及同步定位跟踪…………………………… 12
1.7　虚实融合遮挡及视焦模糊处理…………………………… 15
1.8　虚拟视点绘制及图像空洞修复…………………………… 18
1.9　研究领域关系与内容组织结构…………………………… 20
1.10　本章小结 …………………………………………… 22
参考文献 …………………………………………………… 23

第2章　立体视差优化与深度信息估计 ………………………… 29

2.1　立体视觉基础理论…………………………………………… 29
2.1.1　对极几何约束…………………………………………… 30
2.1.2　双目立体匹配…………………………………………… 31
2.1.3　非标定视觉校正………………………………………… 32
2.2　超像素约束匹配的立体视差估计…………………………… 35
2.2.1　双目图像视差规范化…………………………………… 35
2.2.2　可信粒度区域分割……………………………………… 36
2.2.3　粒度区域相似性度量…………………………………… 37
2.2.4　实验结果及数理分析…………………………………… 38
2.3　级联 ASPP 结构的单目图像深度估计 ……………………… 48
2.3.1　SC-SfMLearner 网络结构 ……………………………… 48
2.3.2　空洞空间卷积金字塔池化……………………………… 49
2.3.3　级联 ASPP 语义信息网络 ……………………………… 51

2.3.4 实验结果及数理分析 …… 53
2.4 本章小结 …… 56
参考文献 …… 57

第3章 多视图三维重建与景物模型编码 …… 58

3.1 三维模型编解码原理 …… 58
3.1.1 三维点云数据表示 …… 59
3.1.2 三维网格模型简化 …… 61
3.1.3 三维模型编码压缩 …… 65
3.2 融合无参注意力的多视图三维重建 …… 68
3.2.1 多尺度特征聚合 …… 69
3.2.2 匹配代价体构建 …… 71
3.2.3 匹配代价体正则化 …… 73
3.2.4 实验结果及数理分析 …… 74
3.3 三维景物模型的多分辨率编码 …… 76
3.3.1 多分辨率模型表示 …… 78
3.3.2 拓扑信息编码压缩 …… 79
3.3.3 几何数据编码压缩 …… 81
3.3.4 实验结果及数理分析 …… 84
3.4 本章小结 …… 87
参考文献 …… 87

第4章 数字化图像的感兴趣区域抠图 …… 91

4.1 数字抠图理论基础 …… 92
4.1.1 三分元素图 …… 92
4.1.2 视觉显著度特性 …… 93
4.1.3 梯度场泊松抠图 …… 95
4.2 融合多线索信息的感兴趣区域抠图 …… 96
4.2.1 感兴趣区域粗分割 …… 97
4.2.2 三分元素图提取 …… 98
4.2.3 掩膜透明度估计 …… 100
4.2.4 实验结果及数理分析 …… 102
4.3 端对端编解码器的感兴趣区域抠图 …… 106
4.3.1 训练数据集构建 …… 107
4.3.2 编解码器模块结构 …… 108

4.3.3 多维度注意力机制 …… 110
4.3.4 实验结果及数理分析 …… 113
4.4 本章小结 …… 117
参考文献 …… 117
第5章 人体姿态估计与面部数据重用 …… 118
5.1 形状回归相关模型 …… 118
5.1.1 HigherHRNet 深度网络 …… 119
5.1.2 主动形状模型 …… 120
5.1.3 主动表现模型 …… 128
5.2 多尺度特征融合的人体姿态估计 …… 131
5.2.1 自适应特征增强模块 …… 132
5.2.2 多尺度特征融合模块 …… 132
5.2.3 训练损失函数构建 …… 135
5.2.4 实验结果及数理分析 …… 136
5.3 级联回归引导的面部运动捕捉 …… 138
5.3.1 级联回归模型 …… 140
5.3.2 主体区域检测 …… 141
5.3.3 尺度特征点提取 …… 142
5.3.4 实验结果及数理分析 …… 144
5.4 本章小结 …… 147
参考文献 …… 148
第6章 景物跟踪注册与相机位姿估计 …… 150
6.1 图像特征及视觉特性 …… 150
6.1.1 特征提取及描述符匹配 …… 151
6.1.2 SLAM 视觉定位 …… 154
6.1.3 定标体视觉特性分析 …… 156
6.2 全场景视觉的刚体位姿跟踪 …… 158
6.2.1 多视角视觉系统标定 …… 158
6.2.2 定点信息三维解算 …… 163
6.2.3 刚体结构定位跟踪 …… 166
6.2.4 实验结果及数理分析 …… 168
6.3 视觉跟踪相机的动态轨迹迁移 …… 175
6.3.1 帧间相机位姿估计 …… 177

6.3.2 虚拟相机动态采样 …… 182
6.3.3 相机运动轨迹迁移 …… 185
6.3.4 实验结果及数理分析 …… 189
6.4 本章小结 …… 193
参考文献 …… 193
第7章 虚实景物遮挡与视焦融合平滑 …… 196
7.1 前背景视焦处理 …… 196
7.1.1 数据聚类分析 …… 197
7.1.2 弥散圆成像机理 …… 201
7.1.3 模糊参数估计 …… 203
7.2 层次化深度分割的虚实遮挡一致性 …… 204
7.2.1 深度数据分层聚类 …… 205
7.2.2 分层纹理贴图优化 …… 207
7.2.3 虚实遮挡一致性渲染 …… 208
7.2.4 实验结果及数理分析 …… 208
7.3 分层弥散模糊度的视焦平滑一致性 …… 215
7.3.1 弥散模糊层度量划分 …… 216
7.3.2 散焦场景弥散关系 …… 217
7.3.3 高斯核模糊度渲染 …… 218
7.3.4 实验结果及数理分析 …… 219
7.4 本章小结 …… 232
参考文献 …… 232
第8章 虚拟视点图像生成与空洞区域修复 …… 234
8.1 虚拟视点图像生成原理 …… 234
8.1.1 坐标系空间变换 …… 235
8.1.2 DIBR 视点图像绘制 …… 238
8.1.3 Criminisi 图像修复 …… 244
8.2 最佳优先级匹配的图像空洞修复 …… 248
8.2.1 结构优先级设置 …… 249
8.2.2 最佳匹配块选取 …… 251
8.2.3 空洞修复框架结构 …… 252
8.2.4 实验结果及数理分析 …… 253

8.3 生成对抗网络的视点图像空洞修复 …… 255
8.3.1 纹理细节填补结构 …… 255
8.3.2 训练损失函数构建 …… 257
8.3.3 空洞修复网络结构 …… 258
8.3.4 实验结果及数理分析 …… 259
8.4 本章小结 …… 261
参考文献 …… 262

第1章
研究现状及发展历程

1.1 领域背景与研究意义

纵观影视工业的发展历程,从黑白胶片到彩色荧屏再到近几年迅速崛起的特种电影,每个时期影视科技的发展与转变都给观众带来了巨大的视觉冲击以及心灵震撼,尤其是近些年特种影视技术使观众看到了《阿凡达》《后天》《变形金刚》等在现实生活中无法拍摄到的数字影视画面,它给影视摄制工作开辟了广阔的创作空间,从"写实"到"虚拟"与"真实"结合,影视创作进入了一个"只有想不到,没有做不到"的新境界。

数字影视作品是传统影视摄制技术与现代计算机技术相结合而发展出来的产物,一些叫座卖好的数字影视大片,以美国为首的现代好莱坞大片,能够产生巨大的轰动效应,背后都离不开计算机高新技术的支撑。正如奥斯卡科技奖(美国电影学院科学技术奖)得主、斯坦福大学的朗·费德基所说,顶尖的计算机专家不是在微软而是在好莱坞。我国数字影视作品的制作水平也在迅速提升中,《流浪地球》《寻龙诀》等给观众带来极致特效体验的影视作品数量逐年攀升,高端数字影视摄制技术的自主研发能力和相关技术型人才也在不断发展中,这使我国影视艺术更具创造力和市场竞争力。

从全球文化竞争格局来看,我国在文化领域核心技术和高端系统装备方面进口依赖度较高,制约了文化产业核心竞争力的提升。在文化和科技融合方面,我国相关科研成果与文化领域实际需求结合不够紧密,限制了民族文化与高科技手段高度融合的文化精品创造。为了增强我国文化领域自主创新能力和文化产业核心竞争力,《国家文化科技创新工程纲要》中强调了"加强文化领域共性关键技术研究"的主要任务:加强文化领域战略性前沿技术和核心技术研究,提升我国文化科技自主创新能力和国际影响力;面向文化产业和行业发展科技需求,开展文化产业发展的共性关键技术研究,增强文化领域共性技术支撑能力,提高文化产品的创造力、表现力和传播力。

为了使特种影视作品能够呈现出尽善尽美的视觉效果,数字影视摄制工作必将对虚实融合等技术提出更广的需求和更严格的要求。在精良数字影视作品的制作过程中,虚实融合效果的制作已成为主要的且耗时耗资巨大的工程。因此,面对数字影视在摄制技术方面的巨大需求和苛刻要求,只有不断地改进和完善面向数字影视的虚实融合关键技术,才能推动技术进步并促进数字影视业大发展、大繁荣。

1.2 视觉成像及深度估计

计算机视觉能够仿人眼观测外界场景的三维信息,使计算机提取场景物体的有用信息,从而具备认知外界信息并对其进行相应处理的理解能力。计算机视觉的相关技术研究不仅是工程领域的研究热点,也是各个交叉学科的挑战性课题。20 世纪中期,Marr 视觉计算理论的提出使二维图像转化为三维立体可视场景成为可能,也让立体视觉迈上了相关研究领域的新台阶。随着计算机视觉技术深入各行各业,其中的立体视觉技术凭借独特的仿人眼视觉原理,在智能机器人导航、非接触式三维测量、立体影视摄制、虚拟现实等领域受到广泛关注。

图像深度估计是计算机视觉领域中非常重要的研究课题,深度信息对理解场景三维结构关系起着关键性的作用,准确的深度信息有助于我们更好地理解三维场景,在自动驾驶、语义分割、移动机器人及三维重建等领域都有广泛的应用。普通摄像机的成像过程无法保留所拍摄物体到摄像机的距离信息,只能记录物体表面呈现的颜色信息,也就是说从三维几何投影到二维平面的过程会丢失深度信息。为了获取三维几何投影到二维平面时丢失的深度信息,广大学者开始尝试直接从 RGB 图像中估计场景的深度信息,即通过摄像机拍摄的 RGB 图像估计出每个像素对应场景中某点到摄像机的距离信息。基于常规图像的深度估计相较于激光测距仪等各种硬件设备获取表面深度信息而言,其所需要的成本较低,并且无需昂贵的设备仪器和专业操作人员,从而有着更广泛的应用范围。

目前,视觉成像及深度估计主要包括单目视觉深度估计、双目视觉深度估计、多目视觉深度估计、全景视觉深度估计等。

单目视觉深度估计是从单幅 RGB 图像中估计深度的处理方法,成为计算机视觉领域的经典研究问题之一。通过单幅 RGB 图像进行深度估计具有相当大的难度,原因是单幅 RGB 图像对应的三维场景存在多种可能性,而平面图像中没有稳定的线索来约束这些可能性。根据数学模型的构造方式,单目视觉深度估计方法大致分为基于传统算法的深度估计和基于深度学习的深度估计。

1987 年,Pentland 等[1]提出了一种较为实用的视觉深度估计方法,即边缘检测法,这种方法将散焦图像建模成为清晰图像与点扩散函数(PSF)的卷积运算,然后依靠场景图像中物体边缘位置的模糊量与深度对应关系估算出深度信息。

传统机器学习方法虽然实现了单幅 RGB 图像的深度估计,但总体来看其处理过程较为烦琐且人为假设较多,而更自然、更统一的模型框架便成为广大学者提高算法的发展方向。作为机器学习的重要分支之一,深度学习近年来发展迅猛,深度神经网络以其强大的特征提取能力、容错性能以及非线性拟合能力在计算机视觉、自然语言处理、语音识别等领域发挥了重要作用。对于早期的单幅 RGB 图像进行深度估计来说,大多数方法采用了有监督学习方式,即网络模型的训练数据带有标签信息。有监督网络模型要求每幅图像都有与其对应的深度标签,而深度标签采集通常需要使用深度相机或激光雷达,前者范围受限,后者成本昂贵。另外,设备采集的原始深度标签通常是一些稀疏三维点,并不能与原图很好地匹配。因此,不使用深度标签的无监督深度估计方法成为近年来的研究趋势,其基本思路是利用左右视图并结合对极几何与自动编码器的思想来估计深度。

双目视觉深度估计是通过两个摄像机模拟人类双眼,首先需要对两个摄像机进行参数标定,再匹配场景中的特征点,并利用立体视觉的三角测量原理恢复这些特征点的三维信息。图 1.1 为双目图像及对应深度图像,图 1.1(a)为真实场景的左眼图像,图 1.1(b)为真实场景的右眼图像,图 1.1(c)为真实场景对应的深度图像。文献[2]将双目立体视觉应用于机器人的三维场景感知过程中,通过提取场景中的特征点,对双目成像特征点进行匹配并结合视差估计进行三维场景重构;文献[3]利用双目立体视觉系统,通过移动摄像机采集不同时刻的多组图像进行三维场景恢复。在双目立体视觉系统中为了恢复特征点的三维信息,需要对这些特征点进行立体匹配并结合摄像机的标定参数,因此,立体视觉系统的摄像机标定和特征点匹配成为该领域研究的热点问题。

(a) 左眼图像

(b) 右眼图像

(c) 深度图像

图 1.1　双目图像及对应深度图像

双目视觉技术的计算理论借助了摄像机标定过程得到的几何成像模型参数,通过左、右眼两幅图像中匹配点二维坐标的投影变换,可解算得到空间点的三维世界坐标。双目视觉技术通过左、右眼摄像机建立起三维空间的物像关系,从而将匹配的二维图像坐标恢复为三维世界坐标,所以双目视觉中摄像机参数标定的精准度直接影响着三维世界坐标的解算精度。摄像机参数的标定是双目视觉系统构建的重要环节,因此参数标定的可信性与准确性是双目视觉技术研究的重点。

基于深度学习的视觉深度估计方法正在迅速崛起，2016 年，Zbontar 等[4]首次提出使用卷积神经网络提取图像特征进行代价计算，设置跨成本交叉的代价聚合，运用左、右一致性检查并消除错误的匹配区域，其标志着深度学习开始成为立体匹配的重要手段。2020 年，Xu 等[5]提出了一种基于稀疏点的尺度内代价聚合方法，以缓解视差不连续时的边缘较厚问题，还使用神经网络层近似传统的跨尺度代价聚合算法来处理大型无纹理区域，显著提升了处理速度。

多目视觉深度估计利用多摄像机系统拍摄得到的多目视图，恢复得到每个视角的深度图。对于多目视图而言，此类深度图的用途更为广泛。通过多目视图及其对应深度图，不仅可以得到立体图像，更重要的是可以实现基于平面图像的场景渲染和三维模型重建。多目视觉深度估计方法大致分为基于传统算法的多目视觉深度估计和基于深度学习的多目视觉深度估计。

1.3 多视图三维景物重建

多视图三维景物重建是三维重建的重要方法之一，一直受到计算机视觉、机器学习、无人驾驶、路径规划等领域学者的广泛关注与重点研究。根据平面图像恢复对象的三维几何形状，在人脸识别、智能导航、环境理解、三维建模等领域有着重要的现实意义。随着深度学习在计算机视觉领域的广泛应用，国内外学者开始尝试将深度学习的思想与三维重建相结合。

Kendall 等[6]利用几何知识和深度特征表示来生成代价体积，然后在代价体积上运用三维卷积神经网络进行上下文信息的合并，最终回归视差值得到三维表示。FU 等[7]通过对立体匹配过程引入深度学习来估计立体匹配置信度，此方法提出了结合多种模式和基于补丁方式的深度学习来预测置信度，它将初始视差图与参考彩色图像相结合，通过探索或研究多重结构的卷积神经网络，使两种模式更为有效地相互融合，进而用于特定的立体匹配置信度估计。由于 3D-R2N2 等方法用于三维重建的神经网络对图像特征提取能力较弱，而且所选用的损失函数不完全适当，故大部分神经网络模型仍存在训练困难、重建对象细节丢失等缺陷。

Cheng 等[8]提出了 UCS-Net 网络并将其用于多幅 RGB 图像的三维重建，为了适应每个像素深度预测的不确定性，构建了自适应薄体积（ATV）方法。此网络先通过平面扫描体估计出低分辨率深度信息，再使用 ATV 方法以更高的分辨率和精度来细化深度，这种多阶段网络框架能够对局部空间更加细分，从而实现质量较高的深度信息重建。Yang 等[9]提出了用于多视图深度推理的 CVP-MVSNet 深度神经网络，此方法为每个输入图像构建图像金字塔，然后每层以较短的搜索范围迭代地构建匹配代价向量，从而形成小型紧凑的多视图三维重建网络。此网络框架能够以更少的内存需求来处理高分辨率图像，相比 Point-MVSNet 方法，得到了更好的三维重建精度。Wang 等[10]提出了 PatchmatchNet 网络模块,其所提网络结构引入了 PatchmatchNet 并对其核心算法做出改进,使其计算速度快、内存需求低,能够处理更高分辨率的待重建图像,并且更适用于资源有限的设备执行操作。

Yao 等[11]将可微单应性映射与深度神经网络相结合,将二维特征提取网络与三维代价正则化网络相连接,实现了端到端的模型参数训练。此外,为了使特征提取网络能够适应任意数量的源图像序列,他们提出了基于方差的匹配代价计算方法,将多个特征向量映射成为单一匹配代价向量,然后通过三维卷积对初始深度图进行正则化与回归运算。由于 MVSNet 方法在代价体正则化时过于耗费内存,使得此类网络模型难以应用于高分辨率场景。Yao 等[12]以 MVSNet 神经网络为基础对 MVSNet 方法进行了改进,将 MVSNet 与循环神经网络相结合,提出了循环多视图立体网络 R-MVSNet,此网络模型合理地引入了门控循环单元(GRU),利用 GRU 沿深度方向进行二维代价图正则化,使得该网络模型相比 MVSNet 在很大程度上降低了内存消耗,并且促进高分辨率场景的三维重建成为可能。

孙鹏辉[13]提出了基于注意力引导的多视图三维重建网络,使用 U-Net 框架提取参考图像不同尺度的细节特征信息,并将这些细节特征信息用于指导深度图的精细化过程,接着对细化后的深度图进行去噪融合以获得相应的三维点云。陈秋敏[14]采用体素方式表示三维模型,然后构建包含三维模型内部信息的相关数据集,通过 3D-ResNet 网络进行多视图的物体三维重建,此网络采用 LovaszSoftmax 损失函数,使基于多视图的三维重建效果得到较大提升。Ma 等[15]以 3D-R2N2 为基础构建了新式深度网络模型,此深度网络模型使用密集连接结构作为其编码器,选用倒角距离作为参数模型的损失函数,这种处理方式一方面提高了网络学习能力,另一方面将整体模型的重点处理过程集中于三维对象的细节结构重建上。此外,为了更好地利用特征信息,该深度网络构建了两个并行的预测分支来改进模型解码器。Chen 等[16]提出了深度网络架构 Point-MVSNet 将重建场景直接处理为点云,通过此深度框架对重建对象生成初始的粗深度图,接着将其转化为粗粒度点云,然后根据预测深度图与真实深度图之间的残差对其粗粒度点云进行迭代细化,此深度框架在重建精度和计算效率方面都有显著提高。

为了提升三维重建过程的推演效率,Yu 等[17]提出了由稀疏到稠密、由粗到细的 Fast-MVSNet 架构,从而有利于快速准确地进行多视图深度估计。高分辨率深度图、高斯-牛顿结构层、数据自适应传播方法共同保证了此结构框架的有效性,并且框架结构使用的网络模块均为轻量级,从而保证了多视图的三维重建效率。相比 Point-MVSNet、R-MVSNet,Fast-MVSNet 重建效率最快、重建质量相仿甚至更好。由于离散性点集较难表示连续的精细几何结构,Liu 等[18]将隐式最小二乘曲面公式引入深度神经网络,以此来继承点集表达的灵活性和隐式曲面的高质量保真。IMLSNet 通过预测八叉树来生成 IMLS 的各分支,利用学习得到的局部先验来表示形状几何,此方法在重建质量、计算效率等方面较以往的常规方法都有显著提高。

近几年,基于多视图的三维重建技术在多个领域取得了不错的发展,可以预见深度学习将会在三维领域得到深入发展,深度神经网络从二维到三维的演变不但使技术进步,也将使社会应用发展。

1.4 数字图像抠图及前背景分割

数字图像抠图(digital matting)是指从原始图像画面中将想要得到的目标内容抠取出来的处理过程,它不仅是现代图像处理技术的核心内容,而且是各类虚实融合过程的基本构成部分。数字图像抠图技术的飞速发展主要源于现代影视媒体对特效画面制作的迫切需求,也就是将真实景物抠取出来放到其他场景图像中进行特效制作,或将现实拍摄到的真实景物图像抠取出来与非真实部分相结合。随着现代数字科技的日益进步,数字图像抠图技术经历了从早期的蓝屏抠图到基于自然场景抠图的过程,数字图像抠图背景的日渐复杂化,也使得抠图技术日趋精进。

通过近些年特效数字影视作品的呈现,如《阿凡达》《变形金刚》等,可以发现数字图像抠图技术已经发展到非常成熟的阶段。但不同的数字图像抠图方法在具体应用领域中使用时所能呈现出的抠图效果会有所不同,后续将介绍不同数字图像抠图方法的研究现状及发展历程。

对于单一背景的数字图像抠图方法来说,蓝屏抠图技术是指将前景目标置于已知的单一颜色背景中进行拍摄,然后根据已知的单一背景颜色信息实现前景目标图像的抠取。根据光照条件的不同,单一背景颜色通常选取绿色、蓝色等单一颜色,故称为蓝屏抠图技术。图 1.2 为基于单一背景的数字图像抠图,图 1.2(a)为蓝色单一背景条件下数字图像的抠图及其合成效果,图 1.2(b)为绿色单一背景条件下数字图像的抠图及其合成效果。这类抠图技术主要应用于早期的影视制作或对拍摄条件有一定限制的拍摄过程中,蓝屏抠图技术减少了未知因素的个数,从而简化了数字图像抠图过程。颜色差异法、三角抠图等是较为常用的蓝屏抠图方法。

对于自然图像的数字化抠图方法来说,随着数字科技的迅猛发展,自然图像抠图技术成为近些年特效影视制作以及媒体传播领域的关注重点,也成为抠图技术的重点研究内容。自然图像抠图技术不同于传统蓝屏抠图技术,它对背景图像的内容和颜色没有严格限制,能够实现任意自然场景中前景目标图像的提取操作,从而极大丰富了前景素材的储备,提高了影视作品的观赏性。就目前技术实现方式而言,在自然图像抠图领域,为了提高抠图结果的精准性,常需要人为介入并提供一些必要的约束条件,也就是在抠图前期进行必要的交互协助,交互方式主要包括三分元素图和笔刷涂鸦两种。

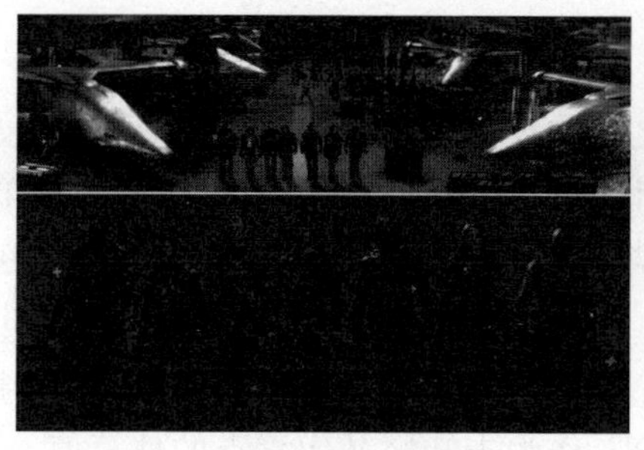
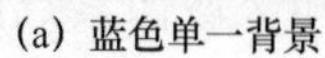

(a) 蓝色单一背景

(b) 绿色单一背景

图 1.2 (见彩图)基于单一背景的数字图像抠图

对于三分元素图交互方式而言,三分元素图需要人为地进行大量交互操作,但其得到的前景图像较为精准。图 1.3 为基于三分元素图的数字图像抠图,图 1.3(a)为待进行前景抠图的原始自然图像,图 1.3(b)为通过交互方式得到的区域划分图像,图 1.3(c)为基于三分元素图进行前景抠图而得到的前景掩膜图像。

(a) 原始自然图像

(b) 区域划分图像

(c) 前景掩膜图像

图 1.3 (见彩图)基于三分元素图的数字图像抠图

(a) 原始自然图像

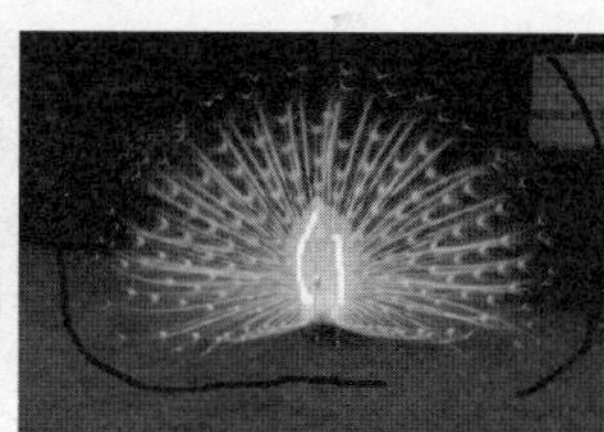

(b) 笔刷涂鸦图像

(c) 前景掩膜图像

图 1.4 (见彩图)基于笔刷涂鸦的数字图像抠图

对于笔刷涂鸦交互方式而言,笔刷涂鸦虽然不需要人为地进行大量交互操作,但其在某些复杂背景图像的细节处理方面达不到预期效果。图 1.4 为基于笔刷涂鸦的数字图像抠图,图 1.4(a)为待进行前景抠图的原始自然图像,图 1.4(b)为通过交互方式得到的笔刷涂鸦图像,图 1.4(c)为基于笔刷涂鸦图进行前景抠图而得到的前景掩膜图像。

1. 基于颜色空间采样的数字图像抠图方法

在自然图像中,相邻像素点之间的纹理属性具有极强的相关性,如色度值、灰度值、亮度值等,这种基于强相关性进行抠图研究的方法称为基于采样的数字图像抠图方法。依据图像信息统计领域的局部平滑假设,通过对相近像素点进行采样,得到颜色信息相近的前景像素点 F_i 和背景像素点 B_i ,再估计出未知区域像素点的透明度参数 α_i ,其中, i 为像素点在图像中的索引。Berman 等[19]对确定区域的前景颜色和背景颜色进行加权处理,作为未知区域像素点的估算值。2000 年,Ruzon 和 Tomasi[20]提出了数字抠图技术中的概率统计方法,其主要思想是选取已知的前景和背景像素点作为样本,对样本进行聚类分析,再比对未知区域像素点与样本中各个聚类的相似度,从而推导出未知区域的抠图透明度参数。

2001 年,Chuang 等[21]的数字抠图的贝叶斯方法就是基于概率统计思想提出的,它使用贝叶斯公式将未知像素点的估算转化为最大后验概率问题。2007 年,Wang 等[22]提出了判断前景和背景像素点能否作为样本的判定方法,即根据"信任系数"大小进行判断的鲁棒抠图方法。2011 年,He 等[23]设计了一种基于全局采样的数字图像抠图方法,该类方法将候选样本的采集过程看作图像像素点与前景像素点 F_i 和背景像素点 B_i 组成矩阵的匹配问题。这种方法仅借助于对颜色信息的采样,在前景颜色与背景颜色重叠时极易产生错误的配对,故 Shahrian 等[24]于 2012 年就此类问题提出了一种基于加权纹理采样的数字图像抠图方法,这种方法主要是将纹理信息作为采样依据,极大地丰富了局部信息,进而增强了采样依据,避免错误地配对。2013 年,Shahrian 等[25]又提出了一种基于全面采样的抠图方法,根据与已知前景和背景的远近不同,分别选择较大或较小的邻域,进而实现采样点的全面性。

使用上述采样方法得到的数字图像抠图结果的有效性与人为交互的三分元素图有很大关系,当三分元素图较为精确时,所获取的抠图结果较好,计算速度也较快,但增加了用户的工作量。在选取的图像纹理或颜色较为复杂的情况下,只考虑颜色和位置信息是不够的,还需要引入其他采样依据,才能使抠图效果更好。

2. 基于传播的数字图像抠图技术

在基于采样的抠图方法基础上,2004 年出现了一类新的抠图方法——基于传播的数字图像抠图方法,该类方法除泊松方法对三分元素图的精确性要求较高,其他方法只需人为提供简单的前景线条、背景线条,使人工交互的工作量大大减少。基于传播的抠图方法是通过计算相邻像素点间不同类型的相似性来估计透明度值,为了能使前景目标被有效地提取出来,此类抠图方法的关键是保证信息在像素间的有效传播。

2004 年,Sun 等[26]提出了泊松抠图方法(poisson matting,PM),这种方法假设

前景和背景像素点之间具有平滑过渡的特性，然后把图像像素点的亮度看成图像本身所具有的一种场，在亮度梯度场上求解泊松方程，之后利用狄利克雷边界条件求解未知区域内各个像素点的透明度值。2006 年，Levin 等[27]提出了闭形式抠图方法，这种方法使用某两种颜色的线性组合来表示前景颜色或背景颜色，这样就可以把对闭形式的求解看成对最小化二次代价函数的求解，这种方法以及推导得到的拉普拉斯抠图矩阵为后续的深入研究奠定了扎实基础。

2011 年，Lee 等[28]提出了基于非邻域方法的抠图算法，通过有效的像素聚类来减少人工交互工作量，同时提高了该算法的效率。2013 年，Chen 等[29]进一步提出了 K-近邻（KNN）抠图方法，该方法实现了非邻域闭形式的数字图像抠图。基于聚类的抠图方法将大量像素点归为一类，它在充分利用非邻域间结构信息的基础上减少了人工交互操作，也实现了比较好的抠图效果，但降低了像素透明度估计的精准度。Chen 等[30]在原有工作基础上又提出了邻域与非邻域相结合的抠图方法，该抠图方法在使用流形结构进行抠图的同时又使用了闭形式方法，从而可以得到更稳定的抠图效果。

3. 基于采样与传播相结合的数字图像抠图技术

这种采样与传播相结合的抠图方法将基于颜色空间采样的方法和基于传播的方法进行融合，得到一个能量函数，同时考虑到了当前抠图方法中区域内统计的相容性和像素点间的渐变性，从而增强算法的鲁棒性。采样与传播相结合的数字图像抠图方法主要有：2005 年，Wang 等[31]提出的迭代优化算法，2006 年，Guan 等[32]提出的 Easy Matting，2008 年，Rhemann 等[33]提出的增强颜色抠图方法等。

4. 其他类型数字图像抠图技术

此外，针对一些特殊或复杂自然场景图像，还有环境抠图、阴影抠图、半透明抠图等。以上数字图像抠图方法的研究都是通过对二维平面图像进行抠图来得到前景目标图像，而二维平面图像又是三维真实场景在成像平面上的透射投影，透射投影过程中忽略了真实三维场景的深度信息。下面结合数字图像抠图技术实现过程中使用的相关方法，简单介绍结合深度信息的数字图像抠图方法的发展情况。

近些年将深度信息与彩色图像相结合的抠图方法逐渐发展起来，2006 年，Kolmogorov 等[34]在对前景和背景建模过程中同时使用了深度和颜色信息，并将基于这两种信息的不同抠图结果进行融合，有效提高了前景目标的分割精度，但是该方法要求前景和背景的深度层级不同。2010 年，Zhang 等[35]提出了一种运用深度特征分类进行抠图的方法，先借助双目立体视觉技术对场景稠密深度图进行计算，再根据深度特征对场景区域进行分类，从而达到数字图像抠图的目的。深度特征克服了颜色、纹理等容易受到光照条件的影响，从而获得较好的抠图结果。随着深度图采集设备的不断发展，借助深度信息进行自然图像抠图的方法将日趋发展与进步。

随着对自然图像抠图技术研究的不断深入,目前该类算法已经发展到几十种甚至更多,在普通自然背景抠图方面已经取得了较为理想的抠图效果,针对一些复杂背景的抠图技术也在日益完善中。目前,自然图像抠图技术的发展呈现多种方法相融合、与局部信息(如纹理、几何形态等)相融合的技术模式,另外机器学习等抠图方法也在逐渐尝试并发展起来。

1.5 运动姿态估计及面部表情捕捉

人体运动捕捉技术(motion capture,MoCap)作为计算机视觉研究运动目标识别的关键性课题,其广泛应用在动画制作、虚拟现实、模拟训练等领域[36-37]。图 1.5 为常见人体运动捕捉技术,图 1.5(a)为机械式人体运动捕捉技术,图 1.5(b)为电磁式人体运动捕捉技术,图 1.5(c)为光学式人体运动捕捉技术,图 1.5(d)为体感式人体运动捕捉技术。

(a) 机械式人体运动捕捉技术

(b) 电磁式人体运动捕捉技术

(c) 光学式人体运动捕捉技术

(d) 体感式人体运动捕捉技术

图 1.5 常见人体运动捕捉技术

目前,人体运动捕捉技术普遍采用光学式运动捕捉,通过多个摄像机同时捕捉同一人体的目标特征点,并利用立体视觉原理计算所有目标特征点在空间中的三维信息值,当人体特征点在空间中运动时,摄像机通过视频帧实时采集对应特征点,并定位提取这些特征点的运动轨迹。一般来说,人体运动捕捉系统通过在人体的各个关节处粘贴标识点作为摄像机捕捉的特征点,通过对标识点进行追踪计算三维信息,最后将运动捕捉数据传输到三维模型。

面部表情运动捕捉作为人体运动捕捉的一个分支而存在,由于在进行人体运动捕捉时面部表情特征数据提取不够精确,为了实时地对人脸面部表情进行捕捉,一般将面部表情运动捕捉和人体运动捕捉分开处理。对于面部表情运动捕捉来说,目前采用的方式有基于标记点的面部表情运动捕捉、基于深度相机的面部表情运动捕捉和无标记的面部表情运动捕捉。图 1.6 为基于标记点的头盔式面部运动捕捉技术。

(a) 真人面部运动捕捉

(b) 虚拟角色面部运动映射

图 1.6 基于标记点的头盔式面部运动捕捉技术

无标记的面部表情运动捕捉一般需要先对人脸区域进行检测,再通过检测到的人脸区域进行特征提取,最后对提取到的人脸特征进行三维重构。文献[38]针对人脸表情捕捉,先用 OpenCV 自带的人脸识别算法检测人脸区域,再对检测到的人脸各个区域进行一系列图像处理操作,最后将捕捉到的人脸特征信息和三维动画模型进行绑定,实现人脸表情运动的动画制作。Zhang 等通过构建摄像机和投影机的结构光扫描系统来采集人脸表情三维数据,同时利用一种新的立体算法计算人脸深度信息,将深度信息和模型进行匹配来加载并驱动人脸三维模型。Sibbing 等首先重构视频中第一帧的人脸三维网格并作为模板网格,利用模板网格匹配视频后续帧的面部表情动作;然后通过利用第一帧视频图像中的若干采样点构建 2D 网格来跟踪每帧的采样点变化情况;接着对每帧使用曲面拟合方法对采样点进行三维重构;最后结合三维点之间的约束关系进行面部表情跟踪捕捉。由于面部捕捉关键的第一步是人脸检测,人脸区域的检测直接影响着后期面部数据处理结果,人脸检测一般通过一定的算法对图像或者视频序列进行人脸判断,并同时对人脸的姿态进行定位[39-40]。文献[41]将稀疏表达的思想应用到人脸检测中,其首先完成人脸局部区域的采集,把人脸的某一部分区域作为检测样本;然后得到判别性的字典,该字典具有重构性、判别性和可解释性,字典中的每个值映射着人脸的局部区域;接着运用稀疏编码检测窗口判断人脸局部区域是否出现,主要通过投票策略的方法实现;最后通过人脸局部区域的检测结果和位置定位完成人脸的检测与识别。

由于人脸的各个特征之间具有一定的联系,可以使用这种联系在进行人脸检测前设定一系列先验规则,当检测到的人脸特征不符合规则时,检测失效。文献[42]通过对人体的形状特征进行分析后,提出了基于人体形状分析和肤色信息的光照不变人脸检测,其通过确定颈部区域和肩部区域之间像素点的急剧增加来提取人脸区域,同时为了确定人脸区域对皮肤颜色信息也进行了分析。文献[43]采用浮动参数结合人脸黄金比例的方式对人脸进行检测,由于环境光照会影响检测精度,通过肤色分割结合 YCbCr 值寻找皮肤颜色,此外通过人脸的黄金比例来验证面部特征信息。文献[44]使用改进的 AdaBoost 算法进行人脸检测,使用 AdaBoost 算法对分类器进行改进和优化,通过构建一个弱分类器,将检测后得到的最优弱分类器级联成强分类器,对面部特征进行判别,从而实现人脸区域的检测。文献[45]将获得的人体肤色像素映射到颜色空间后进行观察和分析,在颜色空间上选择合适的空间区域,利用运动检测结合背景差分法实现人脸区域检测。

对摄像机捕捉到的人脸图像进行人脸特征提取时,人脸特征点提取的精度直接影响着面部表情运动捕捉的精度,因此人脸特征提取是面部表情运动捕捉研究领域的热点问题[46]。其中,主动形状模型(ASM)[47]已成为主流的人脸特征提取算法,ASM 算法首先需要通过选择合适的人脸检测算法,将检测到的特征数据作为 ASM 算法的初始信息,利用 ASM 进行自动提取并跟踪人脸特征信息。文献[48]为了避免 ASM 算法陷入局部极小值,提出了一种改进的 ASM 算法:先获取瞳孔中心位置并将其作为 ASM 的初始位置,再通过建立两个纹理模型构成新的纹理模型使其可以准确地定位人脸特征点。文献[49]利用增量主成分分析不断地对图像的特征空间进行更新,通过新的匹配算法结合 ASM 算法对人脸特征进行提取。

1.6 虚实景物注册及同步定位跟踪

增强现实系统中虚实景物的跟踪注册技术一般采用摄像机获取场景中的特定人工标记特征或者场景中的自然特征,利用这些特征在成像平面上的坐标位置信息获取摄像机在场景中的位姿信息,实现对虚实景物的跟踪注册[50]。虚拟景物的注册过程主要是解决虚拟景物在摄像机移动到不同姿态下坐标空间的映射定位问题,使虚拟景物能够实时、准确地显示在真实图像的指定位置。图 1.7 为特征点跟踪与虚拟景物注册,显示了虚拟景物在真实场景中的定位放置效果。在增强现实系统中,由于不同场景中的光照信息、背景信息等都会导致特征信息丢失,从而影响虚实景物的跟踪注册稳定性、跟踪速度等,因此国内外很多学者对增强现实的跟踪注册技术进行了广泛研究。

图 1.7　特征点跟踪与虚拟景物注册

基于人工标识特征的注册跟踪技术,在摄像机拍摄的场景中放置人工标识特征信息,当摄像机采集图像时对人工标识特征进行检测,再通过摄像机在当前姿态位置获取检测到的特征标识信息相对于摄像机的初始位置和方向,最后将虚拟景物进行渲染[51]并融入真实场景。传统的人工标识特征通常采用黑白规则以便于计算机识别该图案[52],其能够在复杂环境中进行快速识别检测,以达到实时跟踪注册的目的。文献[53]将虚实景物的跟踪注册技术应用到房屋室内设计中,对三维虚拟模型的位置信息进行编码处理,可将虚拟三维模型放置在室内的墙壁、天花板等地方,使用户能更好地体验增强现实的魅力。文献[54]将人工标识图案放置于白色的背景中,通过对图像的二值化和边缘检测提取人工标识特征的边缘信息,利用摄像机成像的针孔模型结合多元线性方程对特征点的三维信息进行求解,实现虚实景物的三维注册。然而,该方法无法应用于在复杂背景环境下的三维跟踪注册。由于基于四边形的人工标识在复杂场景中识别误差大、处理效率低,文献[55]设计了一种基于三角形的人工标识图案,通过对三角形的轮廓识别提取后进行标识区域的扭曲校正,再与模板图像进行匹配,结合 Camshift 算法对摄像机采集到的目标区域进行实时跟踪注册。

随着手机、平板电脑等智能终端设备的快速发展,许多学者利用彩色标识图案替代黑白标识图案,以此利用场景中的颜色信息,且能够丰富人工标识图案的样式,以提升增强现实系统的环境融合度。文献[56]利用两种颜色的标识信息结合最小二乘法进行虚实景物的跟踪注册,其不需要利用摄像机的参数即可进行跟踪,因此能够应用于变焦摄像机的注册跟踪系统中。文献[57]设计了三种人工标识,这些标识采用减色混合的三种颜色,分别是青色、品红色和黄色,在这三种标记外围有一个区域能够进行虚实景物的叠加跟踪注册,以及能够估计标识之间的旋转角度。图1.8为基于特定人工标识的虚拟景物跟踪注册,其中的C、M、Y分别表示青色、品红色和黄色。文献[58]提出了一种多彩色人工标识的虚实景物跟踪注册方法,其通过自适应阈值对彩色标识的轮廓进行提取,利用模板图像结合两种颜色模型对彩色标识图案进行颜色匹配,通过计算摄像机在场景中的姿态对虚拟景物进行注册。

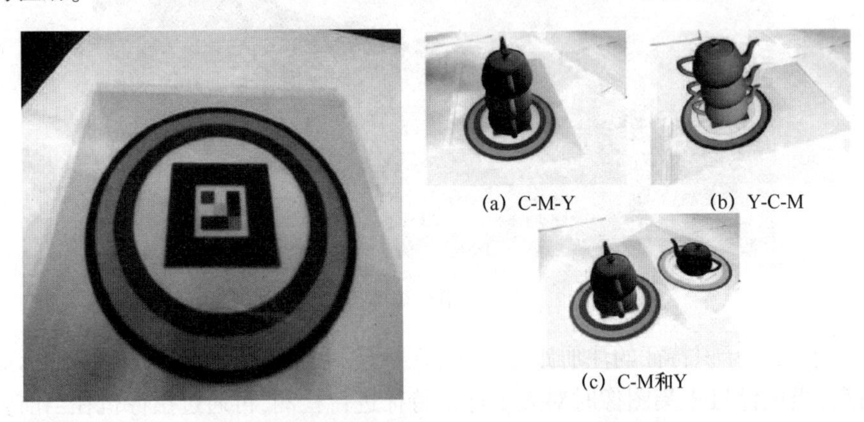

图1.8 基于特定人工标识的虚拟景物跟踪注册

基于人工标识的虚实景物跟踪注册方法中存在部分标识被遮挡的情况,导致虚拟景物无法完成跟踪注册操作,且该方式要求场景中必须放置事先设定好的人工标识图案,因此造成增强现实系统的普适性不强。此外,场景中的光照信息会导致标识检测与识别错误,不适用于复杂的场景。

基于自然场景特征的虚实景物跟踪注册方法,能够利用场景中的特征信息进行跟踪注册,摄像机摄取场景中的每帧图像并对检测到的图像不变特征信息进行匹配,结合摄像机的单应性矩阵得到每帧图像相对于摄像机的位姿信息,以此对虚实景物进行实时的跟踪注册。文献[59]为了提高场景识别率,采用自适应随机树对场景进行学习,并通过PROSAC算法结合并行计算的方式对摄像机进行跟踪。图1.9为基于自然场景特征的虚拟景物跟踪注册效果图。

自然场景特征点匹配的好坏直接影响虚实景物的跟踪注册效果,SIFT算法凭借在尺度空间中特征描述子对场景中特征点的匹配,且具有旋转不变性、不受光照影响等优点受到广泛关注。文献[60-61]将SIFT算法应用到真实场景的虚实景物跟踪注册过程中,通过SIFT算法对场景中的特征点进行匹配,求解摄像机在场景中的位姿信息。SIFT算法对特征点提取和匹配速度较慢,导致虚实景物跟踪注

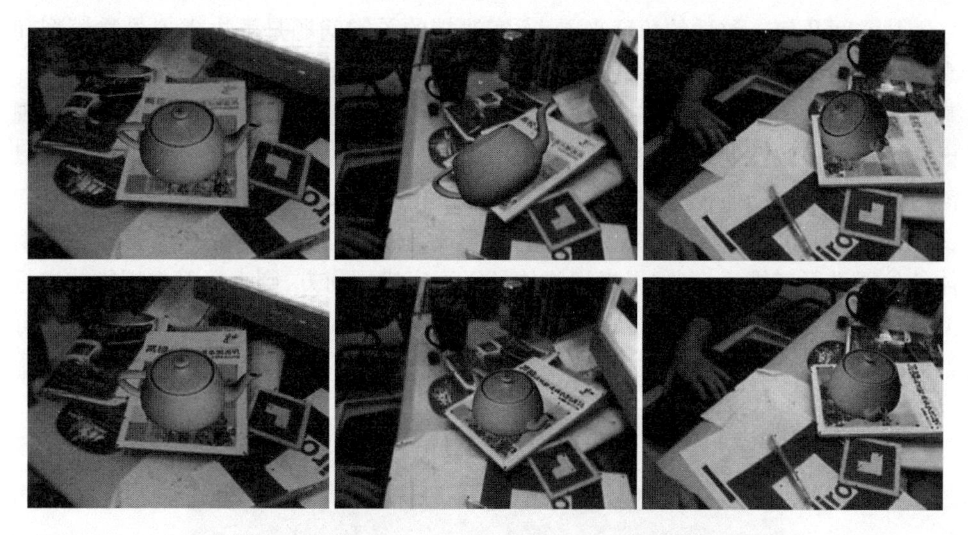

图 1.9 基于自然场景特征的虚拟景物跟踪注册效果图

册实时性受限，可以通过使用 SURF 算法并结合光流法进行跟踪注册。文献[62]使用 FAST 角点探测算法对场景特征点进行提取，并结合 SURF 算法建立特征描述子，以及利用 RANSAC 算法剔除杂点对场景特征点匹配的影响，进一步提高了场景跟踪注册的实时性。随着智能手机的快速普及，很多学者将虚实景物跟踪注册扩展到手机应用中，利用移动手机摄像头对场景进行实时三维重建，并通过提取自然场景中的特征信息进行跟踪注册[63-65]。

1.7 虚实融合遮挡及视焦模糊处理

在增强现实技术中，使参与者完全沉浸于虚拟和真实相融合的场景具有重要研究意义，其涉及虚拟景物如何定位到真实场景中且不随着视点的变化而改变，以及虚实融合场景中的虚拟景物和真实景物在视点观测的角度上是否符合人类视觉模式，也就是说当虚拟景物放置在真实场景中时能否把真实场景中的背景信息覆盖上，以及是否和真实景物在融合场景中发生位置遮挡。目前，随着增强现实技术在一些虚实遮挡精度要求较高场合下的应用，以及在具有较强沉浸感虚实融合场景中的使用，虚实无缝融合已成为研究的热点[66]。

虚拟物体在场景中的空间位置和摄像机拍摄的真实场景合成是否存在一定遮挡关系，需将虚拟物体和真实场景转换到同一个空间坐标系下才能确定，因此虚实融合效果的好坏直接取决于虚实遮挡是否正确[67]。为了解决虚实遮挡问题，普遍采用的方法有对真实景物进行三维模型重建的虚实遮挡方法和利用立体视觉生成真实场景深度图的虚实遮挡方法。

从空间几何一致性的角度来看,虚实遮挡的关键问题是解决虚拟景物模型和真实景物模型在三维场景中的位置关系。图 1.10 为虚实遮挡一致性处理效果图。基于景物建模的虚实遮挡方式,通过对场景中的真实景物模型进行三维重构实现虚实遮挡的一致性处理,虚实融合过程中虚拟物体摆放位置在真实物体后方时,只需对建模的真实物体模型进行处理,即可达到虚拟物体被真实物体遮挡的效果。文献[68]利用该思想对虚实遮挡进行处理,对虚拟物体要放置在场景中的真实物体的位置进行三维建模,如果虚拟物体处于真实模型前方,则直接对虚拟物体进行渲染,使整个三维场景符合视觉效果。该方法只是针对遮挡物体的局部处理,具有计算量小的优点,然而该方法不适用于复杂场景。

图 1.10　虚实遮挡一致性处理效果图

文献[69]为了避免预先判断虚拟物体在真实场景中的位置,采用 SFM 算法获取场景特征点,利用特征点分割真实物体在场景中的位置并对该物体进行三维建模。文献[70-71]在解决虚拟装配中所面临的虚实遮挡问题,也就是在处理虚拟零件和视角装配特征与真实物理部件之间的相互关系时,通过获取真实零部件在摄像机成像模型下的空间位置,将三维重建的真实零部件注册到该成像坐标系下,并对虚拟场景中的零件进行绘制,同时对真实零件深度信息和虚拟零件的深度信息进行各个像素的比较。文献[72]为了对场景中的真实物体进行实时快速三维重构,首先通过 Kinect 生成整个场景的深度图,结合 GPU 对场景进行实时重构,再对场景遮挡边缘进行精确提取实现虚实遮挡。

基于深度信息的虚实遮挡方式,先通过双目立体视觉获取场景的深度信息,再判断虚拟景物渲染位置是否存在遮挡现象[73]。在解决虚实遮挡问题上,文献[74]通过双目摄像机快速地匹配场景中的特征点,利用特征点获取场景深度信息,将虚拟物体融合进真实场景时,首先对虚拟景物的位置进行定位,当定位的位置和场景中存在的真实物体发生视觉冲突时,进行虚实遮挡处理。文献[75]也采用双目视觉方式构建场景深度信息,并利用改进的立体匹配方式避免出现实时计算量大等问题。文献[76]首先对场景的深度信息进行提取,然后采用分层区域划分视差估计的方式对物体的锐利边缘进行精确定位,最后通过定位边缘的视差估计生成场景的深度图以重构三维场景。

文献[77]提出了一种能够解决摄像机或者场景中有抖动现象的虚实遮挡问题,其通过对极几何约束对场景中的图像特征点进行匹配,针对抖动问题采用局部颜色直方图进行背景过滤,再利用高斯核函数对物体轮廓线进行提取。文献[78]采用立体视觉技术采集左、右视图中的场景信息,利用对极几何关系获取场景的深度信息,同时通过颜色信息和空间信息融合构建一个高斯核概率模型对场景遮挡的信息进行估计。文献[79]通过三维多视角的像素深度映射技术重建三维场景,深度映射采用三维物体在投影图像的统计方差最小化方式,结合深度图和方差图对图像像素进行分类,实现场景的虚实遮挡。文献[80]通过对遮挡物体的轮廓判断来进行遮挡处理,其采用基于标记的方式对遮挡物体轮廓进行提取。

目前,虚实遮挡问题在实时性和精度性方面还有待完善,虽然国内外很多学者对这一问题进行了研究,但是仍然面临着不同场景具体方法普适性不足的问题[81]。尤其是在研究虚实遮挡问题时,场景中的光照对虚实遮挡产生一定影响,如何消除光照产生的阴影问题也是虚实遮挡急需解决的关键性问题。

在增强现实系统中,摄像机捕获真实场景会由于外界环境或人为等因素造成真实图像失真,或是为了引导用户强调重要元素人为地添加模糊效果。而视焦模糊处理指的是通过一定的方法,使增强现实融合场景中虚拟物体与真实物体具有一致的模糊效果。当前对于虚实融合场景视焦模糊处理问题的研究大致分为两种:一种是当真实场景存在运动模糊现象时,对虚拟物体添加运动模糊效果;另一种是当真实场景存在散焦模糊现象时,对虚拟物体进行景深渲染处理。

对于给虚拟物体添加运动模糊效果的问题,Park 等[82]改进 ESM 算法使其能够追踪三维运动模糊的物体,在估计运动模糊物体之后,在 3D 透视下渲染对象的两帧图像,并对它们进行扭曲以创建多个中间图像来形成融合画面,得到与捕获图像具有一致模糊性的虚拟对象渲染图。严玉若[83]提出了一种基于视频透视增强现实系统的虚实融合运动模糊处理方法,该方法将 Radon 变换和 Canny 算子相结合,估计出真实场景的运动模糊参数,然后使用点扩散函数对虚拟物体进行模糊处理,解决了虚实景物运动模糊效果的不一致问题。

对于真实场景运动模糊的参数估计问题,陈至坤等[84]采用逐行法实现模糊图像复原,其模糊角度也是通过分析频谱图并进行 Radon 变换得到的,模糊尺度则是借助频谱图暗条纹宽度计算得到的。此方法对于模糊尺度估计效果较好,但是在实际应用中模糊图像的频谱图存在十字亮线,无法去除其对模糊角度估计的干扰。Zhou 等[85]使用 Radon 变换分析频谱图的明暗条纹来估计模糊角度,并利用自相关矩阵通过测量共轭相关波谷之间的距离来估计模糊尺度。

对散焦模糊和景深渲染的研究可以追溯到 1981 年,Potmesil 和 Chakravarty[86]为计算机图形学的应用增加了景深效果。Barsky[87]将景深渲染的方法分为图像空间和物理空间方法。图像空间方法也称后处理法,是借助深度图对完美对焦的图像进行渲染操作,使图像形成自然模糊。物理空间方法能够渲染出高质量的景深效果图像,但与之伴随的是高耗能的计算开销,因此物理空间方法通常用于离线场合。与之相比,图像空间方法在计算效率方面具有更多优势,是实时应用领域常用的方法。

1.8 虚拟视点绘制及图像空洞修复

虚拟视点绘制技术是指在保证交互性和沉浸感的同时,使用较少数据表示三维场景,其通常分为:基于模型的绘制(model-based rendering,MBR)和基于图像的绘制(image-based rendering,IBR)[88]。基于模型的绘制需要进行三维重建,对于复杂场景需要占用大量空间且渲染表面纹理效果不好,所以研究者通常采用基于图像的绘制方法[89]。

基于图像的绘制不需要进行场景建模,一般有两种绘制方法,分别为基于视差信息合成虚拟视点图和基于深度信息合成虚拟视点图[90]。基于图像的绘制与基于模型的绘制方法相比,其优点在于:基于图像的绘制操作方法更为简单,并且无论场景多复杂,绘制过程的纹理信息损失均较少。

基于视差信息的虚拟视点绘制,首先需要利用立体匹配的方法得到两幅图像之间的视差信息;其次根据视差对图像进行缩放,再通过线性插值的方法得到中间的新参考视点图;最后将得到的多个虚拟视点图进行融合[91]。整个过程采用的方法一般有两种:一种是正向映射,就是根据视差信息将原视图平移到新视图中;另一种是反向映射,先计算图像的视差和虚拟视点的位置信息,再进行像素平移,这样就得到了立体的三维图像。基于视差信息的虚拟视点绘制流程如图 1.11 所示。

在基于深度信息的虚拟视点绘制过程中,很多图像没有多视点信息,有人提出了基于深度图像的虚拟视点(depth-image-based rendering,DIBR)绘制方法,这种方法利用单目图像及其对应的深度图来获取虚拟视点图[92]。

对于深度图而言,其真实深度为 8bit,共有 256 个灰度级[93],将深度图和原始 RGB 图像的每个像素点进行匹配,则像素值为 0~255,0 表示物体距离相机最远。随着像素数值增大,物体距离相机越来越近。将实际深度 D 量化为深度值 Q,计

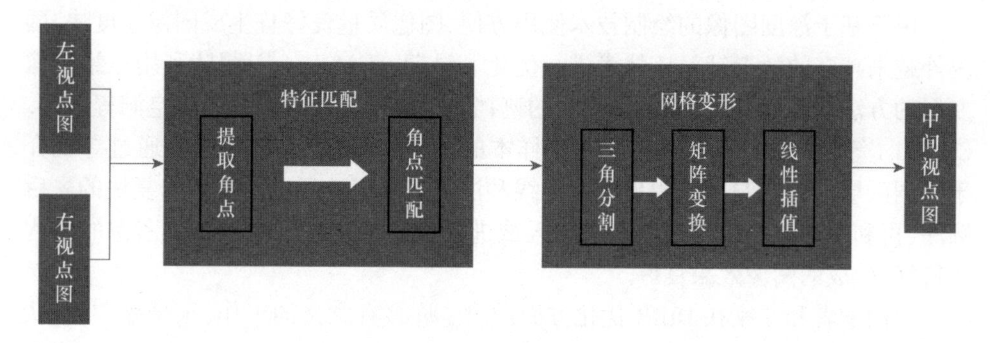

图 1.11 基于视差信息的虚拟视点绘制流程

算公式为

$$D = \frac{\text{far} \cdot \text{near}}{\text{near} + \frac{Q}{2^n - 1} \cdot (\text{far} - \text{near})} \tag{1.1}$$

式中：near为最近深度；far为最远深度；n为深度图位深。如果只采用小数点后一位的数值表示深度信息会有很多像素损失，故也用 16 位数字进行像素值的表示[94]。

为了生成虚拟视点图像，将深度图的深度信息换算成欧几里得距离，再根据坐标信息投影到三维空间内，使三维空间的点信息被投影到虚拟成像平面中，这就是图像变换的 3D Image Warping 技术，此项技术通常用来生成虚拟视点图像（图 1.12）。

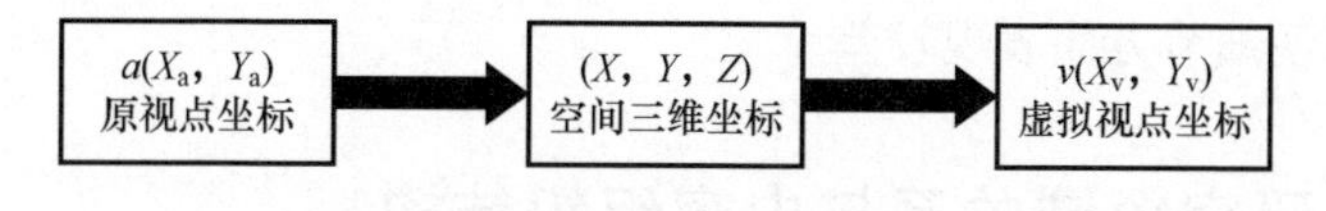

图 1.12 3D Image Warping 技术

同时，要想利用单视点图像获得另一视点图像，就需要将单视点图像与其对应的深度图像进行虚拟视点合成，以此获得任意视点的虚拟视图。另外，虚拟视图的生成过程极易产生空洞现象，因此还要对生成的虚拟视点图像进行空洞修复处理。

传统的空洞修复过程通常采用邻近插值法、线性插值法等，随着机器学习技术的不断发展，近些年运用卷积神经网络技术进行空洞修复也越来越多。虽然基于机器学习的空洞修复方法取得了较好效果，但其修复速度较慢且需要占用大量存储空间，并且空洞修复的类型较为单一。因此，对于全景图的深度图获取、虚拟视点合成以及空洞修复技术的相关研究，尤其是获得质量较好的全景图像深度图和虚拟视点图具有更强的现实意义和实用价值。

由于基于深度图像的绘制技术使用方便、图像质量良好且生成图像速度快,国内外越来越多的学者针对该技术进行优化。早期,McMillan[95]团队利用三维图像变形的方法绘制新视点,但是物体间的遮挡会产生信息缺失和大面积空洞等问题。Criminisi 等[96]在 2004 年提出了基于样本的图像修复模型,这种模型通过寻找介于空洞区域与无空洞区域边界的等照线和法线角度来选择进行空洞修复块的先后顺序,再利用图像的纹理合成对空洞区域进行修复。这种方法考虑了图像的结构性特征,生成的图像效果良好。

国内学者和专家在 DIBR 优化方面做出了许多有意义的工作,张严辞[97]团队进行了小数据集多视点图像的生成研究,该项研究可以计算出图像的三维模型并且可以通过这个模型获取任意视点下的图像信息。骆凯[98]通过单路图像生成新视点图像,这种方法改善了新虚拟视点图像在传输过程中占用带宽过大的问题。刘占伟等[99]采用深度处理方法对深度图进行了滤波处理,大大减少了图像中的空洞区域。郁理[100]同样进行了深度图像的处理操作,修复深度图中的空洞继而修复新生成虚拟视点图像的空洞区域。

近些年,深度学习被广泛应用于空洞修复过程之中。Deepak Pathak[101]提出了一种基于卷积神经网络的自编码结构来进行空洞修复的方法,首先对空洞周边的像素进行学习,其次计算邻域内的像素点与整体场景的关联关系,最后根据关联性进行空洞修复。Chao Yang[102]等通过多个自编码器联合训练来进行空洞修复等操作。Yu 等[103]在此基础上又提出了门卷积操作,与上述方法不同,这种方法还会学习掩膜的大小和参数,从而辅助网络进行空洞修复。尽管这些网络模型都有一定的创新性,但是在细节方面存在一定缺陷,其中大部分方法没能充分利用全图像信息,致使细节方面表现较差。

1.9 研究领域关系与内容组织结构

数字影视虚实融合是将真实景物与虚拟景物二者完美融合而形成观赏性影视画面的过程,不同类型的影视画面合成过程则需要选择恰当的虚实融合技术进行串联而得到。图 1.13 示出了部分常用的数字影视虚实融合关键技术。

从图 1.13 可以看出,数字影视虚实融合关键技术主要涵盖真实景物拍摄、三维虚拟景物建模、景物信息提取、骨骼数据绑定、虚实融合、立体画面呈现六大处理过程。真实景物拍摄过程主要由单机拍摄、双机拍摄和多机拍摄三种拍摄方式构成;三维虚拟景物建模过程主要由手工三维建模和三维逆向重构两种方式构成;景物信息提取过程则主要包括数字化前景抠图、立体视差及深度图等方面目标景物信息的获取;骨骼数据绑定过程主要包含人体动作捕捉、面部表情捕捉和手部运动捕捉三个方面的骨骼数据捕捉及运动数据重用;虚实融合过程覆盖的范围较广,由

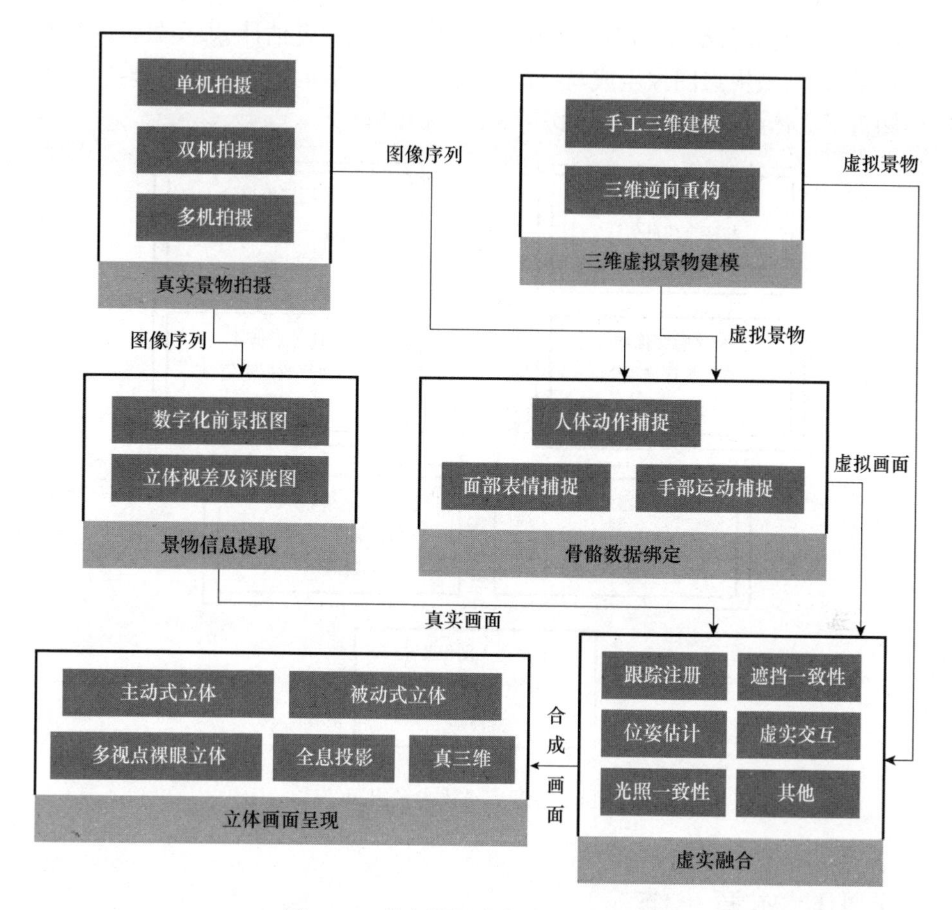

图 1.13　数字影视虚实融合关键技术

跟踪注册、遮挡一致性、位姿估计、虚实交互、光照一致性等技术构成;立体画面呈现过程主要包括主动式立体、被动式立体、多视点裸眼立体、全息投影、真三维五种类型的立体影像呈现方式。

从处理过程的衔接角度来看,景物信息提取过程从真实景物拍摄过程获取所需图像序列,而后将提取出的真实画面传递给虚实融合过程;骨骼数据绑定过程从真实景物拍摄过程和三维虚拟景物建模过程分别获取所需的图像序列和虚拟景物,然后将骨骼数据绑定后的虚拟画面传递给虚实融合过程;虚实融合过程则利用相关技术手段完成虚实景物的完美融合,以供立体画面呈现过程使用。可见,这些虚实融合关键技术并不是各自独立的,它们之间存在一定的交叉关系,每个单独的关键技术点都可能是其他关键技术得以实现的前提或保障。

本书以数字影视的虚实融合关键技术为主线,系统地描述了立体视差优化与深度信息估计、多视图三维重建与景物模型编码、数字化图像的感兴趣区域抠图、人体姿态估计与面部数据重用、景物跟踪注册与相机位姿估计、虚实景物遮挡与视焦融合平滑、虚拟视点图像生成与空洞区域修复等主流的虚实融合关键技术,所述内容涵盖了立体画面呈现过程的多个环节(图 1.14)。

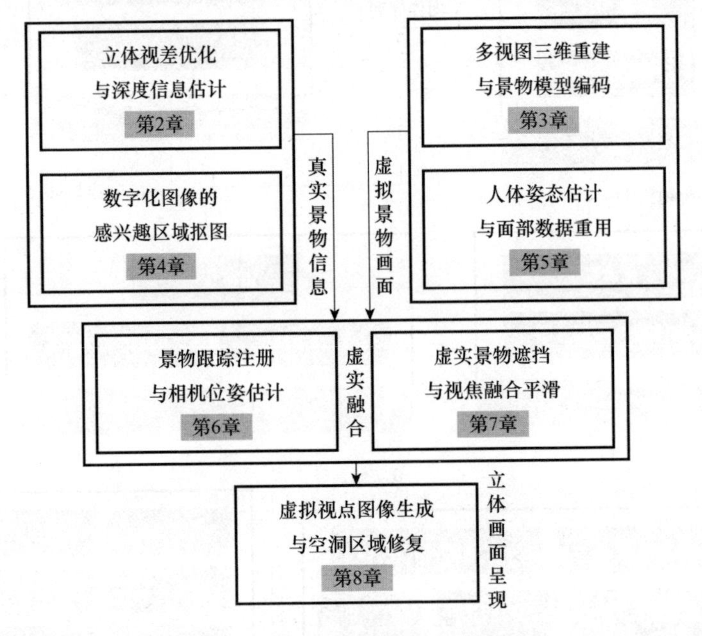

图 1.14　各章节描述内容组织结构

1.10　本章小结

本章详细介绍了数字影视摄制技术的发展背景及其在特种影视作品制作过程中不可替代、日益增强的关键作用,进而引出了数字影视摄制技术的基础支撑与关键技术,即面向数字影视的虚拟内容增强与视觉无缝融合关键技术,并针对虚实融合实现过程中使用范围较广的视觉成像、深度估计、三维重建、数字图像抠图、人体姿态估计、虚实景物跟踪注册、虚实融合遮挡及视焦模糊处理、虚拟视点图像绘制及空洞区域修复等关键技术的国内外研究现状及其发展历程进行了详细介绍。

参考文献

[1] Pentland, Paul A. A new sense for depth of field[J]. IEEE Transactions on Pattern Analysis & Machine Intelligence, 1987, 9(4):523-531.

[2] Nefti-Meziani S, Manzoor U, Davis S, et al. 3D perception from binocular vision for a low cost humanoid robot NAO[J]. Robotics & Autonomous Systems, 2015, 68(C):129-139.

[3] Hazzat S E, Saaidi A, Karam A, et al. Incremental multi-view 3D reconstruction starting from two images taken by a stereo pair of cameras[J]. 3D Research, 2015, 6(1):1-18.

[4] Zbontar J, Lecun Y. Computing the stereo matching cost with a convolutional neural network[C]//2015 IEEE Conference on Computer Vision and Pattern Recognition. Boston: IEEE Computer Society, 2015: 1592-1599.

[5] Xu H, Zhang J. AANet: adaptive aggregation network for efficient stereo matching[C]//2020 IEEE Conference on Computer Vision and Pattern Recognition. Seattle: Computer Vision Foundation/IEEE, 2020:1956-1965.

[6] Kendall A, Martirosyan H, Dasgupta S, et al. End-to-End learning of geometry and context for deep stereo regression[C]//International Conference on Computer Vision. Venice: IEEE Computer Society, 2017, 1(17):66-75.

[7] Fu Z, ArDaBilian M. Learning confidence measures by multi-modal convolutional neural networks[C]//Winter Conference on Applications of Computer Vision (WACV). Lake Tahoe: IEEE Computer Society, 2018:1321-1330.

[8] Cheng S, Xu Z, Zhu S, et al. Deep stereo using adaptive thin volume representation with uncertainty awareness[C]//Conference on Computer Vision and Pattern Recognition (CVPR). Seattle: Computer Vision Foundation/IEEE, 2019:2521-2531.

[9] Yang J, Mao W, Alvarez J M, et al. Cost volume pyramid based depth inference for multi-view stereo[C]//Conference on Computer Vision and Pattern Recognition (CVPR). Seattle: Computer Vision Foundation/IEEE, 2020:4876-4885.

[10] Wang F, Galliani S, Vogel C, et al. PatchmatchNet: learned multi-view patchmatch stereo[C]//Conference on Computer Vision and Pattern Recognition (CVPR). Seattle: Computer Vision Foundation/IEEE, 2020:14194-14203.

[11] Yao Y, Luo Z, Li S, et al. MVSNet: depth inference for unstructured multi-view stereo[C]//European Conference on Computer Vision (ECCV). Munich: Lecture Notes in Computer Science, Springer, 2018: 785-801.

[12] Yao Y, Luo Z, Li S, et al. Recurrent MVSNet for high-resolution multi-view stereo depth inference[C]//Conference on Computer Vision and Pattern Recognition (CVPR). Long Beach: Computer Vision Foundation/IEEE, 2019:5520-5529.

[13] 孙鹏辉. 基于深度学习的多视图三维重建算法及并行化研究[D]. 宁夏:宁夏大学, 2020.

[14] 陈秋敏. 基于深度学习的多视图物体三维重建研究[D]. 成都:电子科技大学, 2020.

[15] Ma T, Kuang P, Tian W. An improved recurrent neural networks for 3d object reconstruction[J]. Applied Intelligence, 2020, 50(3):905-923.

[16] Chen R, Han S, Xu J, et al. Point-based multi-view stereo network[J]. IEEE Transactions on Pattern Analysis and Machine Intelligence, 2019:1-1.

[17] Yu Z, Gao S. Fast-MVSNet: sparse-to-dense multi-view stereo with learned propagation and gauss-newton refinement[C]//Conference on Computer Vision and Pattern Recognition (CVPR). Seattle: Computer Vision Foundation/IEEE, 2020:1946-1955.

[18] Liu S L, Guo H X, Pan H, et al. Deep implicit moving least-squares functions for 3D reconstruction[C]// Conference on Computer Vision and Pattern Recognition (CVPR). Virtual: Computer Vision Foundation/ IEEE, 2021:1788-1797.

[19] Berman A, Vlahos P, Dadourian A. Comprehensive method for removing from an image the background surrounding a selected object[P]. EP11173730.0, US, 2013-11-06.

[20] Ruzon M A, Tomasi C. Alpha estimation in natural images[C]// Proceedings of the 2000 IEEE Conference on Computer Vision and Pattern Recognition. Hilton Head, USA: IEEE, 2000, 1:18-25.

[21] Chuang Y Y, Curless B, Salesin D H, et al. A bayesian approach to digital matting[C]//Proceedings of the 2001 IEEE Conference on Computer Vision and Pattern Recognition. Kauai, USA: IEEE, 2004, 2: 264-271.

[22] J Wang, MF Cohen. Optimized color sampling for robust matting[C]//Proceedings of the 2007 IEEE Conference on Computer Vision and Pattern Recognition. Minnesota, USA: IEEE, 2007:17-22.

[23] He K M, Rhemann C, Rother C, et al. A global sampling method for alpha matting[C]//Proceedings of the 2011 IEEE Conference on Computer Vision and Pattern Recognition. Colorado Springs, USA: IEEE, 2011: 2049-2056.

[24] Ehsan Shahrian Varnous faderani, Deepu Rajan. Weighted color and texture sample selection for image matting[J]. Image Processing IEEE Transactions, 2012, 22(11):4260-4270.

[25] Ehsan Shahrian, Deepu Rajan, Brian Price, et al. Improving image matting using comprehensive sampling sets[C]//Proceedings of IEEE Conference on Computer Vision and Pattern Recognition. Los Alamitos: IEEE Computer Society Press, 2013:636-643.

[26] Sun J, Jia J, Tang C K, et al. Poisson matting[J]. ACM Transactions on Graphics, 2004, 23(3): 315-321.

[27] Levin A, Lischinski D, Weiss Y. A closed form solution to natural image matting[C]//Proceedings of the 2006 IEEE Computer Society Conference on Computer Vision and Pattern Recognition. New York: IEEE Computer Society, 2006, 1: 61-68.

[28] Lee P, Wu Y. Nonlocal matting[C]//Proceedings of IEEE Conference on Computer Vision and Pattern Recognition. Los Alamitos: IEEE Computer Society Press, 2011:2193-2200.

[29] Chen Q, Li D, Tang C K. KNN matting[J]. IEEE Transactions on Pattern Analysis and Machine Intelligence, 2013, 35(9):2175-2188.

[30] Chen X, Zou D, Zhou S Z, et al. Image matting with local and nonlocal smooth priors[C]//Proceedings of IEEE Conference on Computer Vision and Pattern Recognition. Los Alamitos: IEEE Computer Society Press, 2013:1902-1907.

[31] Wang J, Cohen M F. An Iterative optimization approach for unified image segmentation and matting[C]// IEEE International Conference on Computer Vision. Beijing: IEEE Computer Society, 2005, 2:936-943.

[32] Guan Y, Wei C, Liang X, et al. Easy Matting-A stroke based approach for continuous image matting[J]. Computer Graphics Forum, 2006, 25(3):567-576.
[33] Rhemann C, Rother C, Gelautz M. Improving color modeling for alpha matting[C]//Proceedings of British Machine Vision Conference. Leeds: British Machine Vision Association, 2008:1155-1164.
[34] Kolmogorov V, Criminisi A, Blake A, et al. Probabilistic fusion of stereo with color and contrast for bilayer segmentation[J]. IEEE Transactions on Pattern Analysis & Machine Intelligence, 2006, 28(9):1480-1492.
[35] Zhang C, Wang L, Yang R. Semantic segmentation of urban scenes using dense depth maps[C]//Computer Vision-ECCV 2010, 11th European Conference on Computer Vision. Heraklion, Crete: Lecture Notes in Computer Science 6314, Springer,2010:708-721.
[36] Shinoda Y, Mito Y, Ozawa T, et al. Consideration of classification of dance movements for nihon buyo using motion capture system[C]//SICE Annual Conference (SICE). Fukuoka: IEEE, 2012:1025-1028.
[37] Harbert S D, Zuerndorfer J, Jaiswal T, et al. Motion capture system using wiimote motion sensors[C]//International Conference of the IEEE Engineering in Medicine and Biology Society. San Diego, CA: IEEE, 2012:4493-4496.
[38] 郑立国,孙亦南. 动画制作中面部关键点的表情捕捉技术[J]. 吉林大学学报(工学版), 2013, 43(3):110-114.
[39] Tsao W K, Lee A J T, Liu Y H, et al. A data mining approach to face detection[J]. Pattern Recognition, 2010, 43(3):1039-1049.
[40] Yang M, Crenshaw J, Augustine B, et al. AdaBoost-based face detection for embedded systems[J]. Computer Vision and Image Understanding, 2010, 114(11):1116-1125.
[41] 张抒,蔡勇,解梅. 基于局部区域稀疏编码的人脸检测[J]. 软件学报, 2013, 24(11):2747-2757.
[42] Chakraborty D. An illumination invariant face detection based on human shape analysis and skin color information[J]. Signal & Image Processing, 2012, 3(3):55-62.
[43] Chen R C, Yang K L, and Chang C K. The detection of facial features based on floating parameters and biometrics[C]//International Conference on Business and Information, Bali, 2013:178-187.
[44] 孟子博,姜虹,陈婧,等. 基于特征裁剪的 AdaBoost 算法及在人脸检测中的应用[J]. 浙江大学学报:(工学版), 2013, 47(5):906-911.
[45] 刘王胜,冯瑞. 一种基于 AdaBoost 的人脸检测算法[J]. 计算机工程与应用, 2016, 52(11):6.
[46] Liya D, Martinez A M. Features versus context: an approach for precise and detailed detection and delineation of faces and facial features[J]. IEEE Transactions on Pattern Analysis and Machine Intelligence, 2010, 32(11):2022-2038.
[47] Cootes T F, Taylor C J, Cooper D H, et al. Active shape models-their training and application[J]. Computer Vision and Image Understanding, 1995, 61(1):38-59.
[48] Dang L, Kong F. Facial feature point extraction using a new improved active shape model[C]//Image and Signal Processing (CISP), 2010 4th International Congress on. IEEE. Trois-Rivieres: Lecture Notes in Computer Science 6314, Springer, 2010:944-948.
[49] 李皓,谢琛,唐朝京. 改进的多模板 ASM 人脸面部特征定位算法[J]. 计算机辅助设计与图形学学报, 2010, 22(10):1762-1768.
[50] Zheng F, Schmalstieg D, Welch G. Pixel-wise closed-loop registration in video-based augmented reality[C]//Mixed and Augmented Reality (ISMAR), 2014 IEEE International Symposium on. IEEE. Munich, Germany: IEEE Computer Society, 2014:135-143.

[51] Park H, Park J. Invisible marker-based augmented reality[J]. International Journal of Human-Computer Interaction, 2010, 26(9):829-848.

[52] 罗斌，王涌天，沈浩，等．增强现实混合跟踪技术综述[J]．自动化学报，2013，39(8):1185-1201.

[53] Saito S, Hiyama A, Tanikawa T, et al. Indoor marker-based localization using coded seamless pattern for interior decoration[C]//IEEE Virtual Reality Conference. Charlotte: IEEE Computer Society, 2007: 67-74.

[54] 桂振文．面向移动增强现实的场景识别与跟踪注册技术研究[D]．北京:北京理工大学，2014.

[55] 刘嘉敏，安乐祥，常燕，等．增强现实中基于三角标识的三维注册方法[J]．沈阳工业大学学报，2013，35(1):79-84.

[56] Belghit H, Zenati-Henda N, Bellabi A, et al. Tracking color marker using projective transformation for augmented reality application[C]//International Conference on Multimedia Computing and Systems (ICMCS), Tangier, Morocco. USA: IEEE, 2012:372-377.

[57] Suzuki A, Manabe Y, Yata N, et al. Overlayable and rotation-free transmissive circular color marker for augmented reality[C]//Conference on Colour in Graphics, Imaging, and Vision. Amsterdam, The Netherlands: Society for Imaging Science and Technology, 2012, 1(6):115-120.

[58] 刘嘉敏，陈烁，段勇，等．基于多色彩标识的跟踪及交互方法[J]．系统仿真学报，2014，26(12): 2928-2938.

[59] Tao G, Duan L, Chen Y, et al. Fast scene recognition and camera relocalisation for wide area augmented reality systems[J]. Sensors, 2010, 10(6):6017-6043.

[60] Teng C H, Wu B S. Developing QR code based augmented reality using SIFT features[C]//2012 9th International Conference on Ubiquitous Intelligence & Computing and 9th International Conference on Autonomic and Trusted Computing. Fukuoka: IEEE Computer Society, 2012:985-990.

[61] 陈靖，王涌天，刘越，等．基于SIFT关键点的增强现实初始化算法[J]．红外与激光工程，2007，36(6):949-953.

[62] 陈靖，孙源．基于FAST关键点的增强现实跟踪注册算法[J]．北京理工大学学报，2015，35(4): 421-426.

[63] Wagner D, Reitmayr G, Mulloni A, et al. Real-time detection and tracking for augmented reality on mobile phones[J]. IEEE Transactions on Visualization and Computer Graphics, 2010, 16(3):355-368.

[64] Lee W, Park Y, Lepetit V, et al. Point-and-shoot for ubiquitous tagging on mobile phones[C]//In Proceedings of 9th IEEE and ACM International Symposium on Mixed and Augmented Reality. Seoul: IEEE Computer Society, 2010:57-64.

[65] Wagner D, Mulloni A, Langlotz T, et al. Real-time panoramic mapping and tracking on mobile phones [C]//In Proceedings of IEEE Virtual Reality Conference. Waltham, IEEE Computer Society, 2010: 211-218.

[66] Mousa R, Sunar M S, Kolivand H, et al. Marker hiding methods: applications in augmented reality[J]. Applied Artificial Intelligence, 2015, 29(2):101-118.

[67] 徐维鹏，王涌天，刘越，等．增强现实中的虚实遮挡处理综述[J]．计算机辅助设计与图形学学报，2013，25(11):1635-1642.

[68] Breen D E, Whitaker R T, Eric R, et al. Interactive occlusion and automatic object placement for augmented reality[J]. Computer and Graphics Forum, 1996, 15(3):11-22.

[69] Ong K C, Teh H C, Tan T S. Resolving occlusion in image sequence made easy[J]. The Visual Computer,

1998, 14(4):153-165.

[70] Xu C, Li S, Wang J, et al. Occlusion handling in augmented reality system for human-assisted assembly task[C]//Proceedings of the First International Conference on Intelligent Robotics and Applications. Wuhan, China: Springer Verlag, 2008, 5315(2):121-130.

[71] 彭涛, 李世其, 王峻峰, 等. 基于增强人机交互技术的虚拟装配[J]. 计算机辅助设计与图形学学报, 2009, 21(3):354-361.

[72] Fitzgibbon A. KinectFusion. Real-time dense surface mapping and tracking[C]//Proceedings of the 2011 10th IEEE International Symposium on Mixed and Augmented Reality. Los Alamitos: IEEE Computer Society Press, 2011:127-136.

[73] 郑毅. 增强现实虚实遮挡方法评述与展望[J]. 系统仿真学报, 2014, 26(1):1-10.

[74] Wloka M M, Anderson B G. Resolving occlusion in augmented reality[C]//Proceedings of Symposium on Interactive 3D Graphics. New York: ACM Press, 1995:5-12.

[75] Yokoya N, Takemura H, Okuma T, et al. Stereo vision based video see-through mixed reality[C]//Proceedings of the 1st International Symposia on Mixed Reality. [出版地不详]: [出版者不详], 1999.

[76] Kim H, Yang S, Sohn K. 3D reconstruction of stereo images for interaction between real and virtual worlds [C]//Proceedings of the 2nd IEEE and ACM International Symposium on Mixed and Augmented Reality. Los Alamitos: IEEE Computer Society Press, 2003:169-176.

[77] 朱杰杰, 潘志庚. 用视觉计算实现视频增强现实遮挡处理[J]. 计算机辅助设计与图形学学报, 2007, 19(12):1624-1628.

[78] Zhu J, Pan Z, Sun C, et al. Handling occlusions in video-based augmented reality using depth information [J]. Computer Animation and Virtual World, 2010, 21(5):509-521.

[79] Xiao X, Daneshpanah M, Javidi B. Occlusion removal using depth mapping in three-dimensional integral imaging[J]. Journal of Display Technology, 2012, 8(8):483-490.

[80] Sanches S R R, Tokunaga D M, Silva V F, et al. Mutual occlusion between real and virtual elements in augmented reality based on fiducial marker[C]//IEEE Workshop on Applications of Computer Vision. Breckenridge: IEEE Computer Society, 2012:49-54.

[81] 徐维鹏, 王涌天, 刘越, 等. 增强现实中的虚实遮挡处理综述[J]. 计算机辅助设计与图形学学报, 2013, 25(11):1635-1642.

[82] Park Y, Lepetit V, Woo W. ESM-blur: handling and rendering blur in 3D tracking and augmentation[J]. International Journal of Heat & Fluid Flow, 2009, 11(2):163-166.

[83] 严玉若. 增强现实中视觉反馈关键技术研究[D]. 上海: 上海大学, 2015.

[84] 陈至坤, 韩斌, 王福斌, 等. 运动模糊图像模糊参数辨识与逐行法恢复[J]. 科学技术与工程, 2016, 16(5):177-181.

[85] Zhou W, Hao X, Wang K, et al. Improved estimation of motion blur parameters for restoration from a single image[J]. PLOS ONE, 2020, 15(9):1-21.

[86] Potmesil M, Chakravarty I. A lens and aperture camera model for synthetic image generation[J]. ACM SIGGRAPH Computer Graphics, 1981, 15(3):297-305.

[87] Barsky B A, Kosloff T J. Algorithms for rendering depth of field effects in computer graphics[C]//Proceedings of the 12th WSEAS International Conference on Computers. [出版地不详]: [出版者不详], 2008.

[88] Kim H D, Lee J W, Oh T W, et al. Robust DT-CWT watermarking for DIBR 3D images[J]. IEEE Transactions on Broadcasting, 2012, 58(4):533-543.

[89] Li S, Zhu C, Sun M T. Hole filling with multiple reference views in DIBR view synthesis[J]. IEEE Transactions on Multimedia, 2018, 20(8):1948-1959.

[90] Li L, Zhou Y, Gu K, et al. Quality assessment of dibr-synthesized images by measuring local geometric distortions and global sharpness[J]. IEEE Transactions on Multimedia, 2017, 20(4):914-926.

[91] Nam S H, Kim W H, Mun S M, et al. A SIFT features based blind watermarking for DIBR 3D images[J]. Multimedia Tools and Applications, 2018, 77(7):7811-7850.

[92] Xu X, Po L M, Cheung C H, et al. Depth-aided exemplar-based hole filling for DIBR view synthesis [C]//2013 IEEE International Symposium on Circuits and Systems (ISCAS). Beijing: IEEE, 2013:2840-2843.

[93] Mao Y, Cheung G, Ji Y. Image interpolation for DIBR view synthesis using graph fourier transform[C]// 2014 3DTV-Conference: The True Vision-Capture, Transmission and Display of 3D Video (3DTV-CON). Budapest: IEEE, 2014:1-4.

[94] Do L, Zinger S, Morvan Y, et al. Quality improving techniques in DIBR for free-viewpoint video[C]//2009 3DTV Conference: The True Vision-Capture, Transmission and Display of 3D Video. IEEE, 2009:1-4.

[95] Mark W R, McMillan L, Bishop G. Post-rendering 3D warping[J]. SI3D, 1997, 97:7-16.

[96] Criminisi A, Perez P, Toyama K. Region filling and object removal by exemplar-based image inpainting [J]. IEEE Transactions on Image Processing, 2004, 13(9):1200-1212.

[97] 张严辞, 吴恩华. 基于平面的 Warping 技术[J]. 软件学报, 2002, 13(7):1242-1249.

[98] 骆凯. 三维电视系统编码、视点变换算法研究及运动补偿硬件设计[D]. 杭州:浙江大学信息学院, 2009.

[99] 刘占伟, 安平, 刘苏醒. 基于 DIBR 和图像融合的任意视点绘制[J]. 中国图象图形学报, 2018, 12 (10):1696-1700.

[100] 郁理. 基于深度图像绘制的自由视点视频关键技术研究[D]. 合肥:中国科学技术大学, 2010.

[101] Pathak D, Krahenbuhl P, et al. Context encoders: feature learning by inpainting[C]//IEEE Conference on Computer Vision and Pattern Recognition (CVPR). Las Vegas: IEEE Computer Society, 2016:2536-2544.

[102] Yang C, Lu X, et al. High-resolution image inpainting using multi-scale neural patch synthesis[C]// IEEE Conference on Computer Vision and Pattern Recognition (CVPR). Honolulu: IEEE Computer Society, 2017:4076-4084.

[103] Yu J H, Lin Z, Yang J M, et al. Free-form image inpainting with gated convolution[C]//Proceedings of the IEEE International Conference on Computer Vision. Seoul: IEEE, 2019:4470-4479.

第2章
立体视差优化与深度信息估计

在立体视差优化与深度信息估计过程中,多个视角成像画面的几何约束性、特征匹配度、视觉规范化程度将直接影响深度信息估计的复杂度和时效性,双目立体图像间左、右眼视差在横向与纵向上的偏移量对立体画面的可视性起到决定性作用。

2.1 立体视觉基础理论

双目视觉系统在计算机视觉领域举足轻重,利用双目视觉系统不仅能够实现空间场景的图像匹配,更能实现目标景物的深度估计,对三维景物的立体重建发挥着重大作用。从目前计算机视觉技术的发展状态来看,基于双目视觉系统的三维视觉研究发展较为迅猛,相关学者提出了数量众多的技术理论及实现方法。

立体视差优化及其校正是立体视觉图像匹配过程中具有决定性作用的预处理环节,目前大部分双目视差校正过程都借助极线约束理论,这使双目图像匹配的算法复杂度大大降低,更避免了双目视觉单元相对旋转与平移误差引起的视差失效问题。对双目图像进行立体匹配的过程,从本质上说就是寻找左、右视图重叠区域像素间的一一对应关系,这也是双目立体视觉技术的核心步骤。

深度信息估计是实现二维图像恢复成三维场景的必然手段,所以它必将是三维重建领域的重点研究内容。深度信息的真实值计算过程需要利用前期图像匹配得到的视差信息以及视觉单元标定参数,以此来解算相应像素点在真实世界坐标系下的信息。

本章针对三维场景深度信息估计过程,主要介绍了超像素约束匹配的立体视差估计方法和级联空洞空间金字塔池化(ASPP)结构的单目图像深度估计方法,这两类方法对获得较为准确的场景深度信息、三维场景感知、虚拟视点图像绘制等方面具有很好的参考价值。

2.1.1 对极几何约束

利用双目视觉系统进行立体视觉研究的过程中,双目视觉系统的视觉单元之间不可避免地会出现相对旋转或位移偏差,所以在利用双目图像提取可用信息之前必须对原始双目图像进行图像校正的预处理。目前,大部分立体匹配算法采用极线约束的方式对匹配区域进行限定,对于同一目标点而言,其在经过极线约束条件校正后的图像对是处于同一行的[1]。所以遵循该约束条件,可使立体匹配算法忽略不同行的情况,使算法更加简洁高效。对极几何是立体成像中较为基础的几何学理论,只有在厘清对极几何学原理的基础上,才能真正理解极线约束思想和极线校正算法。

图 2.1 为对极几何约束的基本原理模型,其中: o_l 、o_r 为左、右两个针孔模型摄像机的光心;点 P 为三维世界坐标系中的某一空间点;点 P 在左摄像机成像平面 α_l 和右摄像机成像平面 α_r 上的投影点分别为 p_l 、p_r 。如果把左侧摄像机光心 o_l 看成三维空间中的一个点,那么它在右侧摄像机成像平面 α_r 上的投影点为 e_r ,同理 o_r 在左侧摄像机成像平面 α_l 上的投影点为 e_l ,投影点 e_r 和 e_l 称为极点,显然 o_l 、o_r 、e_r 、e_l 在同一直线上。将点 P 、点 o_l 、点 o_r 所构成的平面称为极平面,极平面与左、右两个摄像机成像平面的交线 p_le_l 、p_re_r 称为极线。

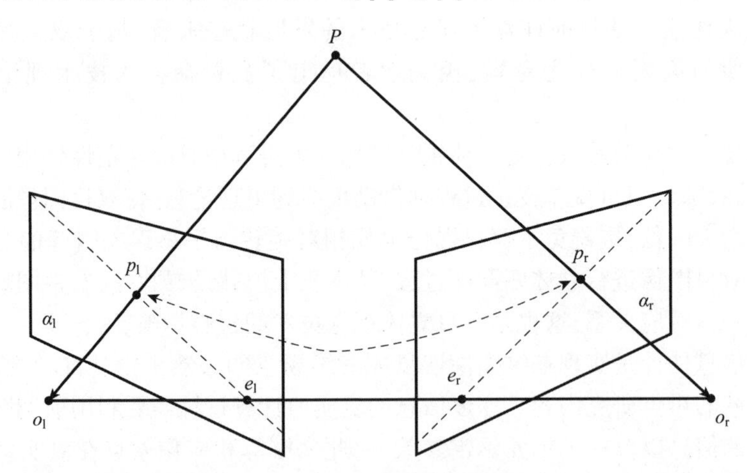

图 2.1　对极几何约束的基本原理模型

对极几何约束就是从一个摄像机光心观察三维空间中的任意一点,它在另一个摄像机成像平面上的投影点必然位于极平面与该成像平面相交的极线上[2]。

2.1.2 双目立体匹配

立体图像匹配理论是立体视觉系统研究的热点内容,相关的匹配算法随着科技发展而日益丰富[3-4]。由于局部匹配算法在视差值的确定上相对简单,近年来被广泛使用。局部匹配算法根据匹配内容的不同,可大致分为区域匹配算法、特征匹配算法和梯度匹配算法三种。相比其他两类局部匹配算法,区域匹配算法这种直接对图像像素进行匹配的算法,由于匹配过程不受特征检测精度和密度的影响,定位精度较高、鲁棒性较好,区域匹配算法的发展较快且应用较广。

对于区域匹配算法的技术和相关理论而言,图 2.2 为立体图像的区域块匹配,左侧图像平面 α_l 被看作基准图像,点 $P_l(x_l, y_l)$ 为基准窗口区域的中心点,基准窗口区域是以点 $P_l(x_l, y_l)$ 为中心、边长为 w 的正方形窗口,用该窗口区域内像素点灰度分布来表征区域特征;右侧图像平面 α_r 为配准图像,在该图像中根据匹配准则,沿极线 l_e 在视差搜索范围 r_s 内任取一待匹配区域,且该区域是以点 $P_r(x_r, y_r)$ 为区域中心点、边长为 w' 的正方形窗口区域,在搜索范围 r_s 内依次进行左侧基准窗口区域与右侧待匹配窗口区域的相似度比较,得到的相似度最大或相异性最小的对应区域就是最佳匹配区域。

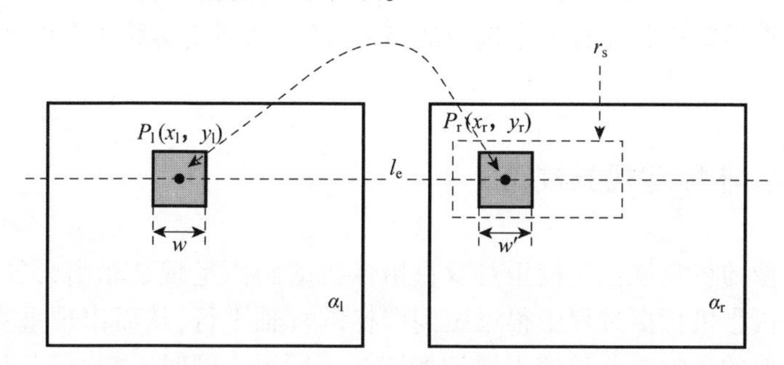

图 2.2 立体图像的区域块匹配

双目图像的区域匹配算法在匹配代价计算和累积方面较为侧重,所以研究此类算法的相似性测度函数选取、支撑窗口区域选取方面应更为重要。相似性测度函数能有效地衡量两幅图像中对应点或对应区域之间的相似程度,在计算测度函数时利用窗口累积的方式能提高抗噪性能。如果用 $C(u,v,d)$ 表示窗口累积下的两点区域匹配代价,则可得到四种相似性测度计算方式:

$$C(u,v,d) = \sum_{(i,j) \in w} |I_l(u+i, v+j) - I_r(u+i+d, v+j)| \tag{2.1}$$

$$C(u,v,d) = \sum_{(i,j) \in w} \left(I_l(u+i, v+j) - I_r(u+i+d, v+j)\right)^2 \tag{2.2}$$

$$C(u,v,d)=\frac{\sum_{(i,j)\in w} I_l(u+i,v+j)\cdot I_r(u+i+d,v+j)}{\sqrt{\sum_{(i,j)\in w} I_l(u+i,v+j)^2\cdot\sum_{(i,j)\in w} I_r(u+i+d,v+j)^2}} \tag{2.3}$$

$$C(u,v,d)=\frac{\sum_{(i,j)\in w}\left(I_l(u+i,v+j)-I_l(\bar{u},v)\right)\cdot\left(I_r(u+i+d,v+j)-I_r(\bar{u}+d,v)\right)}{\sqrt{\sum_{(i,j)\in w}\left(I_l(u+i,v+j)-I_l(\bar{u},v)\right)^2\cdot\sum_{(i,j)\in w}\left(I_r(u+i+d,v+j)-I_r(\bar{u}+d,v)\right)^2}} \tag{2.4}$$

式中，d 表示待匹配窗口区域中心点 $P_r(x_r,y_r)$ 相对于基准窗口区域中心点 $P_l(x_l,y_l)$ 的水平位移；$I_l(u+i,v+j)$ 和 $I_r(u+i+d,v+j)$ 分别表示左侧图像和右侧图像的像素值。

式(2.1)SAD 方法和式(2.2)SSD 方法进行相似性测度计算的是左、右图像中二者匹配关系的相异度，而式(2.3)SCP-N 方法和式(2.4)NCC 方法进行相似性测度计算的是左、右图像中匹配关系的相似度[5]。

在支撑窗口选取方式方面也存在很多种方法，包括自适应窗口模型、关联窗口、多窗口、子窗口等，其中对自适应窗口模型的研究范围较为广泛[6]。在实际使用过程中要根据实验具体目标来选择适当的方法，从而使实验效果更高效、鲁棒性更强。

2.1.3 非标定视觉校正

双目图像的视觉规范化校正对双目摄像机的画面呈现是相当必要的，因为在实际的双目摄影机拍摄过程中很难做到严格的视轴平行，从而出现垂直视差等现象。双目图像的视觉规范化校正原理如图 2.3 所示。同时，视觉规范化校正操作能够有效地消除双目图像中存在的垂直视差而仅保留水平视差，更加有利于深度信息的估计。双目立体视觉系统中的两个摄像机相对是一种刚体式结构，所以多数情况下只需要对二者进行一次校正即可。使用这种方式可以降低双目视觉系统对机构要求的严格性，增强系统普适性。另外，对双目图像的视觉规范化校正还可以通过对摄像机标定的方式获取双目视觉系统参数，并利用标定得到的参数进行校正，然而该方式需要人为地在系统中加入标定靶标，并且使用该方式标定完成后不能对系统中的摄像机进行随意变换，因此在双目拍摄系统中摄像机变焦等情况下受限。另一种方式是非标定的双目图像视觉规范化校正，其利用场景中的匹配特征点对双目图像进行规范化校正，该方法能够灵活地应用在双目视觉拍摄系统中。

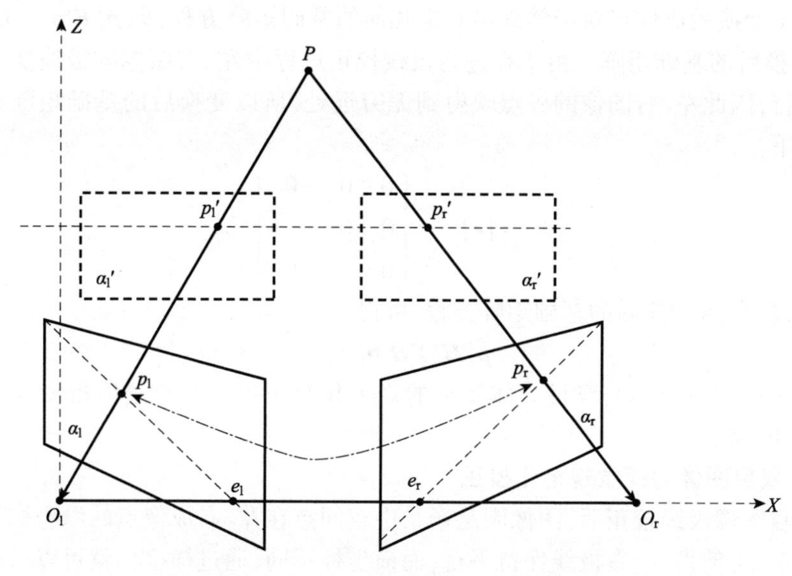

图 2.3 双目图像的视觉规范化校正原理

1. 非标定参数矩阵解算

在双目立体视觉系统中,两部摄像机由于安装误差等,采集而来的双目图像对应的两条极线通常不是水平的。极线校正要使双目图像对的对应极线与水平方向平行,从而使垂直方向上的视差为零,这样才能使立体匹配过程中对应点或对应区域的匹配既快速又准确,因此为达到这个校正目的就要将双目立体图像分别做一个平面投影变换,从而使两条极线在同一水平线上,两个极点将被映射到无穷远处[7]。

结合对极几何约束知识,设 p_l、p_r 为场景空间点 P 在左、右摄像机成像平面中的成像点对,则其满足对极几何的基础矩阵方程 $\boldsymbol{p}_r^{\mathrm{T}}\boldsymbol{F}\boldsymbol{p}_l = 0$,其中 $\boldsymbol{F}$ 为双目立体视觉的基础矩阵。由于基础矩阵 $\boldsymbol{F}$ 是自由度为 7、秩为 2 的 3×3 矩阵,因此至少需要 8 组对应点对才可以根据方程 $\boldsymbol{p}_r^{\mathrm{T}}\boldsymbol{F}\boldsymbol{p}_l = 0$ 组成的线性方程组求解出基础矩阵 $\boldsymbol{F}$ 的值。如果双目摄像机的两幅图像 I_l 、I_r 的极点分别为 e_l 、e_r ,则其满足的极线方程表达如下:

$$\begin{cases} \boldsymbol{F}\boldsymbol{e}_l = 0 \\ \boldsymbol{F}^{\mathrm{T}}\boldsymbol{e}_r = 0 \end{cases} \tag{2.5}$$

双目图像的视觉规范化校正可以看成分别对两幅图像做透射投影变换,设图像 I_l 的透射变换矩阵为 $\boldsymbol{H}_l$ 、图像 I_r 的透射变换矩阵为 $\boldsymbol{H}_r$,则成像点对 p_l 、p_r 经过透射投影变换形成点对 p'_l 、p'_r ,根据透射变换可得

$$\begin{cases} \boldsymbol{p}'_l = \boldsymbol{H}_l\boldsymbol{p}_l \\ \boldsymbol{p}'_r = \boldsymbol{H}_r\boldsymbol{p}_r \end{cases} \tag{2.6}$$

由于变换后成像点对仍然满足对极几何的基础矩阵方程,即 $\boldsymbol{p}_{\mathrm{r}}^{\prime\mathrm{T}}\boldsymbol{F}'\boldsymbol{p}'_{l}=0$,其中 $\boldsymbol{F}'$ 为变换后的基础矩阵。由于在进行极线校正过程中左、右图像的极线变为水平方向平行,因此左、右图像的极点映射到无穷远处,所以变换后的基础矩阵元素值表达如下:

$$\boldsymbol{F}' = [e]_{x} = \begin{bmatrix} 0 & 0 & 0 \\ 0 & 0 & -1 \\ 0 & 1 & 0 \end{bmatrix} \tag{2.7}$$

将式(2.6)代入变换后的基础矩阵方程,可得

$$\boldsymbol{p}_{\mathrm{r}}^{\mathrm{T}}\boldsymbol{H}_{\mathrm{r}}^{\mathrm{T}}\boldsymbol{F}\boldsymbol{H}_{\mathrm{l}}\boldsymbol{p}_{\mathrm{l}} = 0 \tag{2.8}$$

通过式(2.8)可知,双目立体视觉的规范化校正主要是对透射投影变换矩阵 $\boldsymbol{H}_{\mathrm{l}}$ 、$\boldsymbol{H}_{\mathrm{r}}$ 的求解。

2. 双目图像的视觉规范化校正

双目图像极线校正后,图像满足场景中空间点在左、右成像点的纵坐标相同这一约束关系,使得左、右极线保持平行,而横坐标不同,通过横坐标就可以求解双目视觉中的视差值。在极线校正算法中,首先对右图像的图像坐标系坐标原点进行平移变换,使其移动到图像的中心 (u_0,v_0) 位置处,其平移变换矩阵值为

$$\boldsymbol{T} = \begin{bmatrix} 1 & 0 & -u_0 \\ 0 & 1 & -v_0 \\ 0 & 0 & 1 \end{bmatrix} \tag{2.9}$$

进行平移变换以后,右图像此时的极点坐标已经发生了变化,为了使其坐标值变换到 X 坐标轴上,需进行坐标旋转变换 $\boldsymbol{R}$,即

$$\boldsymbol{R} = \begin{bmatrix} \cos\theta & \sin\theta & 0 \\ -\sin\theta & \cos\theta & 0 \\ 0 & 0 & 1 \end{bmatrix} \tag{2.10}$$

此时极点坐标变换成 $(k,0,1)^{\mathrm{T}}$ 。

为了使极点映射到无穷远处,需通过投影变换矩阵 $\boldsymbol{G}$ 对其进行投影变换,经过平移旋转变换以及透射变换,极点坐标被投影到无穷远处 $(k,0,0)^{\mathrm{T}}$ 。此时可以得到双目立体视觉规范化校正的透射投影变换矩阵 $\boldsymbol{H}_{\mathrm{l}} = \boldsymbol{GRT}$,其中

$$\boldsymbol{G} = \begin{bmatrix} 1 & 0 & 0 \\ 0 & 1 & 0 \\ -1/k & 0 & 1 \end{bmatrix} \tag{2.11}$$

解算出右图像的透射投影变换矩阵 $\boldsymbol{H}_{\mathrm{l}}$ 后,需求解对应左图像的投影变换矩阵 $\boldsymbol{H}_{\mathrm{r}}$,一般采用双目图像成像点对的视差最小化(式(2.12))进行求解,其中 n 为左、右成像的匹配点对个数。利用 $\boldsymbol{H}_{\mathrm{r}} = \boldsymbol{K}\boldsymbol{H}_{\mathrm{l}}\boldsymbol{N}$ 进行描述,其中 $\boldsymbol{K}$ 为一个仿射变换矩阵,即

$K = \begin{bmatrix} m_1 & m_2 & m_3 \\ 0 & 1 & 0 \\ 0 & 0 & 1 \end{bmatrix}$,矩阵 N 可通过基础矩阵分解求得,即

$$N = \sum_{i=1}^{n} d(\boldsymbol{H}_l \boldsymbol{p}_{li}, \boldsymbol{H}_r \boldsymbol{p}_{ri})^2 \tag{2.12}$$

为了对式(2.12)进行求解,将投影变换矩阵 $\boldsymbol{H}_r$ 代入进行计算,假设左、右匹配点对变换后的坐标分别为 $\boldsymbol{H}_l \boldsymbol{p}_{li} = (\hat{u}_i, \hat{v}_i, 1)$ 、$\boldsymbol{H}_r \boldsymbol{p}_{ri} = (\hat{u}_i{}', \hat{v}_i{}', 1)$,此时式(2.12)可改写成

$$\sum_{i=1}^{n} (m_1 \hat{u}_i + m_2 \hat{v}_i + m_3 - \hat{u}_i{}')^2 + (\hat{v}_i - \hat{v}_i{}')^2 \tag{2.13}$$

由于 $\hat{v}_i - \hat{v}_i{}'$ 恒定,因此可以忽略求解。对式(2.13)进行最小二乘法求解,即可得到矩阵 $\boldsymbol{K}$ 值,从而解算出投影变换矩阵 $\boldsymbol{H}_r$ 。解算完投影变换矩阵 $\boldsymbol{H}_l$、$\boldsymbol{H}_r$,也就完成了非标定参数矩阵的解算,同时也可以对双目图像进行视觉的规范化校正。

2.2 超像素约束匹配的立体视差估计

在现有双目视差图像的深度估计方法中,由于匹配窗口的划分过于规则,在某些情况下对深度信息的估计可能会出现严重错误,并且规则化的窗口划分也不能正确体现图像边缘特性。下面介绍一种基于超像素约束匹配的立体视差估计方法,该方法使用超像素方式对图像进行粒度区域划分,它很好地保持了原始图像的边缘特征信息。

超像素约束匹配的立体视差估计过程(图 2.4):首先对双目视觉系统采集的左、右眼图像进行视觉规范化校正,得到无垂直视差的对极几何约束图像;其次使用超像素分割方法对视觉规范化校正后的左、右眼图像进行粒度区域划分;最后根据视差修正后的双目图像并结合使用对极几何约束和匹配代价约束进行深度信息的估计。

2.2.1 双目图像视差规范化

对于非标定双目图像的视觉规范化校正来说,由于规范化校正后双目图像的视差被压缩了,也就是说规范化校正过程中对双目图像进行了视差最小化处理,直接利用校正后双目图像对深度信息进行估计将存在较大影响,必须将校正后双目图像的视差尽可能恢复到理想视差状态。一般来说,在双目视觉系统的构建过程

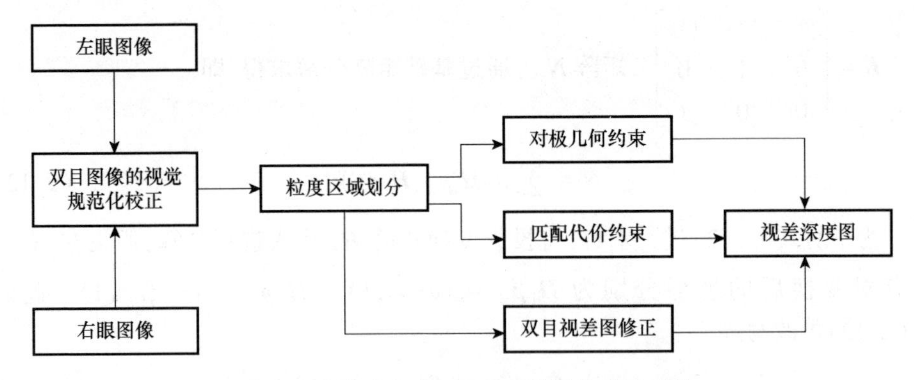

图 2.4 超像素约束匹配的立体视差估计过程

中基本会选用相同型号的机身、镜头等视觉单元，且均会使用刚性支架来支撑双目视觉系统，以确保该双目视觉系统在拍摄时不会发生相对运动等情况。

在非标定双目图像的视觉规范化校正过程中，使用 SURF 算法对自然特征点进行提取和匹配操作，即可检测到原始双目图像 I_1、I_r 的匹配点对为 $\{(p_1^l,p_1^r),(p_2^l,p_2^r),\cdots,(p_n^l,p_n^r)\}$，规范化校正后双目图像 I'_1、I'_r 的匹配点对为 $\{(p_1^{l'},p_1^{r'}),(p_2^{l'},p_2^{r'}),\cdots,(p_m^{l'},p_m^{r'})\}$。由于原始匹配点对不仅存在水平视差，还存在垂直视差，故匹配点对视差值 d_i 则可表示为平面两点 (p_{xi}^l,p_{yi}^l)、(p_{xi}^r,p_{yi}^r) 之间的欧几里得距离，视差偏移量可表示为

$$d_i=\sqrt{(p_{xi}^l-p_{xi}^r)^2+(p_{yi}^l-p_{yi}^r)^2} \tag{2.14}$$

而规范化校正后匹配点对视差值 d'_j 则可表示为平面两点 $(p_{xj}^{l'},p_{yj}^{l'})$、$(p_{xj}^{r'},p_{yj}^{r'})$ 之间的一维线性距离，其视差可表示为

$$d'_j=|p_{xj}^{l'}-p_{xj}^{r'}| \tag{2.15}$$

利用视差值 d_i 和 d'_j 的加和均值便可以得到总体视差偏移量，即

$$\text{offset}=\frac{\sum_{i=1}^{n}d_i}{n}-\frac{\sum_{j=1}^{m}d'_j}{m} \tag{2.16}$$

当双目视觉系统内部存在较大汇聚角、发散角或错位情况时，单纯地使用加和均值方式计算总体视差偏移量不能得到合理的双目视差图像，因此需要辅以人为方式进行机构调整等操作。

2.2.2 可信粒度区域分割

简单线性迭代聚类(SLIC)超像素划分方法能够得到较为均匀的粒度区域，所以使用 SLIC 超像素方法对双目图像进行超像素粒度区域划分。从数字图像的构

成角度来看，区域划分的极限情况就是每个像素作为一个超像素粒度区域，在这种情况下划分区域的匹配将回归为单一像素的匹配过程，会出现相似可信度不够的问题。另外，超像素划分的粒度区域越大，左、右图像出现粒度区域匹配度降低的概率也就越大。在双目图像中，由于其纹理内容的多变和复杂等，利用超像素方法对双目图像进行稍大尺寸粒度划分时极有可能出现边界召回错误等现象，因此如何选择合适的粒度区域尺寸变得很重要。

在 SLIC 超像素划分方法中，需要人为地指定预期划分区域个数，为了让 SLIC 方法更适于双目图像的粒度划分，可以利用原始图像尺寸 $I_{\mathrm{w}} \times I_{\mathrm{h}}$ 和期望粒度区域尺寸 $P_{\mathrm{w}} \times P_{\mathrm{h}}$ 来确定大致要划分的粒度区域个数，即

$$C_{\mathrm{s}} = \frac{I_{\mathrm{w}} \times I_{\mathrm{h}}}{P_{\mathrm{w}} \times P_{\mathrm{h}}} \tag{2.17}$$

由于 SLIC 超像素划分方法是根据原始图像的纹理信息进行粒度区域划分，最后得到的粒度区域划分个数并不是预期的 C_{s}，而是接近 C_{s} 的一个整数 C_{rs}，C_{rs} 确切值将随着原始图像的不同而发生变化。通过对原始图像进行粒度区域划分，可以得到 C_{rs} 个连通区域，并且每个连通区域内所有像素点都具有相同的全局唯一索引值，即每个索引值 $(0 \leqslant S_{idx} \leqslant C_{\mathrm{rs}} - 1)$ 都代表了一个指定的粒度区域。

2.2.3 粒度区域相似性度量

对规范化校正后的双目图像来说，左、右眼图像中对应匹配点或匹配区域具有相同的行索引，即匹配结果是水平对齐的。设左眼图像 I_{l} 中指定粒度区域为 Γ_i^{l}，则该粒度区域的规约点为 $P_i^{\mathrm{l}}(P_i^{\mathrm{lx}}, P_i^{\mathrm{ly}})$，规约点 P_i^{l} 的坐标位置可表示如下：

$$\begin{cases} P_i^{\mathrm{lx}} = \sum_{j=1}^{n} P_{ij}^{\mathrm{lx}} / n \\ P_i^{\mathrm{ly}} = [\min(P_{ij}^{\mathrm{ly}}) + \max(P_{ij}^{\mathrm{ly}})] / 2 \end{cases} \tag{2.18}$$

在右眼图像 I_{r} 中待匹配粒度区域为 Γ_i^{r}，则待匹配粒度区域 Γ_i^{r} 的规约点 $P_{\mathrm{g}}^{\mathrm{r}}(P_{\mathrm{g}}^{\mathrm{rx}}, P_{\mathrm{g}}^{\mathrm{ry}})$ 与规约点 $P_i^{\mathrm{l}}(P_i^{\mathrm{lx}}, P_i^{\mathrm{ly}})$ 满足 $P_{\mathrm{g}}^{\mathrm{ry}} = P_i^{\mathrm{ly}}$。

$$\boldsymbol{P}_{\mathrm{g}}^{\mathrm{r}\,\mathrm{T}} \boldsymbol{F} \boldsymbol{P}_i^{\mathrm{l}} = 0 \tag{2.19}$$

通过式(2.19)可以计算出 $P_{\mathrm{g}}^{\mathrm{rx}}$，由此得到粒度区域 Γ_i^{l} 对应的区域索引值 $\mathrm{Ind}_i^{\mathrm{l}}$ 和待匹配粒度区域 Γ_i^{r} 对应的区域索引值 $\mathrm{Ind}_{\mathrm{g}}^{\mathrm{r}}$。

在粒度区域相似性度量方面，虽然已经将双目图像划分为区域块，并且已知二者的对极几何约束关系，但不能保证对极几何约束二者的正确对应。对极几何约束只是在一定程度上体现了它们的可能性，由于这些粒度区域并不一定完全通过极线约束的方式得到正确匹配，还需要辅以窗口匹配的相似性测度来进

一步约束。假设待匹配粒度区域的索引值范围为 $[\mathrm{Ind}_g^r - \mathrm{cnt}, \mathrm{Ind}_g^r + \mathrm{cnt}]$,且在将粒度区域进行窗口正则化的基础上,则区域索引值 Ind_i^l 所代表的粒度区域与索引值范围 $\mathrm{Ind}_j^r \in [\mathrm{Ind}_g^r - \mathrm{cnt}, \mathrm{Ind}_g^r + \mathrm{cnt}]$ 所代表的多个粒度区域的不相似度可表示如下:

$$C(\Gamma_{\mathrm{Ind}_i^l}^l, \Gamma_{\mathrm{Ind}_j^r}^r) = \sum_{(m,n) \in w} (I_l(m,n) - I_r(m,n))^2 \tag{2.20}$$

式中:cnt 表示索引值范围的横向半径。

通过式(2.20)计算出索引值范围所代表粒度区域 $[\mathrm{Ind}_g^r - \mathrm{cnt}, \mathrm{Ind}_g^r + \mathrm{cnt}]$ 的相异度为 $(C_1, C_2, \cdots, C_{\mathrm{cnt}+1})$,利用式(2.21)确定最匹配的左眼粒度区域和右眼粒度区域:

$$C_{\mathrm{matched}} = \min(C_t) \quad (t = 1, 2, \cdots, \mathrm{cnt} + 1) \tag{2.21}$$

确定匹配的左眼粒度区域和右眼粒度区域后,便可以根据式(2.18)分别计算出左、右眼粒度区域的规约点坐标,最后利用匹配规约点对的视差估计出其对应粒度区域的整体深度信息。

2.2.4 实验结果及数理分析

为验证超像素约束匹配的立体视差估计方法的可行性、有效性和鲁棒性,需使用多组测试图像展开必要的定性分析与定量分析。算法验证过程使用的计算硬件环境:安装 OS X EI Capitan 10.11 操作系统的 MacBook Pro(Retina 显示屏)计算机,其硬件配置为 2.5GHz Intel Core i7 处理器、16GB 1600MHz DDR3 内存、Intel Iris Pro 1536MB 图形卡。算法具体实现所使用的编程语言和开发类库由 C++、Matlab、OpenCV、OpenGL 构成。

算法实现过程分为双目图像规范化校正及视差优化、双目图像粒度划分和视差深度估计三个阶段。

1. 双目图像规范化校正及视差优化

由于双目视觉系统中摄像机成像平面的垂直视差较难进行限定,对双目图像进行视觉规范化极为重要,但视觉规范化校正后双目图像的水平视差被压缩,需要对校正后的双目图像视差进行还原。图 2.5 为标准数据集图像的规范化校正及视差优化效果,图 2.5(a)和(b)分别为原始左、右视角图像;图 2.5(c)为双目图像中特征点的匹配结果图像,通过对特征匹配结果的解算可以分别得到 $\boldsymbol{M}_{l1}$ 和 $\boldsymbol{M}_{r1}$ 所示左视角和右视角的图像校正矩阵;图 2.5(d)和(e)分别为使用变换矩阵 $\boldsymbol{M}_{l1}$ 和 $\boldsymbol{M}_{r1}$ 对原始双目图像进行校正后得到的左、右视角图像;图 2.5(f)为原始双目图像的立体合成图;图 2.5(g)为视觉规范化校正后双目图像的立体合成图;图 2.5(h)为视觉规范化校正后并进行视差优化还原的立体合成图。

$$
\boldsymbol{M}_{l1} = \begin{bmatrix} 1.0239 & 0.0356 & 1.3051 \times 10^{-4} \\ -0.0454 & 1.0231 & -1.0682 \times 10^{-5} \\ -2.4472 & -6.8878 & 1 \end{bmatrix}
$$

$$
\boldsymbol{M}_{r1} = \begin{bmatrix} 1.0483 & 0.0353 & 1.2650 \times 10^{-4} \\ -0.0174 & 1.0236 & -2.1002 \times 10^{-6} \\ -2.1451 & -6.7299 & 1 \end{bmatrix}
$$

(a) 原始左视角图像

(b) 原始右视角图像

(c) 双目图像特征匹配

(d) 左视角图像校正

(e) 右视角图像校正

(f) 原始双目图像的立体合成图

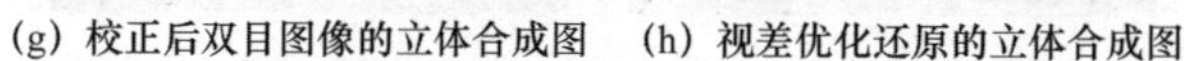

(g) 校正后双目图像的立体合成图　(h) 视差优化还原的立体合成图

图 2.5　标准数据集图像的规范化校正及视差优化效果

为了更好地验证本方法在双目视觉系统不同内部姿态下的有效性,本节利用三种内部姿态(平行、汇聚、错位)对同一真实场景进行实验分析。图 2.6 为平行状态视角图像的视觉规范化校正及视差优化效果,图 2.6(a)为双目视觉系统的物理结构;图 2.6(b)和(c)分别为原始左、右视角图像;图 2.6(d)为双目图像中特征点的匹配结果图像,通过对特征匹配结果的解算可以分别得到 $\boldsymbol{M}_{l2}$ 和 $\boldsymbol{M}_{r2}$ 所示的左视角和右视角的图像校正矩阵；图 2.6(e)和(f)分别为使用变换矩阵 $\boldsymbol{M}_{l2}$ 和 $\boldsymbol{M}_{r2}$ 对原始双目图像进行校正得到的左、右视角图像；图 2.6(g)为原始双目图像的立体合成图，可以看出双目视觉系统在平行状态下具有较好的立体效果，呈现的深度层次感较明显，但其存在垂直视差；图 2.6(h)为视觉规范化校正后双目图像的立体合成图，其消除了双目图像的垂直视差，能够更好地将立体效果凸显出来，但将水平视差压缩到了最小，为了便于后期深度信息估计，需要对压缩后的水平视差进行调整，也就是对校正后的立体图像进行视差优化处理；图 2.6(i)为视觉规范化校正后并进行视差优化还原的立体合成图，可看出优化后的双目视差能够较好地还原原始双目视差。

(a) 双目视觉系统的物理结构　(b) 原始左视角图像　(c) 原始右视角图像

(d) 双目图像特征匹配　(e) 左视角图像校正　(f) 右视角图像校正

(g) 原始双目图像的立体合成图　(h) 校正后双目图像的立体合成图　(i) 视差优化还原的立体合成图

图 2.6　平行状态视角图像的视觉规范化校正及视差优化效果

$$\boldsymbol{M}_{l2}=\begin{bmatrix} 1.1420 & 0.0435 & 1.7663\times10^{-4} \\ -0.0985 & 1.0551 & -2.7011\times10^{-6} \\ -24.4871 & -20.5203 & 1 \end{bmatrix}$$

$$
\boldsymbol{M}_{r2}=\begin{bmatrix} 1.1031 & 0.0649 & 1.6290\times10^{-4} \\ -0.0271 & 1.0504 & -3.9901\times10^{-6} \\ -10.1270 & -20.5092 & 1 \end{bmatrix}
$$

由于双目视觉系统在拍摄过程中很难绝对地配置为平行状态，可能会存在视线汇聚状态。图 2.7 为双目视觉系统在汇聚状态下的视觉图像的规范化校正及视差优化效果，图 2.7(a)为双目视觉系统的物理结构；图 2.7(b)和(c)分别为原始左、右视角图像；图 2.7(d)为双目图像中特征点的匹配结果图像，通过对特征匹配结果的解算可以分别得到 $\boldsymbol{M}_{l3}$ 和 $\boldsymbol{M}_{r3}$ 所示的左视角和右视角的图像校正矩阵；图 2.7(e)和(f)分别为使用变换矩阵 $\boldsymbol{M}_{l3}$ 和 $\boldsymbol{M}_{r3}$ 对原始双目图像进行校正得到的左、右视角图像；图 2.7(g)为双目视觉系统在汇聚状态下的原始立体合成图，当汇聚达到一定程度时，会导致左视角和右视角观测画面呈现相反的状况，从而使立体效果无法展现；图 2.7(h)为通过本章方法进行视觉规范化校正后的立体合成效果图；对图 2.7(h)校正后的立体图像进行视差优化后可得到图 2.7(i)，可以看出视差优化后的左、右视角不会存在错位现象。

(a) 双目视觉系统的物理结构 (b) 原始左视角图像 (c) 原始右视角图像

(d) 双目图像特征匹配 (e) 左视角图像校正 (f) 右视角图像校正

(g) 原始立体合成图 (h) 校正后的立体合成效果图 (i) 视差优化后立体图像

图 2.7 汇聚状态下的视角图像的规范化校正及视差优化效果

$$M_{l3} = \begin{bmatrix} 1.0182 & 0.0247 & 6.5661 \times 10^{-5} \\ -0.0757 & 0.9896 & 7.0610 \times 10^{-6} \\ 152.4956 & -1.8996 & 1 \end{bmatrix}$$

$$M_{r3} = \begin{bmatrix} 1.2558 & 0.1394 & 4.0592 \times 10^{-4} \\ -0.0466 & 1.1221 & -1.5061 \times 10^{-5} \\ -30.2405 & -43.6169 & 1 \end{bmatrix}$$

为了全面分析双目图像视觉规范化校正及视差优化方法在双目视觉系统各姿态下的普适性，本节对双目视觉系统在错位状态下的情况进行分析，图 2.8 为错位状态视角图像的视觉规范化校正及视差优化效果。图 2.8(a)为双目视觉系统在错位状态下的物理结构；图 2.8(b)和(c)分别为错位状态下拍摄得到的左、右视角图像；图 2.8(d)为双目图像中特征点的匹配结果图像，通过对特征匹配结果的解算可以分别得到 M_{l4} 和 M_{r4} 所示的左视角和右视角的图像校正矩阵；图 2.8(e)和(f)分别为使用变换矩阵 M_{l4} 和 M_{r4} 对原始双目图像进行校正后得到的左、右视角图像；当双目视觉系统处于错位状态时，由于场景中的景物经过透射投影到左、右成像平面会存在大小不一致问题，因此在对拍摄得到的左、右视角图像进行合成得到立体图像时，会存在左、右眼观察画面失焦的现象，如图 2.8(g)所示；而用视觉规范化校正方法对其校正后，左、右眼成像画面中的景物具有尺寸一致性，图 2.8(h)为视觉规范化校正后双目图像的立体合成图；图 2.8(i)为视觉规范化校正后并进行视差优化还原的立体合成图。

$$M_{l4} = \begin{bmatrix} 1.6898 & 0.2961 & 9.9119 \times 10^{-4} \\ -0.1791 & 1.3315 & -2.3355 \times 10^{-5} \\ -163.6543 & -89.8837 & 1 \end{bmatrix}$$

$$M_{r4} = \begin{bmatrix} 1.5401 & 0.2622 & 8.5851 \times 10^{-4} \\ -0.0676 & 1.2558 & -3.7685 \times 10^{-5} \\ -71.5382 & -81.4964 & 1 \end{bmatrix}$$

通过佩戴红蓝眼镜分别对原始立体合成图像、视觉规范化校正后立体合成图像和视差优化后立体合成图像进行分析可知：一旦双目视觉系统的物理结构出现视轴偏差，就无法正常感知立体合成后的深度层次关系；进行视觉规范化校正后虽然可以正常感知该场景的深度层次关系，但场景的深度层次关系被压缩了，而进行视差优化后基本还原了该场景的深度层次关系。

表 2.1 为双目图像的视差对比分析结果。通过对表 2.1 的分析可知，原始双目图像视差与视觉规范化校正后双目图像视差的差值约等于二者的平均视差差值。

(a) 双目视觉系统的物理结构

(b) 左视角图像

(c) 右视角图像

(d) 双目图像特征匹配

(e) 左视角图像校正

(f) 右视角图像校正

(g) 原始立体合成图

(h) 校正后双目图像的立体合成图

(i) 视差优化的立体合成图

图 2.8　错位状态视角图像的视觉规范化校正及视差优化效果

表 2.1　双目图像的视差对比分析结果　　单位:像素

双目图像		最小视差	最大视差	平均视差
标准图	原始	4.36	11.34	7.00
	校正	0.04	4.55	1.11
平行状态	原始	17.45	44.46	27.11
	校正	0.11	18.15	5.37
汇聚状态	原始	119.56	146.44	135.04
	校正	0.02	12.08	3.77
错位状态	原始	58.14	81.23	67.81
	校正	0.37	20.14	4.73

2. 双目图像粒度划分

在双目图像的匹配过程中,匹配区域的划分对匹配结果的正确与否起着至关重要的作用。图 2.9 为超像素粒度区域划分。图 2.9(a)和(b)分别为双目图像的左、右视角图像,图 2.9(c)和(d)分别为左、右视角图像以 4 像素为窗口基准边长的超像素粒度区域分割结果,图 2.9(e)和(f)分别为左、右视角图像以 6 像素为窗口基准边长的超像素粒度区域分割结果,图 2.9(g)和(h)分别为左、右视角图像以 8 像素为窗口基准边长的超像素粒度区域分割结果,图 2.9(i)和(j)分别为左、右视角图像以 10 像素为窗口基准边长的超像素粒度区域分割结果。

由图 2.9 可以看出:在以 10 像素为窗口基准边长的左视角和右视角超像素粒度区域中,左、右视角分割图像会出现粒度区域严重不匹配的情况,这是窗口基准边长过大造成的。同时也可以看出,随着窗口基准边长阶梯式的减小,左、右视角粒度区域的匹配度将越来越大。

为了更加清晰地看出不同尺寸粒度区域分割结果的过渡关系,对图像超像素划分的粒度区域进行连续索引赋值,即第一个粒度区域赋值 1、第二个粒度区域赋值 2、第 n 个粒度区域赋值 n,并在可视化显示过程中为各索引值绘制不同颜色。图 2.10 为超像素粒度区域平滑性分析。图 2.10(a)为以 4 像素为窗口基准边长的超像素粒度区域可视化显示结果,图 2.10(b)为以 6 像素为窗口基准边长的超像素粒度区域可视化显示结果,图 2.10(c)为以 8 像素为窗口基准边长的超像素粒度区域可视化显示结果,图 2.10(d)为以 10 像素为窗口基准边长的超像素粒度区域可视化显示结果。

从图 2.10 中可以看出,超像素粒度区域可视化图像中颜色过渡得越平滑,粒度区域得到的匹配度越高。表 2.2 为单幅图像多尺度超像素分割实验结果。

表 2.2 单幅图像多尺度超像素分割实验结果

窗口尺寸/像素	区域数目/个	耗时/ms
4	6876	55.53
6	3069	54.49
8	1730	53.21
10	1064	49.06

从单幅图像的多尺度超像素分割实验结果中可以看出:以 4 像素为窗口基准边长进行超像素划分得到了 6876 个粒度区域,耗时 55.53ms;以 10 像素为窗口基准边长进行超像素划分得到了 1064 个粒度区域,耗时 49.06ms。通过对比分析可知,利用小尺寸窗口基准边长进行粒度区域划分不仅得到了更多的可用匹配区域,而且耗时基本保持不变。

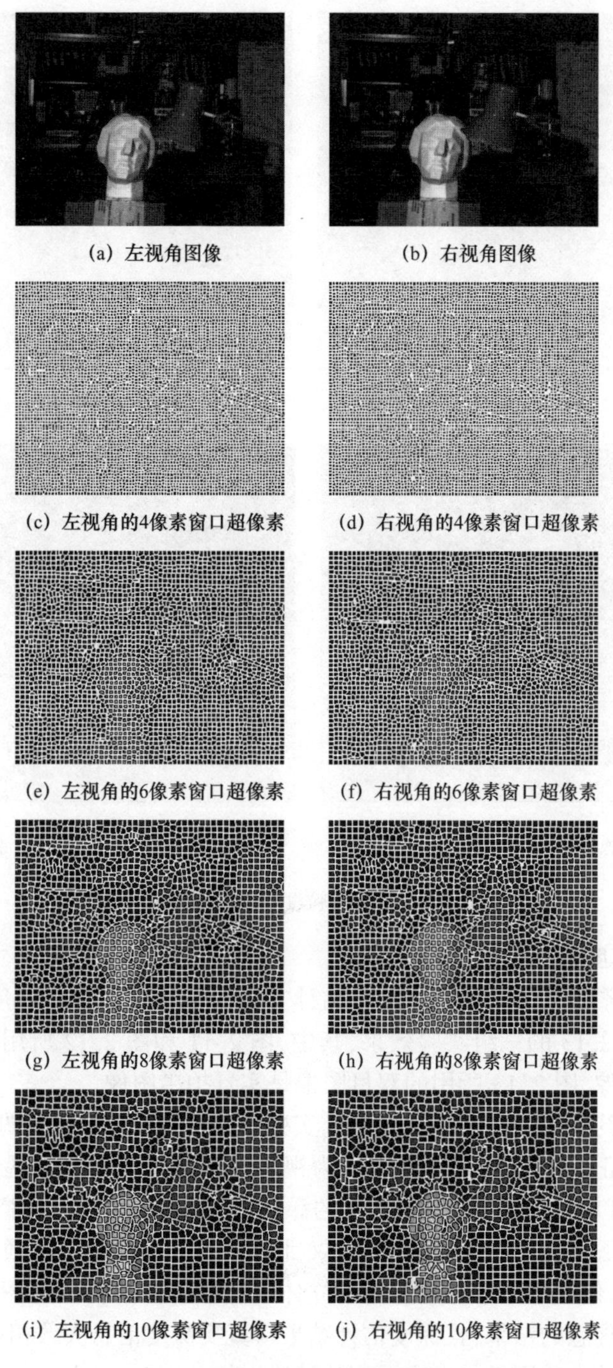

(a) 左视角图像　(b) 右视角图像

(c) 左视角的4像素窗口超像素　(d) 右视角的4像素窗口超像素

(e) 左视角的6像素窗口超像素　(f) 右视角的6像素窗口超像素

(g) 左视角的8像素窗口超像素　(h) 右视角的8像素窗口超像素

(i) 左视角的10像素窗口超像素　(j) 右视角的10像素窗口超像素

图 2.9　超像素粒度区域划分

(a) 4像素窗口超像素划分　　(b) 6像素窗口超像素划分

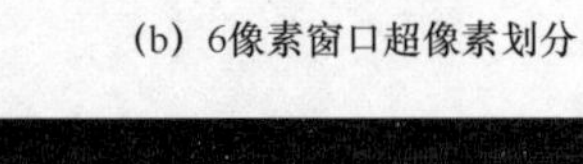

(c) 8像素窗口超像素划分　　(d) 10像素窗口超像素划分

图 2.10　超像素粒度区域平滑性分析

3. 视差深度估计

利用超像素约束匹配的立体视差估计方法对双目图像进行深度估计，可以得到图 2.11~图 2.13 的三组实验效果，其中，图 2.11 和图 2.12 所用的双目图像是标准测试集图像，图 2.13 所用的双目图像是实景拍摄图像。

在超像素约束匹配的立体视差估计实验结果图中（图 2.11~图 2.13），(a)为视觉规范化校正后的左视角图像；(b)为视觉规范化校正后的右视角图像；(c)为使用标准化窗口进行 SAD 块匹配得到的深度图；(d)为使用超像素约束匹配的立体视差估计方法得到的深度图；(e)为双目图像的真实深度图。通过三组实验效果图可以看出，使用超像素约束匹配的立体视差估计方法对双目图像进行深度估计得到了较为理想的结果，且深度估计结果与真实深度信息大致相符，而使用传统块匹配深度估计方法则极易出现深度估计错误。

(a) 左视角校正图像

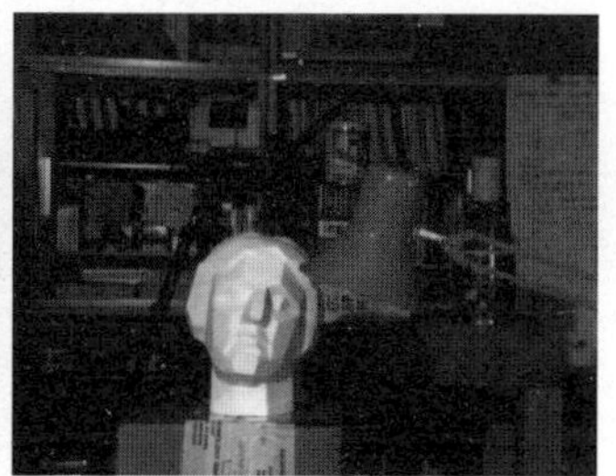

(b) 右视角校正图像

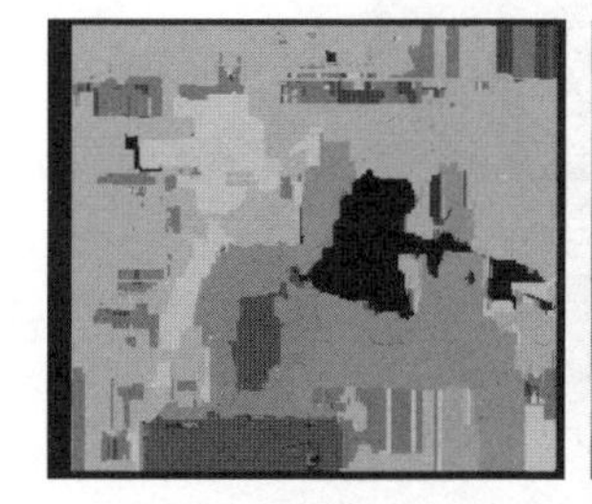

(c) SAD块匹配深度图

(d) 超像素方法深度图

(e) 真实深度图

图 2.11　超像素约束匹配的立体视差估计(实验效果一)

(a) 左视角校正图像

(b) 右视角校正图像

(c) SAD块匹配深度图

(d) 超像素方法深度图

(e) 真实深度图

图 2.12　超像素约束匹配的立体视差估计(实验效果二)

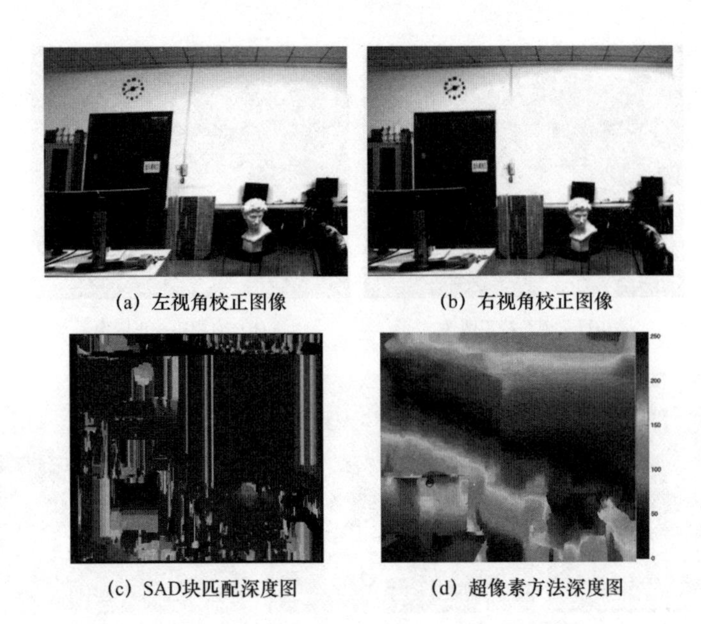

(a) 左视角校正图像　(b) 右视角校正图像

(c) SAD块匹配深度图　(d) 超像素方法深度图

图 2.13　超像素约束匹配的立体视差估计(实验效果三)

2.3　级联 ASPP 结构的单目图像深度估计

在不改变图像分辨率的情况下,ASPP 可以扩大感受野并提取多尺度特征,本节将其引入深度估计任务中,以改善当前室内单目图像无监督深度估计方法中存在深度估计不准确、边缘模糊、深度信息细节丢失等问题。但是 ASPP 模块并没有考虑不同像素特征之间的关系,导致在深度估计任务中对场景特征的提取不够准确。故本节针对此弊端将阐述树形 ASPP 结构,结合使用 NYUv2 数据集的 SC-SfMLearner 网络,在深度估计网络的编解码结构之间加入 ASPP 树形结构形成的空间语义信息池,既可以在不丢失分辨率的情况下扩大感受野,又能捕获并融合多尺度上下文信息,使不同像素特征之间建立联系。数理验证结果表明,这种深度卷积网络的特征提取能力更强,场景中各个目标的边缘轮廓更加清晰、层次更加分明,深度估计结果更加准确。

2.3.1　SC-SfMLearner 网络结构

无监督单目深度估计算法 SC-SfMLearner[8] 编解码器的原始结构最早是由 Garg 等[9] 提出的,其能够在已知相机内外参数的双目图像基础上,利用颜色不变性训练单目图像深度估计网络。它的原理是通过网络估计出双目图像的左图深度,然后根据估算的深度与相机参数来建立左右图之间的像素映射关系,再使用右图和建立的映射关系来生成虚拟左图,最后根据生成的虚拟左图与实际左图比较,即光度损失(photometric loss)来训练网络。

以 Garg 等提出的网络为基础,Zhou 等[10]提出在带有相机内参的单目视频上训练单目深度估计网络 SfMLearner,其原理是利用单目视频的相邻前后帧,同时训练 Depth CNN 和用来估计相机运动的 Pose CNN,再使用 Photometric Loss 来同时监督这两个网络的模型参数训练。基于 SfMLearner,Bian 等[11]提出利用几何一致性损失(geometry consistency loss)作为约束,以此利用视频前后帧估计出深度的一致性,然后利用这个几何一致性来检测运动物体和遮挡区域,通过计算 Photometric Loss 移除这些病态区域,从而可以提升算法性能,这就是 SC-SfMLearner 网络。

图像深度与投影联系紧密,此类无监督单目深度估计算法正是利用相机参数和图像深度计算 3D 投影,以此生成虚拟图像并以 Photometric Loss 作为损失来训练网络。虽然此类无监督算法在室外数据集(如 KITTI 数据集)上运行良好,但是在室内数据集(如 NYUv2 数据集)上难以训练。对比 KITTI 和 NYUv2 两个数据集,除了图像纹理光线问题,前者相机固定于车上且相机运动相对简单,而后者则使用手持相机拍摄,在室内做任意运动且轨迹相对复杂。Bian 等认为复杂的相机运动给模型参数训练造成了障碍[11],故 Bian 等首先从理论上分析相机运动对深度估计的影响,然后再统计在不同数据集上的相机运动情况,最终经过实验得出结论:影响室内场景中无监督深度学习效果不佳的关键因素是训练视频的相机运动,即相机的旋转被视为噪声、平移被视为信号,理想数据的特征应该是“无旋转+适量平移”。因此,Bian 等对 NYUv2 数据集进行了处理,对原始的训练序列图像进行消除旋转并选择拥有适量平移的图像,最终得到 67000 张图像用于模型参数训练。本节采用的是预处理的 NYUv2 数据集[11]。

上述网络虽然取得了较好的估计结果,但深度估计网络的编码器在不断下采样时会导致尺度较小的低纹理区域比较模糊,使后续的深度图出现虚假纹理、边缘模糊、深度估计不准确、细节信息丢失等问题,而且编码器采用的网络越深,这个问题就越发明显,故在网络中引入空间语义信息池。

2.3.2 空洞空间卷积金字塔池化

本节引入的空间语义信息池由 ASPP 结构改变而成,ASPP 结构是在语义分割任务中提出来的,其核心是扩张卷积。

1. 扩张卷积

扩张卷积简单来说就是在一般卷积核中插入“0”,通过新参数“扩张率”控制“0”的数量。扩张卷积广泛应用于语义分割等任务中,针对的是图像语义分割问题中降采样会降低图像分辨率、丢失信息而提出的卷积思路。在特征提取过程中，常利用降采样的方法来扩大感受野，同时也降低了空间分辨率，而使用扩张卷积便可以在计算量保持不变的情况下，提供更大的感受野，让每个卷积输出都包含较大的范围信息。不仅如此，扩张卷积通过设置不同的扩张率可以获取大小不同的感受野，也就获取了多尺度的上下文信息。

扩张卷积的等效卷积核和感受野可以通过卷积核大小与扩张率计算得到。假设扩张卷积的卷积核大小为 $k \times k$ 、扩张率为 d ，则其等效卷积核大小为

$$k' = k + (k - 1) \times (d - 1) \tag{2.22}$$

假设 RF_{i+1} 表示当前层感受野， RF_i 表示上一层感受野， k' 表示等效卷积核大小， S_i 表示之前所有层的步长乘积（不包括本层步长），则有

$$RF_{i+1} = RF_i + (k' - 1) \times S_i \tag{2.23}$$

扩张卷积得到的某一层结果中，邻近像素是从相互独立的子集中卷积得到的，相互之间缺少依赖，从而会产生扩张卷积的网格化问题。扩张卷积的计算方式类似棋盘格式，某一层得到的卷积结果来自上一层的独立集合，并没有相互依赖，那么该层的卷积结果之间没有相关性，故局部信息不可避免地会丢失。另外，由于扩张卷积稀疏的采样输入信号，远距离卷积得到的信息之间没有相关性，上下文信息之间缺失联系也会影响结果。

对于网格化问题，解决方案一般都是使卷积前后的每组结果能进行相互交错、相互依赖，进而解决空洞卷积局部信息丢失问题，或者捕获多尺度信息、获得局部信息依赖，以此解决局部信息的不一致问题。

2. ASPP 模块结构

Chen 等[12]在 Deeplabv2 网络中提出了以扩张卷积为基础的 ASPP 结构，特征顶部映射图使用了四种采样率的空洞卷积，在语义分割任务中起到了良好的作用。Deeplabv3[13]在 Deeplabv2 基础上改进了 ASPP 结构，提出了如图 2.14 所示的并联 ASPP 结构。

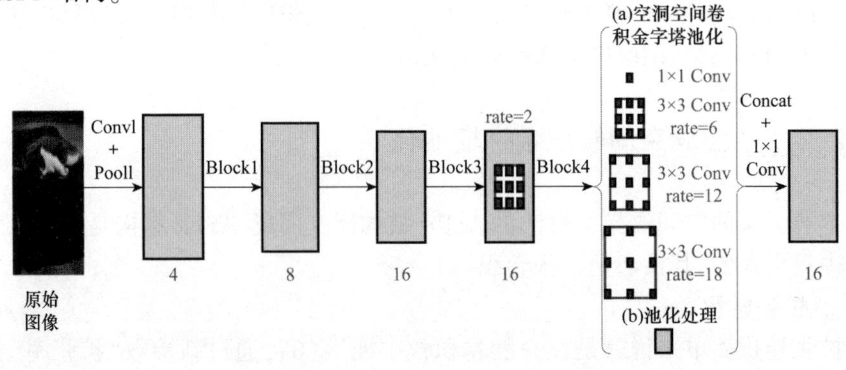

图 2.14　Deeplabv3 的并联 ASPP 结构

并联 ASPP 结构包括并联的 4 个采样率不同的扩张卷积层和 1 个全局平均池化层,每层输入都是一样的,最后将得到的 5 组特征进行 Concat,再经过 1×1 的卷积降维。并联 ASPP 结构以不同的 rate 可以有效地捕捉多尺度信息,并添加了图像级特征来解决随 rate 变大而带来的卷积核退化问题。

2.3.3 级联 ASPP 语义信息网络

针对当前无监督单目深度估计网络在室外场景下能够取得良好的效果,而在室内场景下存在深度估计不准确、边缘模糊、深度信息细节丢失等问题,本节阐述了融合树形 ASPP 结构语义信息的单目图像深度估计网络。

1. 树形 ASPP 模块结构

尽管并联 ASPP 结构降低了网格化问题的直接影响,但其仍然会存在局部信息的丢失问题,并且每层得到的信息并无联系且不能相互依赖,因此,为了捕获分层上下文信息并在复杂场景中表示多个尺度的对象,本节引入树形 ASPP 模块结构。

图 2.15 为树形 ASPP 模块结构,树形 ASPP 模块结构的核心是有 4 个带有 BN 层和 ELU 层并且扩张率不同的扩张卷积模块,以及 1 个全局平均池化层。树形 ASPP 模块结构将骨干网络提取的特征作为输入,各个扩张卷积模块遵循扩展和堆叠规则,从而有效地编码多尺度特征。在每个扩展步骤中,输入被复制为两个分支:一个分支保留当前区域特征;另一个分支聚合上下文信息,在较大范围内探索提取特征之间的联系。同时,当前步骤的输出特征通过级联与先前特征堆叠在一起。

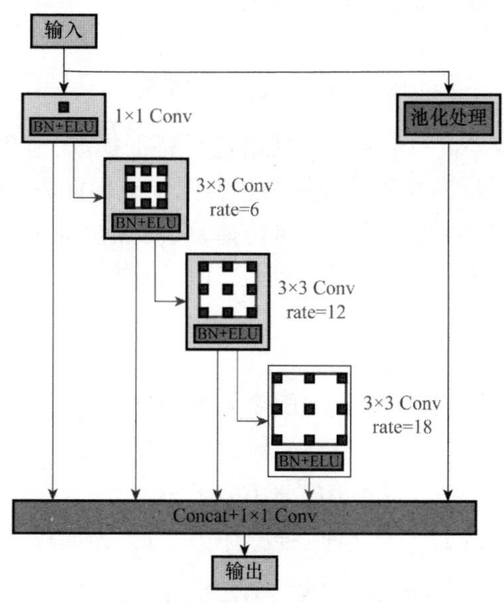

图 2.15　树形 ASPP 模块结构

这样设计的目的是让树形 ASPP 模块结构可以捕获上下文信息、表示多尺度对象,将其进行聚合可以在后续步骤中重新研究从先前步骤中学到的特征内容,使不同层的特征具有直接或间接关联关系。

2. 深度估计网络结构

本节网络模型将使用 SC-SfMLearner 网络架构,包括深度估计网络和相机位姿估计网络,在深度估计网络的编解码器中融入采用树形 ASPP 模块结构的空间语义信息池,如图 2.16 所示。

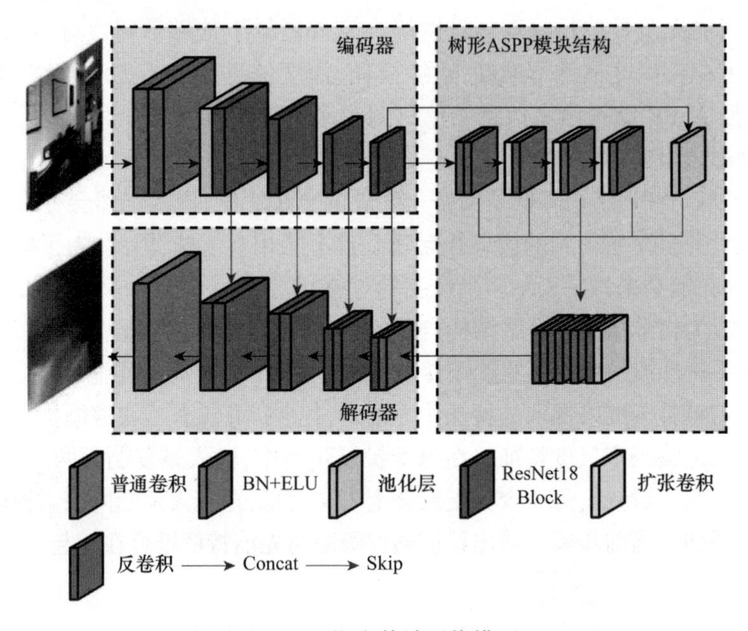

图 2.16　深度估计网络模型

网络编码端以 ResNet-18 为骨干网络进行特征提取,避免了特征退化和实效性低的问题,而解码端反向卷积神经网络进行图像重构任务,并且使用从编码器到解码器的跳层连接来帮助梯度进行反向传播,从而加快训练过程。与传统的编解码结构不同,此编解码器中间加入了树形 ASPP 结构模块来改善场景中的边缘模糊等问题。

3. 模型损失函数

深度估计网络从未标记的视频图像序列中训练深度和位姿 CNN,并约束它们预测尺度一致的推演结果。总体目标函数由三部分组成:

$$L = \alpha L_{\mathrm{p}}^{M} + \beta L_{\mathrm{s}} + \gamma L_{\mathrm{GC}} \tag{2.24}$$

式中:L_{s} 为平滑度损失;L_{GC} 为几何一致性损失。L_{p}^{M} 为加权光度损失,且有

$$L_{\mathrm{p}}^{M} = \frac{1}{|V|}\sum_{p \in V}(M(p) \cdot L_{\mathrm{p}}(p)) \tag{2.25}$$

式中：M 为用于处理移动对象和遮挡的自发现掩膜；V 为 I_a 成功投影到 I_b 图像平面的有效点。

由于光度损失在低纹理或场景同质区域中不具有信息表达性，对于估计深度图之前采用的平滑度损失而言，本节采用的边缘感知平滑度损失[12-14]：

$$L_s = \sum_{p} \left(e^{-\nabla I_a(p)} \cdot \nabla D_a(p) \right)^2 \tag{2.26}$$

式中：∇为沿空间方向的一阶导数，它确保平滑度由图像的边缘引导。

另外，为了对预测结果执行几何一致性，具体要求相邻帧的深度图 D_a 和 D_b 符合相同的 3D 场景结构，并使它们之间的差异达到最小化，这不仅实现了样本之间的几何一致性，而且可以将一致性转移至整个序列。在此约束下，几何一致性损失为

$$L_{GC} = \frac{1}{|V|} \sum_{p \in V} D_{diff}(p) \tag{2.27}$$

$$D_{diff}(p) = \frac{|D_b^a(p) - D_b'(p)|}{D_b^a(p) + D_b'(p)} \tag{2.28}$$

式中：D_b^a 为通过使用位姿 P_{ab} 扭曲 D_a 计算出的 I_b 深度图；D'_b 为根据估计深度图 D_b 插值得到的深度图。

几何一致性损失使每个匹配对之间预测深度的几何距离最小化，并且加强了深度估计的尺度一致性。由于相机运动和深度预测之间存在紧密联系，使用相机位姿估计网络即可预测与全局尺度一致的相机运动轨迹。

利用预测的深度图 D_a 和相对相机姿态 P_{ab}，便可通过 I_b 来合成虚拟的 I'_a，进而使用生成帧 I'_a 和原帧 I_a 之间的误差作为训练网络的光度损失：

$$L_p = \frac{1}{|V|} \sum_{p \in V} \| I_a(p) - I_a'(p) \|_1 \tag{2.29}$$

式中：V 为 I_a 成功投影到 I_b 图像平面的有效点；$\sum_{p \in V} \| I_a(p) - I_a'(p) \|_1$ 为 L_1 范式损失函数。

2.3.4 实验结果及数理分析

本节做了三组消融实验，验证本节介绍的网络模型有效性，为确保验证环境因素一致，在同一台计算机、同样的环境、一致的参数下进行实验。

1. 模型训练参数

验证过程使用的 CPU 为 11 代英特尔酷睿 i9 处理器，显卡为 NVIDIA RTX 3090。本节采用处理后的 NYUv2 数据集作为训练和测试数据，训练集包括 67000 张图像及其对应的真实深度图，每张图片分辨率为 320×256，测试集包括 1449 张单目图像及

其对应的真实深度图,每张图片的分辨率为 640×480。实验的网络模型是基于 PyTorch 框架的,并使用 Adam 优化器进行优化,参数设置为 $\beta_1 = 0.9, \beta_2 = 0.999$。训练时实验设置的初始学习率为 0.0001,batchsize 为 16,共训练 50 个 epoch。

2. 误差评估指标

采用深度估计领域公共指标,即平均相对深度误差(AbsRel)、均方根误差(RMSE)、对数误差(lg)、阈值精度(Threshold),相关公式如下:

$$\mathrm{AbsRel} = \frac{1}{|N|}\sum_{d \in N} \frac{|d - d^*|}{d^*} \tag{2.30}$$

$$\mathrm{RMSE} = \sqrt{\frac{1}{|N|}\sum_{d \in N} \| d - d^* \|^2} \tag{2.31}$$

$$\mathrm{lg} = \frac{1}{|N|}\sum_{d \in N} |\lg d - \lg d^*| \tag{2.32}$$

$$\max\left(\frac{d_i}{d_i^*}, \frac{d_i^*}{d_i}\right) = \delta < \mathrm{thr} \tag{2.33}$$

式中:d 为网络预测得到的深度图;d^* 为真值数据;thr 为给定阈值,其参数设置为 $\delta_1 < 1.25, \delta_2 < 1.25^2, \delta_3 < 1.25^3$。

3. 定量指标评价

本节为验证级联 ASPP 结构的单目图像深度估计方法中核心模块的有效性,设计了相应的消融实验,分别对原网络模型 SC-SfMLearner、加入以 ASPP 为核心的空间语义信息池、加入以树形 ASPP 模块结构为核心的空间语义信息池进行了三组对比实验评估,评估结果如表 2.3 所列。

表 2.3　消融实验定量指标评估对比

消融分析	原模型	加入 ASPP	加入树形 ASPP
AbsRel ↓	0.148	0.148	0.146
Lg ↓	0.062	0.062	0.062
RMSE ↓	0.543	0.539	0.535
$\delta_1 < 1.25$ ↑	0.803	0.804	0.806
$\delta_2 < 1.25^2$ ↑	0.949	0.948	0.951
$\delta_3 < 1.25^3$ ↑	0.985	0.985	0.986
参数量/B	14.15	31.66	31.66
模型大小/MB	59.5	95.1	132.9
训练时间	13h45min	15h	15h
测试时间/s	52	55	55

由表2.3可知：相对于原模型，加入ASPP核心空间语义信息池的模型均方根误差RMSE稍有下降，其余误差评价指标变化不大，而参数量、模型大小、训练时间、测试时间均有增加；对比原模型，加入树形ASPP结构核心空间语义信息池的模型仅对数误差与前者一致，而误差评价指标均有所改善，但参数量、模型大小、训练时间、测试时间随之增加；对比加入ASPP核心空间语义信息池的模型与加入树形ASPP结构核心空间语义信息池的模型，后者除对数误差外，其余误差评价指标均有所改善，而且后者模型更大，由于两者相比只改变了ASPP结构，因此参数量、训练时间、测试时间均未变化。

4. 可视化对比分析

深度估计的本质任务是生成合理的、可靠的深度图，图2.17展现了原网络结构、加入ASPP模块的网络结构、加入树形ASPP的网络结构针对相同图像的可视化对比分析，包括三者估计出的深度图以及原RGB图、深度真值。

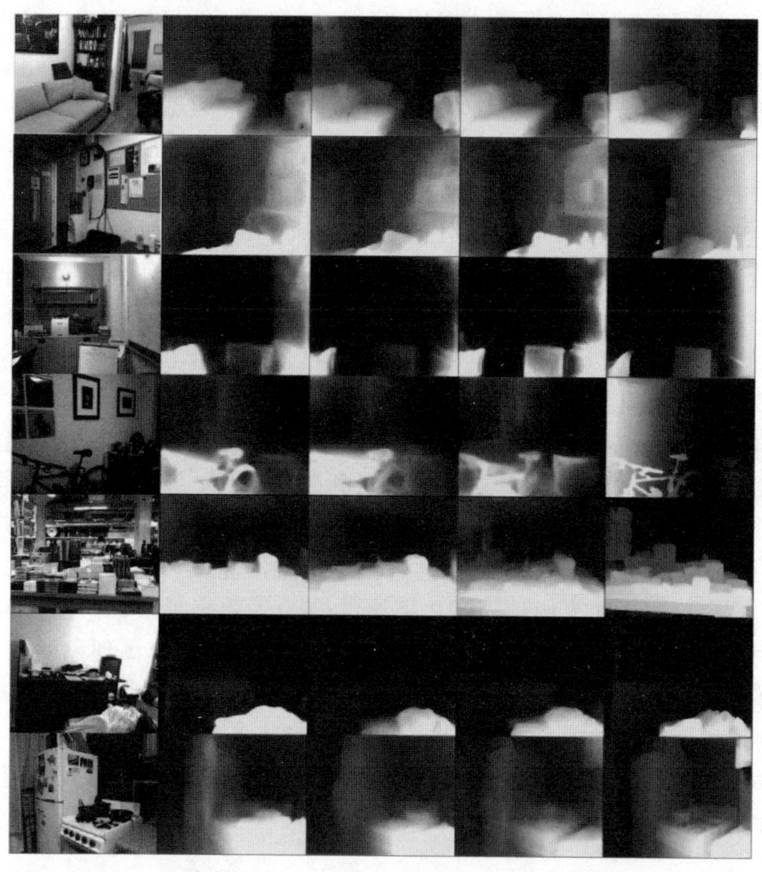

(a) RGB图像　(b) 原始实验　(c) 原始ASPP结构　(d) 树形ASPP结构　(e) 深度真值

图2.17　消融实验结果可视化对比

从图 2.17 可以看到:在室内复杂场景中,原实验的结果缺乏深度层次,物体边缘位置不清晰,有深度连接起来的模糊现象,而且部分位置深度估计发生了很大错误;引入树形 ASPP 模块的实验对比原实验来说结果稍好,但物体的边缘仍然模糊,部分物体被忽略且未被计算;而在加入树形 ASPP 模块的结果中,物体边缘较为清晰,可以看出深度的层次,深度估计较为精确,显然优于前两者。

2.4 本章小结

在立体视差估计部分,针对双目视差图像深度信息估计方法存在边缘保持度和可信度不高的问题,本章详述了超像素约束匹配的立体视差估计方法,它由双目图像视差规范化、可信粒度区域分割和粒度区域相似性度量三个步骤构成。该方法首先通过使用超像素颗粒化方式对视觉规范化校正后的双目图像进行精细的区域划分,将双目图像划分成数量众多的极佳粒度区域。为了能够使划分出的每个粒度区域都得到最佳匹配,首先通过极线约束匹配的方式得到关联匹配区域,然后辅以区域匹配的相似性测度函数得到双目图像中最佳的超像素粒度区域匹配结果,从而找到每个粒度区域的二维对应关系,最终实现对双目视差图像的深度信息估计。值得注意的是,本章估计的可信深度信息并非实际的物理深度信息,这里的深度信息仅保持了实际物理信息的比例约束关系。正是由于利用了超像素可信粒度区域分割和极佳约束匹配技术,不仅保持了原始图像的纹理边缘特性,而且解决了匹配窗口过于规则而不够灵活的问题,故通过双目视差图像深度信息估计的实验结果及数理分析可以得出结论:超像素约束匹配的立体视差估计方法能够取得较好的深度估计效果。

在单目图像深度估计部分,本章将 ASPP 引入深度估计任务中。同时,针对 ASPP 模块没有考虑到不同像素特征之间的关系,导致在深度估计任务中对场景特征的提取不准确这一问题,本章详细阐述了树形 ASPP 模块结构,并将其加入实验中与 ASPP 模块进行对比。通过三组消融实验发现,在室内复杂场景下,原实验的表现最差,加入树形 ASPP 模块结构的实验表现最佳。原实验的结果缺乏深度层次,物体边缘位置不清晰,有深度连接起来的模糊现象,而且部分位置深度估计发生了很大的错误;引入 ASPP 模块的实验对比原实验来说结果稍好,但物体的边缘仍然模糊,部分物体被忽略且未被计算;而在加入树形 ASPP 模块的结果中,物体边缘较为清晰,可以看出深度层次,深度估计较为精确,显然优于前两者。

参考文献

[1] Wei Z Z, Fan Y R, Zhang G J. Stereo matching method for raster binocular stereo vision sensor[J]. Infrared and Laser Engineering, 2010, 39(2):330-334.

[2] 曹晓倩. 面向病态场景图像对的立体匹配算法研究[D]. 西安:中国科学院研究生院(西安光学精密机械研究所), 2014.

[3] 耿英楠. 立体匹配技术的研究[D]. 长春:吉林大学, 2014.

[4] Ding Xiaofeng, Xu Lizhong, Wang Huibin, et al. Stereo depth estimation under different camera calibration and alignment errors[J]. Applied Optics, 2011, 50(10):1289-1301.

[5] Seok H Y, Kyoung Mu L, Uk L S. Robust stereo matching using adaptive normalized cross-correlation[J]. IEEE Transactions on Pattern Analysis and Machine Intelligence, 2011, 33(4):807-822.

[6] Luo G, Yang X R, Xu Q. Fast stereo matching algorithm using adaptive window[C]//2010 Third International Symposium on Information Processing. Moscow: IEEE Computer Society, 2008:25-30.

[7] 周凡, 邵世雄, 吴建华, 等. 一种联合直线特征的基础矩阵计算方法[J]. 光学学报, 2013, 33(10): 188-195.

[8] Jiawang Bian, Huangying Zhan, Naiyan Wang, et al. Unsupervised scale-consistent depth learning from video [J]. Int. J. Comput. Vis. 2021, 129(9): 2548-2564.

[9] Ravi Garg, Vijay Kumar BG, Gustaro Carneiro, et al. Unsupervised CNN for single view depth estimation: geometry to the rescue[C]//ECCV. Amsterdam: Lecture Notes in Computer Science 9912, Springer, 2016: 740-756.

[10] Zhou T H, Matthew B, Noah S, et al. Unsupervised learning of depth and ego-motion from video[C]// 2017 IEEE Conference on Computer Vision and Pattern Recognition. Honolulu: IEEE, 2017:6612-6619.

[11] Bian J W, Li Z C, Wang N Y, et al. Unsupervised scale-consistent depth and ego-motion learning from monocular video[J]. NeurIPS,2019,1(1): 35-45.

[12] Chen L C, Papandreou G, Kokkinos I, et al. DeepLab: semantic image segmentation with deep convolutional nets, atrous convolution, and fully connected CRFs[J]. IEEE Transactions on Pattern Analysis and Machine Intelligence, 2018, 40(4): 834-848.

[13] Chen L C, Papandreou G, Schroff F, et al. Rethinking atrous convolution for semantic image segmentation [J]. CoRR, 2017.

[14] Ranjan A, Jampani V, Kim K, et al. Competitive collaboration: joint unsupervised learning of depth, camera motion, optical flow and motion segmentation[C]//2019 IEEE/CVF Conference on Computer Vision and Pattern Recognition. Long Beach: IEEE, 2019:12232-12241.

第3章 多视图三维重建与景物模型编码

在计算机视觉研究领域中,基于视觉图像的三维重建技术是指通过单视图或多视图图像获取深度信息,再经过点云数据的配准及融合,重建出物体三维几何形状的过程。基于图像的三维重建技术经过十几年的发展,已经在计算机动画、游戏开发、医学治疗、航海航空以及文物保护等领域取得了巨大的成就。

目前,基于视觉图像的三维重建技术主要分为基于单视图图像的三维重建和基于多视图图像的三维重建。基于单视图图像的三维重建具有挑战性,在进行三维重建过程中可能会得到多个三维几何形状,因此通过单视图图像很难做到完整和准确地恢复物体的三维几何形状。基于多视图的三维重建是指通过参数已知的相机对同一物体进行不同角度的拍摄得到图像集,然后通过图像集重建出物体对应的三维几何形状。多视图三维重建技术是三维重建中的重要研究方向,受到学者的广泛关注与研究,本章将着重介绍多视图三维重建技术及相关原理。

随着三维模型的精度提高,三维模型的数据量越来越大。高精度必然会导致数据量增加,这也导致高精度的三维模型在应用过程中受到计算机性能、存储空间、传输速度等因素的限制。因此,对三维模型的编码压缩处理是势在必行的,对三维模型进行编码压缩以减少三维模型的数据量,可以有效地解决三维模型在存储和传输方面的问题。三维模型的编码压缩主要分为单分辨率编码压缩和多分辨率编码压缩。本章将着重介绍多分辨率编码压缩技术,并通过实验对几种算法进行比较。

3.1 三维模型编解码原理

在增强现实应用中,通常希望有现实世界的三维描述,一般通过使用不同的传感器或重建技术获取的三维点云来描述现实世界。本节除了对三维点云数据表示的理论进行详细阐述,还将对三维景物模型的编码压缩中包含的三维网格模型简化、三维模型编码压缩进行相关理论描述。

3.1.1 三维点云数据表示

1. 三维点云获取方式

三维点云数据可以通过不同的传感器或技术获取,常用的三维点云获取方法主要包括摄影测量、视频测量、RGB-D 相机、立体相机获取[1]和三维激光扫描[2]等。

摄影测量通过图像来获得物理对象和环境的可靠信息,利用摄影测量可以获取点云数据,具体来说,使用相机从不同位置拍摄同一目标物体的图像,从而捕捉目标物体的不同部分,然后使用算法估计这些图像的相对位置,并最终将这些图像转化为三维点云信息。常见的摄影测量算法包括运动恢复结构(structure from motion, SFM)法和立体视觉(multi-view stereo, MVS)法。

视频测量与摄影测量类似,但它以视频流为输入数据。Brilakis 等[3]认为,由于视频帧是连续的,即每个视频帧的信息都可以建立在前一帧基础上,视频测量可以逐步地重建点云数据,并提高重建精度水平。视频测量相对于摄影测量的优点是在重建过程中几乎不需要人工干预,可以自动通过测量或跟踪连续视频帧之间的关联特征来搜索不同图像的目标点。

RGB-D 相机由 RGB(红色、绿色、蓝色)相机和深度传感器组成,RGB 相机拍摄 RGB 图像,深度传感器在每个像素的基础上找到深度信息,从而使得包含 X、Y、Z 坐标和 RGB 颜色的彩色点云即可通过 RGB 图像与深度信息进行映射而生成。一种较为流行的 RGB-D 相机是微软的 Kinect 相机,它被应用于许多研究工作中。

立体相机是带有两个或多个镜头及其相应图像传感器的相机系统,由于一个镜头相对于另一个镜头的相对位置和方向是已知的,可以根据这种关系获得二维图像的三维点云数据。

激光扫描仪通过发射激光束,检测来自目标的反射信号,以此来测量目标的距离,最终可获取目标物体的点云信息。激光式三维数据获取方式主要包含飞行时间距离测量技术和相移距离测量技术。采用相移原理的扫描仪比采用飞行时间技术的扫描仪具有更高的测距精度和测量速度,但使用飞行时间技术的扫描仪在最大测量范围方面具有优势。这类方法获取点云数据的优点是能够快速获取三维点云信息,缺点是比较昂贵。

2. 三维点云数据类型

三维点云本质上是三维模型最简单的表现形式,它是在三维空间中绘制的单个点集合。每个点包含多个测量值,包括沿 X 轴、Y 轴和 Z 轴的坐标,有时还包括以 RGB 格式存储的颜色值和确定该点有多亮的强度值等数据。由于获取方式不同,获取到的三维点云数据会呈现出不同的排列形式。根据排列形式可以将三维点云数据分为四种[4]：一是扫描线式点云,该点云按照某一特定方向分布,如图 3.1(a)所示;二是阵列式点云,该点云按某种顺序有序分布,如图 3.1(b)所示;三是网格式点云,该点云呈三角网格互连的形式分布,如图 3.1(c)所示;四是散乱式点云,该点云分布散乱,无章可循,如图 3.1(d)所示。

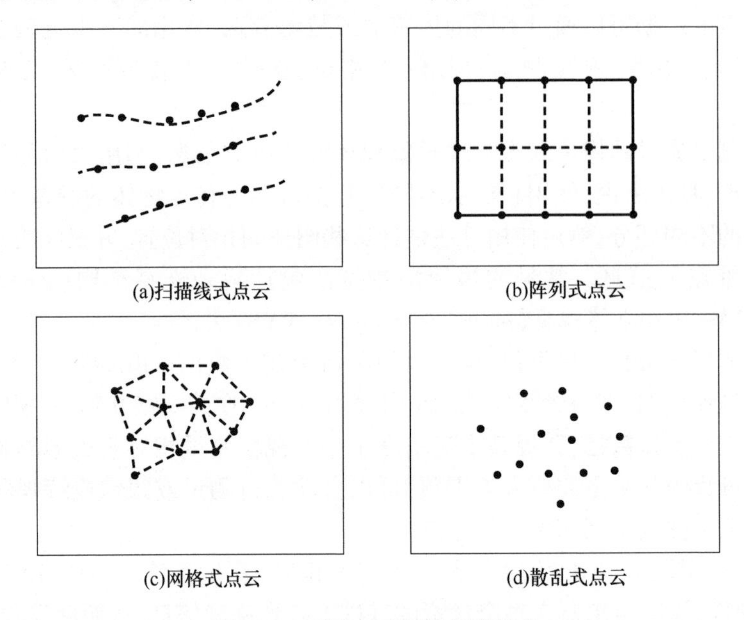

图 3.1　不同点云数据表达形式

3. 三维点云数据存储格式

大多数点云存储格式属于二进制和 ASCII 两种文件类型:二进制文件格式将信息存储在二进制代码中;ASCII 文件格式仍然以二进制为根,但是它们使用文本来传达信息。ASCII 文件类型比二进制格式具有更多的访问选项,如文本编辑器、应用程序等。通过文本传送的数据需要更长的时间来解释,并且文件大小比二进制文件大得多。同时,二进制文件还可以保存和传达更多信息,并提高文件读取速度。

目前,三维点云常用的格式主要有 obj、las、ply、pcd、pts、xyz 等。obj 格式最初是由 Wavefront 技术开发,已被广泛应用于三维图形软件中,这是一种简单的数据格式,仅表示三维几何、法线、颜色和纹理,它通常采用 ASCII 格式,但是也有一些专有的二进制版本;las 文件格式是为了交换和存档激光雷达获取的点云数据,它是美国摄影测量与遥感学会指定的开放式二进制格式,这种格式已被广泛使用,并被视为激光雷达数据的行业标准;ply 格式有 ASCII 和二进制两种格式,是专为存储三维数据而设计的,被称为斯坦福三角格式或多边形文件格式,使用平坦的多边形列表来表示对象,这样表示的目的是增加可扩展性功能和存储更多物理元素,其能够表示颜色、透明度、纹理、表面法线,坐标以及数据置信度值;pcd 格式也有

ASCII 和二进制两种格式,是为点云量身定制的格式,优点是支持 n 维点类型扩展机制,能够更好地发挥 PCL 库的点云处理性能;pts 点云文件属于文本格式,是最简便的点云格式,只包含点坐标信息,按 X、Y、Z 顺序存储,数字之间用空格间隔;xyz 格式是基于笛卡儿坐标的非标准化文件集,以文本行形式传输数据,以空格分隔,前面 3 列表示点坐标、后面 3 列是点的法向量坐标。

3.1.2 三维网格模型简化

随着科技的进步,人们对网格模型简化方法的研究在不断增加,因此出现了大量的网格简化方法。目前网格简化方法分为静态简化方法和动态简化方法。

1. 静态简化方法

静态简化方法是根据一定的规则将复杂模型简化成较简单的模型,并且简化后的模型是一个独立的存在,因为没有保存简化记录,所以不能进行逆操作恢复为原始模型。目前,比较经典的静态简化法有顶点聚类法、区域合并法、几何元素删除法、几何元素折叠法、小波分解等。

1)顶点聚类法

顶点聚类就是在原始网格模型的周围放置一个包围盒,并且将其划分为网格,然后将同一网格区域的顶点划分为同一类,依据某种策略将这些顶点合并到某个顶点上,最后对模型表面进行相应更新。图 3.2 为顶点聚类法,同一个网格区域的顶点被合并成一个顶点,并且与原顶点相连的边被连接到新顶点上。顶点聚类法的速度非常快,但是会出现对原始模型进行较大的拓扑更改情况。此外,虽然网格单元格的大小提供了几何误差边界,但是输出的网格质量通常很低。

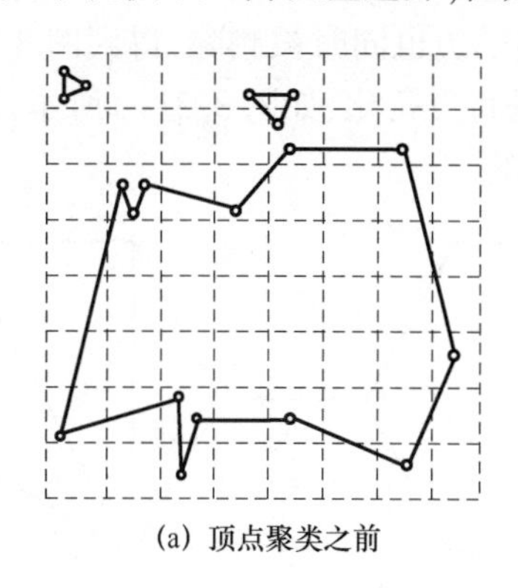

(a) 顶点聚类之前

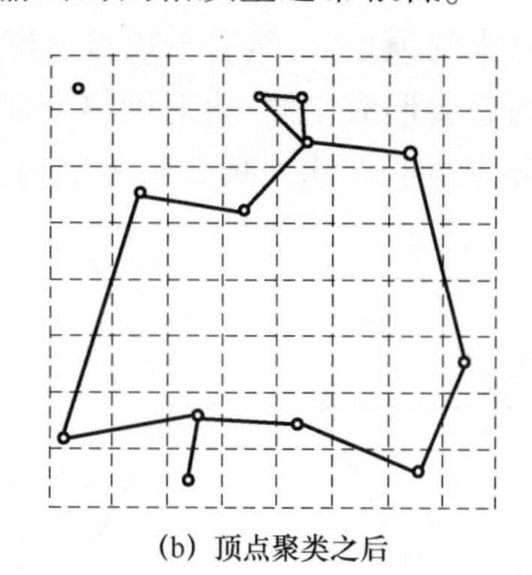

(b) 顶点聚类之后

图 3.2 顶点聚类法

顶点聚类法最早是由 Rossignac 和 Borrel[5] 提出的,在模型表面划分的均匀网格内,对网格内的顶点进行曲率和三角形面积加权处理,在单个方格中权值大的顶点被保留下来。Low 和 Tan[6]在此基础上做出改进,先对三维网格模型的所有顶点计算权值,再将权值最大的顶点作为中心来进行重新网格划分,并且将方格中其他的顶点合并于中心点。相较于 Rossignac 的方法有所改进,但是不能满足所需的简化质量。

2)区域合并法

区域合并法不需要考虑顶点的几何因素影响,直接对面进行操作。一般是根据面片的面积、曲率等信息从网格中选择权值最小的面片作为初始面片,然后将和它处于同一平面的相邻面片进行合并,形成一个更大的面(这个面通常称为超平面),然后重新对这个面进行三角化处理。

Kalvin 和 Taylor[7]提出了区域生长简化算法,但是在使用区域合并法对模型进行简化的过程中会产生多边形空洞,而且对空洞进行三角化的过程计算量较大,运行较为缓慢,导致区域合并法并没有得到广泛应用。

3)几何元素删除法

几何元素删除法是通过某种规则对网格模型中的几何元素进行删除以达到模型简化的目的,并且最大限度地保持原模型的拓扑结构。Schroeder 等[8]利用顶点删除法对三维网格模型进行简化处理,主要做法是删除网格模型中不重要的顶点。在三维网格模型中,如果某个顶点和周围的平面近似共面,则认为这个顶点不重要,删除后不会影响模型的拓扑结构,删除这个顶点和这个顶点周围的平面,然后对留下的多边形空洞重新三角化。重复上述操作继续删除满足要求的顶点,直至达到简化模型的要求。虽然采用这种方法删除顶点时计算简单,但是对空洞进行重新三角化时计算复杂,因此几何元素删除法没有得到广泛应用。

顶点删除法的操作过程主要如图 3.3 所示,图 3.3(a)是原始网格,首先删除六边形网格中的顶点 v,然后与顶点 v 相连的边也同时被删除,得到图 3.3(b),六边形网格内就会形成空洞,再对网格空洞进行三角化,如图 3.3(c)所示,用最少的三角形划分多边形以达到减少三角形的目的。

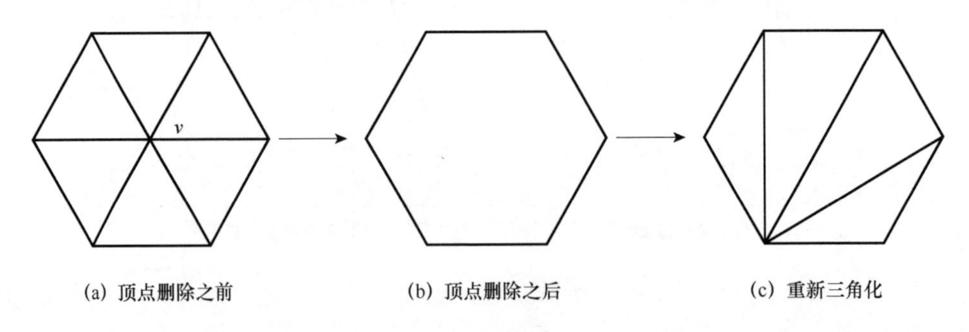

图 3.3　顶点删除法

4)几何元素折叠法

几何元素折叠法就是对网格模型的几何元素依据某种规则进行折叠,然后形成一个新的顶点,从而达到对模型简化的目的。与几何元素删除法相比,这种方法不需要对空洞进行重新三角化,因此大大减少了网格简化过程的计算量。几何元素折叠法简单高效,是现在使用最广泛的网格简化算法之一。几何元素折叠法主要包括边折叠算法、三角形折叠算法,相应分别对网格模型的边和三角形进行折叠操作。

边折叠算法是通过计算网格的边折叠误差,选择网格中误差最小的一个边,将其折叠成一个新顶点,并且删除这条边和以这条边为边的两个三角形,然后将原来和折叠边相连的顶点与新顶点相连形成新的三角形。重复上述操作,直至达到简化的要求。边折叠算法中最主要的是生成边折叠序列,各种算法不同之处就是计算折叠误差的具体方式。最早提出边折叠算法的是 Hoppe[9],它通过一个全局能量函数计算边折叠误差来对网格进行简化,但是其计算量较大、耗时较长。Garland 等[10]对边折叠算法进行改进,提出了基于二次误差度量的边折叠算法,二次误差度量方法就是用目标点到折叠边相关平面集的距离平方和完成对网格的简化操作。Garland 的方法大大减少了数据计算量,缩短了简化时间,提高了简化效率。当前大部分边折叠算法都是在该算法的基础上改进的。

边折叠算法的具体操作过程如图 3.4 所示。图 3.4(a)表示进行边折叠算法之前的网格,根据某种规则选择被折叠边 (v_1, v_2) 进行折叠,将三角形面片 f_1、f_2 退化成直线,并且形成新的顶点 $\bar{v}$,边折叠之后的效果如图 3.4(b)所示。

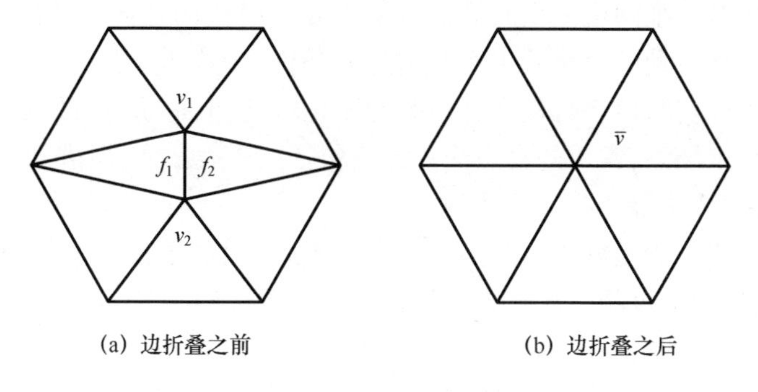

图 3.4　边折叠算法

三角形折叠算法就是以三角形为单位进行折叠,把三角形面片折叠成一个新的顶点,同时删除两个顶点和四个三角形。Hamann 等[11]利用三角形折叠算法对三维网格模型进行简化处理,通过计算曲率和角度数相等性乘积来确定三角面片的权值,从而依据一定的规则对面片进行删除。

图 3.5(a)为三角形折叠之前,根据某规则选中要折叠的三角形 (v_1, v_2, v_3),

将其折叠成一个新的顶点，并且删除顶点 v_1、v_2、v_3 和它们之间相连接的边，三角形的折叠效果如图 3.5(b)所示。

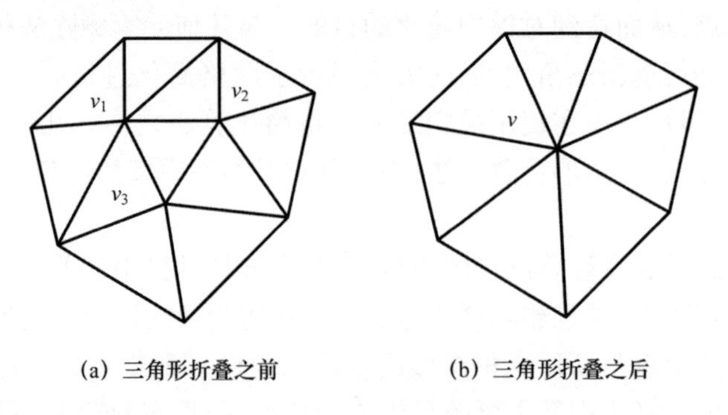

(a) 三角形折叠之前　　(b) 三角形折叠之后

图 3.5　三角形折叠算法

5)小波分解

小波分解就是把三维网格模型分解成一个低频信号和多个高频信号，低频信号可以表达模型的基本形状，高频信号可以表达模型的表面细节，对应的小波系数都包含在高频信号中，通过对高频信号的删减对模型进行简化操作。Lounsbery[12]提出利用小波变换对三维网格模型进行简化，但其需要大量的三角形来保持细分连接性，导致它的处理效果并不是特别好。

2. 动态简化方法

三维网格模型的动态简化方法是对静态简化方法的扩展，两者的本质区别是静态简化方法对三维网格模型的简化效果主要由模型的几何属性决定，动态简化方法对三维网格模型的简化效果主要由外界条件(如视点、光照等因素)决定。动态简化方法可以实时地获得任意分辨率的简化模型，但是动态简化不具有普适性，一般应用于特定场景，常用的动态简化方法包括层次表示法、渐进网格(progressive mesh，PM)简化算法等。

层次表示法一般是首先生成多个相近的模型，然后选择一个与原始模型最为相近的模型，最后通过静态简化方法进行简化处理。Isler[13]在给定目标的高分辨率模型和目标距离时，生成具有所需分辨率的目标模型。该方法的主要优点是保留了给定模型的拓扑结构，能够实时、动态地生成多分辨率模型。

渐进网格简化算法是在简化时记录简化的过程，因此可以对模型进行逆操作。Hopper[14]提出的 PM 算法是渐进网格简化中最为经典的算法之一，该算法使用边折叠方式对三维网格模型进行简化，并且把三维网格模型简化的操作过程记录下来，同时形成一个简化序列，因此可以对模型进行逆操作，能够将模型恢复到任意的分辨率下。

3.1.3 三维模型编码压缩

在多分辨率三维模型编码压缩算法中，根据拓扑信息和几何数据的重要程度可以将压缩算法分为：拓扑驱动的压缩算法和几何驱动的压缩算法。因为不同的渐进式压缩算法对三维模型的简化处理是不同的，因此不同简化层次的编码效率很难进行评测，故对于渐进式压缩算法一般只讨论总体的编码效率。

1. 拓扑驱动的压缩算法

1）渐进网格

渐进网格是 Hoppe[14] 在 1996 年提出的关于三角网格的连续多分辨率表示方法，通过对三维网格模型进行边折叠操作对网格的边进行删除，以此降低网格模型的分辨率。不断的网格简化处理可得到基网格和顶点分裂的操作记录，通过这些顶点分裂记录可以对删除的边进行重建恢复。

一个原始网格 $M = M^N$ 模型在连续地被执行 N 次边折叠操作后，简化成一个较为粗略的网格 M^0：

$$M^N \underset{}{\overset{\mathrm{ecol}_1\mathrm{vsplit}_N}{\rightleftarrows}} M^{N-1} \overset{\mathrm{ecol}_2\mathrm{vsplit}_{N-1}}{\rightleftarrows} M^{N-2}\cdots \overset{\mathrm{ecol}_N\mathrm{vsplit}_1}{\rightleftarrows} M^0 \tag{3.1}$$

这个粗略网格称为基网格。每次的边折叠操作 ecol_i 将网格 M^N 转化成 $M^{i-1}(i = N, N-1, \cdots, 1)$ 。由于在渐进网格中边折叠操作是可逆的，可以将模型渐进网格表示为一个基网格 M^0 和一系列的顶点分裂操作（$\mathrm{vsplit}_1, \mathrm{vsplit}_2, \cdots, \mathrm{vsplit}_N$）。每一步的顶点分裂操作 vsplit_i 就是将 M^{i-1} 精化成 M^i，基网格就逐渐细化成原模型。渐进网格的特性包含支持模型的渐进简化、支持模型的渐进传输、支持模型的渐进压缩等。

图 3.6(a)中对网格中的边 (v_1, v_2) 执行边折叠(ecol)操作，将顶点 v_1 和顶点 v_2 合并成一个新的顶点 v_0，并且将三角形 f_1、f_2 退化成边，形成如图 3.6(b)中网格的形状，网格模型的分辨率逐渐降低；ecol 和 vsplit 是一对互逆操作，图 3.6(b)中对网格的顶点 v_0 执行顶点分裂操作(vsplit)，分裂成两个顶点 v_1、v_2，从而增加边 (v_1, v_2) 和两个三角形 f_1、f_2，进而使网格模型的分辨率也逐渐增加。

2）嵌入式编码压缩算法

Li 和 Kuo[15] 提出了嵌入式编码压缩算法，在执行过程中对拓扑信息和几何数据混合地进行渐进编码。在对压缩数据进行解码时，不仅可以增加新顶点，而且能不断提高原有顶点的坐标精度。嵌入式编码压缩算法适用于任何拓扑形状的三角网格，并且在简化过程中能够保持拓扑结构。嵌入式编码压缩算法采用顶点删除方法对网格进行简化，并把模型表示为一个基网格和一系列的顶点插入操作。

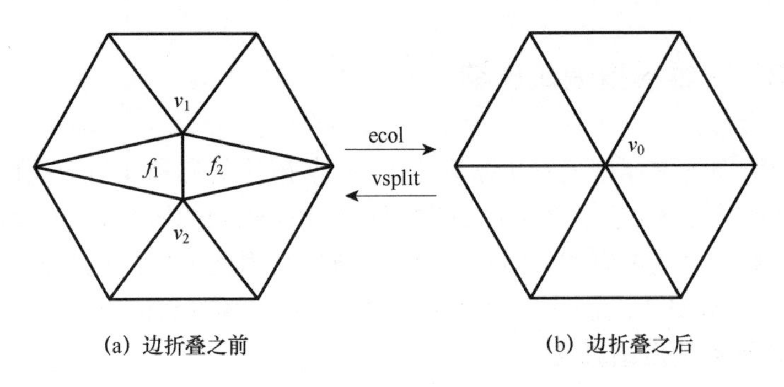

图 3.6　渐进网格表示

3)层分解法

层分解法最先应用于单分辨网格拓扑编码压缩算法,后来 Bajaj 等[16]将层分解法推广应用到渐进式压缩领域,并且可以适用于任意形状的网格。层分解法采用了广度优先搜索策略,在对网格进行划分时,将网格划分为顶点层和三角层,三角层可以是三角形带、扇形、气泡三角形等一些类似于三角形的几何图形。同时,进行网格简化主要分为层内简化、层间简化和广义三角形收缩三个步骤。层内简化和层间简化不会改变三维网格模型的拓扑结构,广义三角形收缩可能改变三维网格模型的拓扑结构。

层内简化主要对轮廓上的顶点进行删除,并且删除轮廓顶点时不能同时删除连续的两个顶点,必须保留轮廓的头顶点、尾顶点或者中间的一个顶点。然后对删除的顶点进行编码,删除顶点后会形成多边形空洞,需要对其进行重新三角化,从而完成对模型的拓扑编码。广义三角形收缩主要是将三角形收缩至其重心所在的顶点,一般在层内简化和层间简化后进行。

4)面片着色法

面片着色法由 Cohen-Or[17]提出,与渐进网格一样也需要对网格进行简化操作,不同的是,面片着色法采用顶点删除算法对网格进行简化操作,通过不断的迭代对顶点进行删除,然后对删除顶点后形成的空洞重新三角化。它使用最少的三角形划分多边形空洞,并且这些重新划分的三角形集合被视作一个面片。网格简化的逆操作是对网格的重建过程,通过不断地插入顶点来完成重建。对于执行顶点插入操作而言,可以预先对原始网格模型指定目标区域,与嵌入式编码不同的是,执行顶点插入操作时面片着色法可以对原始网格模型的不同区域进行批量处理。面片着色法主要分为四色着色法和二色着色法。四色着色法是对相邻的三角形面片染上不同的颜色,这时的三角形面片需要 2bit,四色着色法适用于任何度数的面片。二色着色法只对三角形面片涂上两种颜色,因此相较于四色着色法节省了比特数,每个三角形面片只需要 1bit,但是二色着色法仅适用于度数大于 4 的三角形面片。当进行解码时,解码器可以根据三角形面片的度数选择使用哪一种着色法。实验证明,面片着色法对模型拓扑信息的压缩率为6bpv①,在坐标量化精度为12时,几何数据的压缩率为16~22bpv[17]。着色法对网格进行重新三角化时,计算量大、操作费时,并且运行速度较慢。

2. 几何驱动的压缩算法

1)基于树结构的压缩算法

基于KD树结构的压缩算法[18]的主要步骤是首先使用KD树的单元分割方法完成模型的简化过程,根据树结构的层次化处理对模型进行几何压缩,同时对相邻单元内具有连接性的边进行拓扑压缩。在对模型进行KD树单元分割的同时,对每个单元内的顶点采用算数编码法进行编码处理。简化过程主要包含了边折叠操作和点合并操作,以此分别对相邻单元内的顶点和非相邻单元内的顶点进行处理,最后对简化操作进行拓扑压缩处理。

Peng[19]在2005年于SIGGRAPH提出了基于八叉树的递进无损压缩,该算法采用八叉树原理对网格模型进行划分,采用自顶向下的广度优先遍历方式输出节点。在记录节点的子节点是否含有顶点时,不需要对子节点逐一标注,而是直接记录非空子节点的个数,然后记录非空节点的序列号。在后续压缩过程中,根据节点之间的相关性计算节点优先度,在数据流中优先输出含有顶点的节点,以提高压缩比。基于八叉树的压缩算法无论是在几何编码上还是在拓扑编码上都优于基于KD树结构的压缩算法,对于几何编码可以提高10%~20%,对于拓扑编码可以提高10%~60%。

2)半规则重构压缩技术

半规则重构压缩技术将模型分为几何信息、拓扑信息和参数化信息,拓扑信息和参数化信息对于保持模型的几何形状不重要,因此半规则重构压缩技术的主要目的是最大限度地减少网格模型的拓扑信息和参数化信息。该算法的主要步骤是首先对三维网格模型进行简化,直到简化完成后得到基网格,然后应用半规则细分技术对基网格进行细分处理实现对原始网格模型的特定处理。对基网格进行半规则细分,使得模型的拓扑信息和几何信息分布具有一定的规则性与均衡性,最后通过小波变换对几何细节进行编码完成重构模型的压缩。因为对基网格的细分过程是确定性的,它只保存基础网格的拓扑信息,而不保存重采样过的网格拓扑信息,这很大程度地削减了三维网格模型的拓扑数据量。半规则重构压缩技术根据细分规则可以划分为基于子分网格的累进几何压缩算法[20]和基于法向网格的压缩算法[21],这两种算法在实现过程中都运用了小波变换和零数编码[22]。

基于子分网格的累进几何压缩算法是由Khodakovsky[20]等提出的,该算法首先使用三维网格模型的多分辨率参数化方法在最大程度上对模型的细节特征进行

① 注:每个顶点的比特数(bits per vertex,bpv)。

保持，然后利用四叉剖分技术对曲面子分进行迭代处理，直到各个部分的逼近误差达到预期要求。使用该算法得出的多分辨网格模型的顶点大部分是度为 6 的规则顶点，因此，基于子分的累进几何压缩不仅有利于几何压缩，还可以利用子分规则处理模型中大量的拓扑信息。

基于法向网格的压缩算法是由 Guskov[21] 提出的，利用法向网格对网格模型进行多分辨率表示，该算法首先利用 QEM 算法简化模型，将得到的粗糙模型作为法向网格的初始模型；然后对初始模型进行迭代子分而得到多分辨率的逼近模型。每次对面片进行子分的同时求得面的法向信息，然后沿着法向从面中心发出一条直线，并且将这条直线与原模型相交的交点位置作为该面子分后要加入的新顶点位置。通过上述过程，对新顶点的存储只需记录沿着法线方向从该面中心到新顶点的浮点距离数值，而不需要对新顶点的三个坐标进行存储，这样，每层网格都可以通过记录较粗层次网格的法线偏移量来进行存储。虽然基于法向网格的压缩方法是一种新的压缩方向，相较于基于子分网格的累进几何压缩算法，其相对误差有所降低，但是计算产生法向网格的方法较为复杂。

3.2 融合无参注意力的多视图三维重建

在多视图立体（multi-view stereo, MVS）重建任务中，弱纹理区域的密集点云重建一直是难以完美解决的问题，为此，本节介绍了融合无参注意力机制与多尺度特征自适应聚合的递归多视图立体网络。该方法首先从输入的参考图像和源图像中提取多尺度的深度特征，将多尺度深度特征通过无参注意力机制的聚合模块进行自适应深度特征提取与聚合；然后引入视图间代价体聚合模块来构建代价体；最后利用递归混合正则化网络代替传统的 3D CNN 来正则化代价体，同时正则化过程中使用 SoftPool 池化进行代价图的降采样，以减少池化过程中重要信息的非预期损失。

对 DTU（technical university of denmark）数据集进行测试后，与 Camp、Furu、SurfaceNet、Colmap 相比，准确性分别提高了 44.2%、22%、5.7%、0.7%，完整性分别提高了 20.4%、59.1%、69%、31.4%，整体性分别提高了 32.4%、40.6%、37.4%、16.1%；与 Tola 相比，完整性提高了 84%，整体性提高了 39.5%；与 MVSNet、R-MVSNet 相比，完整性分别提高了 17.7%、10.9%，整体性分别提高了 9.1%、5.1%；与 P-MVSNet、Point-MVSNet、D^2HC-RMVSNet 相比，完整性分别提高了 8.4%、7.1%、2.8%，整体性分别提高了 4.9%、2%、1.5%；与 Vis-MVSNet、Cas-MVSNet、CVP-MVSNet 相比，完整性分别提高了 1.1%、3.5%、5.6%。DTU 数据集的实验结果表明，本节阐述的多视图立体网络在完整性和准确性方面都得到较大提升。

融合无参注意力机制与多尺度特征自适应聚合的递归多视图立体网络整体结

构如图 3.7 所示。该网络通过构建轻量级且融合无参注意力机制的多尺度特征聚合(light multi-scale feature adaptive aggregation, LightMFA^2)模块来自适应地提取图像特征;在代价体构建环节中,使用视图间代价体自适应聚合[23](inter-view adaptive aggregation,inter-view A^2)模块解决复杂场景的遮挡问题;对于代价体的正则化部分而言,将利用递归混合正则化网络代替传统的 3D CNN 进行代价体正则化,它既有 3D CNN 聚合局部多尺度上下文信息的能力,又具有堆叠卷积 GRU 的效率优势。同时,为了减少正则化过程中下采样导致的上下文信息丢失,使用 SoftPool 对代价图进行降采样,使其既能保持池化层能力,又能有效地减少池化过程的信息损失。这里将深度估计过程视为多重分类任务,并采用交叉熵来计算网络的训练损失。

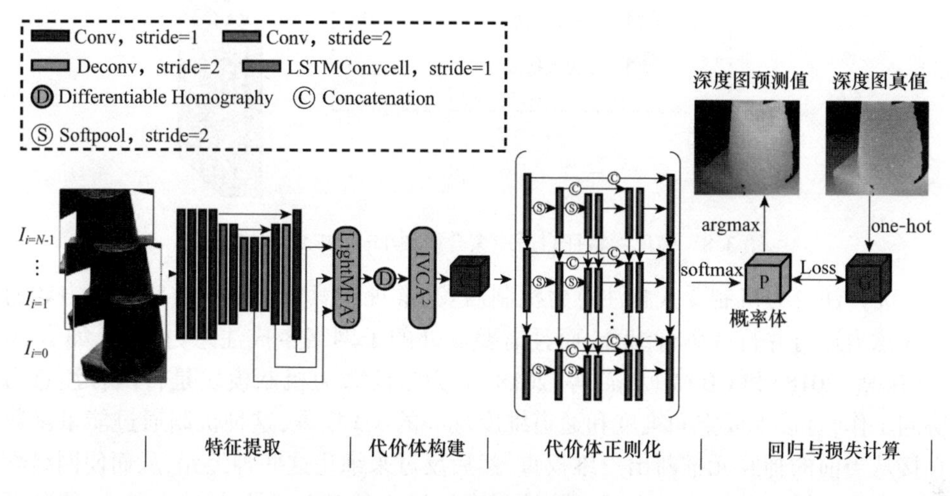

图 3.7　网络整体框架

本节将深度图的估计过程看作多重分类问题,而未将其当作回归问题处理,同时,在概率体 P 与真实深度图的 one-hot 编码体 $\boldsymbol{G}$ 之间使用交叉熵损失函数来描述 Loss,其计算公式为

$$\text{Loss} = \sum_{p\hat{I}p_{\text{valid}}} \sum_{d=0}^{D-1} -\boldsymbol{G}(d,p) \cdot \log(P(d,p)) \tag{3.2}$$

式中:p_{valid} 为真实深度图的有效像素;$\boldsymbol{G}(d,p)$ 为在像素 p 处深度真值的 one-hot 向量;$P(d,p)$ 为概率体中与之相对应的像素。

3.2.1　多尺度特征聚合

反光或弱纹理区域的密集点云重建是一项具有挑战性的视觉任务,反光或弱纹理区域是场景重建准确性和完整性较低的重要原因。本节将使用无参注意力机制构建一个轻量级的多尺度特征自适应聚合模块 LightMFA^2 来解决反光或弱纹理区域特征提取困难的问题,如图 3.8 所示。

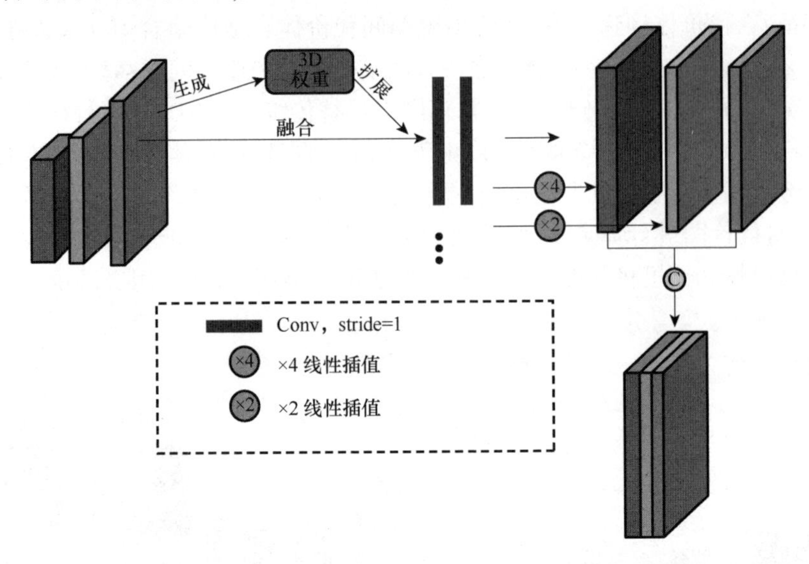

图 3.8　多尺度特征自适应聚合模块 LightMFA^2 网络结构

无参注意力机制受人脑注意力机制启发,常规注意力机制将空间注意力和通道注意力进行并行或串行组合,而且需要额外的子网络生成注意力权重,如 BAM (Park 等,2018)和 CBAM(Woo 等,2018)。无参注意力机制模块是将两种注意力协同工作,直接生成空间维度和通道维度统一的 3D 权重,这种机制通过能量函数直接从当前的神经元推断出三维权重,然后反过来细化这些神经元,从而使网络学习更有区分性的神经元。它通过估计每个神经元的重要性来实现注意力,使其更适用于学习复杂场景的重要信息。

无参注意力机制的能量函数公式为

$$e_t^* = \frac{4(\hat{\sigma}^2 + \lambda)}{(t - \hat{\mu})^2 + 2\hat{\sigma}^2 + 2\lambda} \tag{3.3}$$

式中: e_t^* 为最小能量,由式(3.3)可知,能量越低,神经元 t 与周围神经元差别越大,越重要,因此,每个神经元的重要性可以通过 $\frac{1}{e_t^*}$ 获得; $\hat{\mu} = \frac{1}{M}\sum_{i=1}^{M} x_i$ 、$\hat{\sigma}^2 = \frac{1}{M}\sum_{i=1}^{M}(x_i - \hat{\mu})^2$ 分别是通道均值和通道方差; t 、x_i 分别为在输入特征通道上的目标神经元和其他神经元。

通过能量函数可以计算出每个神经元的重要性,并推断出相应的三维权重,进而实现注意力机制。此外,依据大脑的注意力调节机制,需要对特征进行缩放(增

益)处理,其公式为

$$\tilde{X} = \text{sigmoid}(\frac{1}{E}) \odot X \tag{3.4}$$

式中:E 利用空间维度和通道维度对所有 e_t^* 进行分组;sigmoid 作用是限制 E 的过大值;sigmoid 是单调函数,不影响每个神经元的相对重要性。

本节所用特征提取网络由两部分构成:一部分是 SU-Net(Similar U-Net)网络,它用来提取浅层特征和深层特征,并将浅层特征和深层特征融合生成多尺度特征图,融合得到的多尺度特征图中保留着各个层次的特征信息,SU-Net 网络的详细信息如表 3.1 所列;另一部分是融合无参注意力机制的 LightMFA^2 模块,它用来自适应获取多尺度特征图中关键性的信息并聚合为单特征图。整体网络的输入数据是一张参考图像和其相邻的多张源图像,首先经过 SU-Net 网络处理得到三个不同尺度的特征图;接着将其送入 LightMFA^2 模块;然后通过无参注意力机制分别学习三个不同尺度特征图的关键性特征;再通过两层卷积分别对三个尺度特征图进行处理,而后得到三个不同尺度的特征图,尺寸分别为 $H/4 \times W/4 \times 16$、$H/2 \times W/2 \times 8$ 和 $H \times W \times 8$;最后通过双线性插值和通道拼接得到最终的特征图,其尺寸为 $H \times W \times 32$。

表 3.1 SU-Net 结构细节

输入	层描述	输出	输出尺寸
$I_{i=1\cdots N}$	ConvGR,8, 3 × 3 ,1	2DX0_0	$H \times W \times 8$
2DX0_0	ConvGR,16, 3 × 3 ,1	2DX0_1	$H \times W \times 16$
2DX0_1	ConvGR,32, 3 × 3 ,1	2DX0_2	$H \times W \times 32$
2DX0_2	ConvGR,32, 3 × 3 ,1	2DX0_3	$H \times W \times 32$
2DX0_3	ConvGR,48, 3 × 3 ,2	2DX0_4	$1/2H \times 1/2W \times 48$
2DX0_4	ConvGR,48, 3 × 3 ,1	2DX0_5	$1/2H \times 1/2W \times 48$
2DX0_5	ConvGR,64, 3 × 3 ,2	2DX0_6	$1/4H \times 1/4W \times 64$
2DX0_6	ConvGR,64, 3 × 3 ,1	2DX0_7	$1/4H \times 1/4W \times 64$
2DX0_7	DeConvGR,48, 3 × 3 ,2	2DX1_1	$1/2H \times 1/2W \times 48$
[2DX1_1, 2DX0_5]	ConvGR,48, 3 × 3 ,1	2DX1_2	$1/2H \times 1/2W \times 48$
2DX1_2	DeConvGR,32, 3 × 3 ,2	2DX1_3	$H \times W \times 32$
[2DX1_3, 2DX0_3]	ConvGR,32, 3 × 3 ,1	2DX1_4	$H \times W \times 32$

3.2.2 匹配代价体构建

在多视图匹配代价体聚合过程中较少有网络考虑像素级可见性问题,这不可避免地会降低最终重建质量，在严重遮挡的场景下这种问题就越发明显。为了筛选更好匹配的捕获视图，Vis-MVSNet[24]使用成对匹配的不确定性作为加权指导来衰减难以匹配的像素；PVA-MVSNet[25]使用基于2D卷积的体素视图聚合模块来指导多个代价体的聚合。一般情况下难以有效地解决遮挡问题。为了解决场景中遮挡变化的问题，本节使用了视图间代价体自适应聚合（$IVCA^2$）模块，其通过为每个视图生成按像素排列的注意图，而自适应地聚合不同视角的代价体。$IVCA^2$模块结构如图3.9所示。

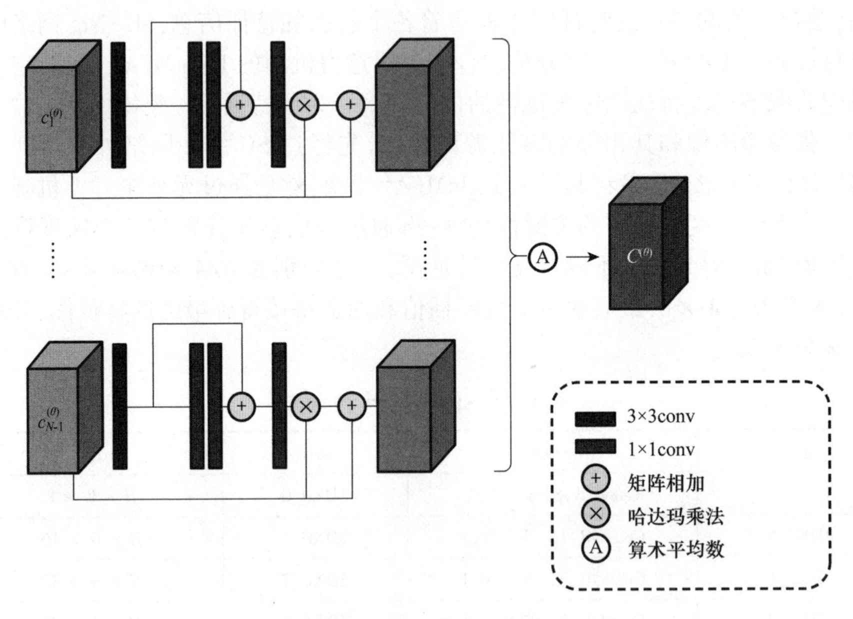

图3.9 $IVCA^2$模块结构

$IVCA^2$模块通过匹配$N-1$个扭曲的源图像（参考图像的邻近图像）和具有D个深度假设的参考图像之间的特征来计算每个视图的匹配代价体积。在深度为θ处，参考图像与第j个源图像之间的像素映射关系由可微单应性描述：

$$\boldsymbol{H}_j^{(\theta)} = \theta \boldsymbol{K}_j \boldsymbol{T}_j \boldsymbol{T}_{\mathrm{r}}^{-1} \boldsymbol{K}_{\mathrm{r}}^{-1} \tag{3.5}$$

式中：$\boldsymbol{K}$、$\boldsymbol{T}$分别为相机的内参和外参。

每个视图的代价体计算公式为

$$c_j^{(\theta)} = (f_i^{(\theta)} - f_{\mathrm{r}})^2 \tag{3.6}$$

式中：$f_j^{(\theta)}$为第j个源图像的特征；f_{r}为参考图像的特征。

在构建每个视图的代价体之后，即可通过$IVCA^2$模块处理每个代价体中不可靠的匹配代价，接着将所有处理后的代价体聚合为一个代价体以用于正则化。该模块定义为

$$C^{(\theta)} = \frac{1}{N-1}\sum_{j=1}^{N-1}\left[1 + \omega(c_j^{(\theta)})\right] \odot c_j^{(\theta)} \tag{3.7}$$

式中：$\omega(\cdot)$ 为每个视图代价体自适应生成的注意力图；“ $\odot$ ”为哈达玛乘法；$1 + \omega(\cdot)$ 相比 $\omega(\cdot)$ 可以更好地防止过度平滑。

3.2.3 匹配代价体正则化

代价体正则化是推断深度图过程的关键步骤，其作用是将代价体转化为深度概率分布。目前，在众多三维重建网络中，代价体正则化基本分为 3D CNN 正则化方法和递归正则化方法。例如，MVSNet、PVA-MVSNet、Fast-MVSNet[26] 采用 3D CNN 方式进行代价体正则化。虽然 3D CNN 正则化方法可以很好地利用局部信息和多尺度上下文信息，但随着图像分辨率的增加其显存消耗呈三次方幂增加，由于 GPU 显存是有限的，该类方法难以应用于大规模场景重建。另一种递归正则化方法使用递归网络沿着代价体的深度方向依次正则化代价图，例如，R-MVSNet、D^2HC-RMVSNet、AA-RMVSNet[23]，递归正则化方法有效地减少了图形处理器（graphic processing unit，GPU）显存消耗，进一步提高了对大规模场景深度估计的可能性。

本节三维重建网络采用递归正则化方法，即使用具有递归结构的混合网络作为代价体的正则化网络。此正则化网络使相应信息传递至两个方向：水平方向，每个代价图通过具有编码器-解码器体系结构的 CNN 进行正则化处理；垂直方向，设置 5 个并行递归模块，每个递归模块将前一个 LSTMConvCell（long short-term memory convolutional cell）的中间输出传递至后续 LSTMConvCell。这种堆叠式模块不仅能够很好地聚合多尺度上下文信息，还能高效地处理密集的代价体。

U-Net 网络采用最大池化进行下采样，而最大池化就是筛选出区域的最大值，这种方式可以有效地降低信息冗余，提高网络计算速度，但会造成有用信息的严重丢失。采用最大池化对代价图进行下采样会导致深度估计准确度降低，从而影响最终场景的重建质量。因此，本节的正则化网络采用 SoftPool 对代价图进行降采样，SoftPool 是一种快速的、高效的以指数加权方式累加激活的池化方法，与其他一系列类似池化方法相比，SoftPool 在下采样激活映射中能够保留更多的有用信息。此外，SoftPool 是可微的，在反向传播过程中能够为所有在局部区域内的激活至少分配一个最小梯度值，这样就能计算出该区域每次激活的梯度信息。对于 $K \times K$ 的池化过滤器来说，激活区域 $|S|=K^2$，池化操作后的输出为 $\tilde{a}$，其对应的梯度为 $\nabla\tilde{a}_i$ 。激活区域的每个激活值 a_i 都会分配一个权重 w_i ，其计算公式为

$$w_i = \frac{e^{a_i}}{\sum_{j \in S} e^{a_j}} \tag{3.8}$$

池化操作后的输出值是通过权重和激活值加权求和所得,其计算公式为

$$\tilde{a} = \sum_{i \in S} w_i \cdot a_i \tag{3.9}$$

在 SoftPool 池化方法中,梯度更新与前向传播过程中计算的权重成比例,其梯度更新计算公式为

$$\nabla a_i = w_i \cdot \nabla \tilde{a} (i \in S) \tag{3.10}$$

代价体 C 可以看作 D 个二维代价图沿着深度方向串联而成,即 $\{C(i)\}_{i=0}^{D-1}$。在顺序处理过程中将正则化代价图的输出表示为 $\{H(i)\}_{i=0}^{D-1}$,而对于 $H(i)$ 来说,它既依赖当前的输入 $C(i)$,又依赖所有先前的隐藏状态 $H(0,1,\cdots,i-1)$ 。若前一个单元状态为 $C_{t-1}(i)$,则每个 LSTMConvCell 的 LSTM 处理过程为

$$\begin{cases} F_i = \sigma(w_F * [C(i), H(i-1)] + b_F) \\ I_i = \sigma(w_I * [C(i), H(i-1)] + b_I) \\ O_i = \sigma(w_O * [C(i), H(i-1)] + b_O) \\ \tilde{C}_i = \tanh(w_{\tilde{C}} * [C(i), H(i-1)] + b_{\tilde{C}}) \end{cases} \tag{3.11}$$

LSTMConvCell 模块的两个输出变量分别为

$$\begin{cases} C_t(i) = F_i \odot C_{t-1}(i) + I_i \odot \tilde{C}_i \\ H(i) = O_i \odot \tanh(C_t(i)) \end{cases} \tag{3.12}$$

式中: F_i、I_i、O_i 和 $\tilde{C}_i$ 分别为遗忘门映射、输入门映射、输出门映射和当前单元的候选状态; w、b 为可学习参数; σ 为 sigmoid 函数; $C_t(i)$ 为当前新的单元状态; H_i 为当前 LSTMConvCell 模块的输出信息; $\odot$、$*$ 分别为逐元素乘法和矩阵乘法。

在代价体正则化之后,通过 softmax 层生成相应的概率体 P ,将其用于后续阶段的深度图推断和训练损失计算。

3.2.4 实验结果及数理分析

1. DTU 数据集

DTU 数据集[27]是在控制良好的实验室条件下收集的具有固定相机轨迹的室内 MVS 数据集,它包含 124 个场景,并且每个场景会被设置于 7 种光照环境中,进而通过不同相机位置来捕获 49 个或 64 个视角图像。此外,DTU 数据集还提供了结构光扫描仪得到的场景参考点云模型和高分辨率图像,以及各视角图像对应的相机内参数据及外参数据。

2. 训练细节及测试细节

本节实验采用 MVSNet 的方式来划分验证集、测试集和训练集,其中,验证集为场景[3, 5, 17, 21, 28, 35, 37, 38, 40, 43, 56, 59, 66, 67, 82, 86, 106, 117],测试集为场景[1, 4, 9, 10, 11, 12, 13, 15, 23, 24, 29, 32, 33, 34, 48, 49, 62, 75, 77, 110, 114, 118],其他 79 个场景用作训练集。在 DTU 数据集的基准测试中,本节实验的网络模型在训练集上训练,并在测试集上进行测试。

首先将原始图像的分辨率调整为 $W \times H = 160 \times 128$,确保与精确的真实深度图分辨率完全一致。设置输入图像的数量 $N = 7$,在深度[425mm, 935mm]范围内均匀采样以构建 $D = 192$ 个深度假设平面。编码过程通过 PyTorch 实现深度网络模型,并使用 Adam 对网络模型进行端到端的参数训练,初始学习率设置为 0.001,并且在训练每个 epoch 后将学习率衰减为之前的 90%。整体网络使用 NVIDIA RTX 3090 显卡进行训练,批次大小 batchsize 设置为 1,共训练 10 个 epoch。

本节网络模型将通过 DTU 训练集训练得到,并且使用 DTU 测试集进行测试。使用 7 个视图作为输入,并将深度假设平面设置为 512 以获取更精确的深度图。为了适应整体网络模型输入,测试图像的高度和宽度须设定为 8 的整数倍,因此使用分辨率为 800×600 的输入图像进行 DTU 测试。

与现有的 MVS 系列方法类似,本节网络首先为每个输入图像生成稠密的深度图,然后对它们进行滤波和融合处理,从而生成相应的 3D 密集点云。对于深度过滤而言,首先通过光度约束测量多视图匹配质量,将具有低置信度的深度视为异常值,此处将丢弃置信度低于 0.3 的像素点;然后通过几何约束度量多视图的深度一致性,此处遵循 D^2HC-RMVSNet 提出的动态几何一致性检查方法来交叉式地过滤深度图。对于滤波后的深度图而言,则利用基于可见性的深度融合方法和平均融合方法来生成最终的 3D 点云信息。

3. 点云重建结果

为了验证本节方法的有效性,与传统方法 Camp[28]、Furu[29]、Gipuma[30]、Tola[31]、Colmap[32],以及基于深度学习的多视图三维重建方法 SurfaceNet[33]、MVSNet[34]、R-MVSNet[35]、P-MVSNet[36]、Point-MVSNet[37]、D^2HC-RMVSNet[38]、Vis-MVSNet[24]、Cas-MVSNet[39]、CVP-MVSNet[40] 进行对比。使用 DTU 官方网站提供的评估协议,对重建场景点云的准确性(accuracy, Acc)和完整性(completeness, Comp)的平均误差以及两个平均误差的平均值(整体性(overall, OA))进行评估。

本节方法与其他方法的比较结果见表 3.2,可以看出,在完整性方面,本文方法较优。与 Yan[38] 等的方法比较,本节所用方法在完整性和整体性方面分别提升了 2.8% 和 1.5%;与 Yao[34] 等的方法比较,在完整性和整体性方面分别提升了 17.7% 和 9.1%;与 Yang[40] 等的方法相比,在完整性方面提升了 5.6%。本节方法与 MVSNet、D^2HC-RMVSNet 关于 DTU 数据集的点云重建结果对比如图 3.10 所示。

表 3.2　DTU 的点云评估结果　　单位:mm

方法	Acc	Comp	OA
Camp	0.835	0.554	0.695
Furu	0.613	0.941	0.777
Gipuma	0.283	0.873	0.578
Tola	0.342	1.190	0.766
Colmap	0.400	0.664	0.532
SurfaceNet	0.450	1.040	0.745
MVSNet	0.396	0.527	0.462
R-MVSNet	0.385	0.459	0.422
P-MVSNet	0.406	0.434	0.420
Point-MVSNet	0.361	0.421	0.391
D^2HC-RMVSNet	0.395	0.378	0.386
Vis-MVSNet	0.369	0.361	0.365
Cas-MVSNet	0.325	0.385	0.355
CVP-MVSNet	0.296	0.406	0.351
本节方法	0.393	0.350	0.371

从图 3.10 三种方法对 DTU 数据集场景的三维重建结果以及表 3.2 可以看出,本节所用网络结构在整体性和完整性方面都获得了较大提升,在弱纹理和无纹理区域也能进行精确度和完整度较高的密集点云重建。

3.3　三维景物模型的多分辨率编码

在多分辨率压缩过程中,首先对模型进行简化并构建细节层次,然后对模型的拓扑信息和几何数据进行压缩。多分辨率的压缩与解压具有很高的灵活性,因此对网格简化处理时有较多的发展空间。

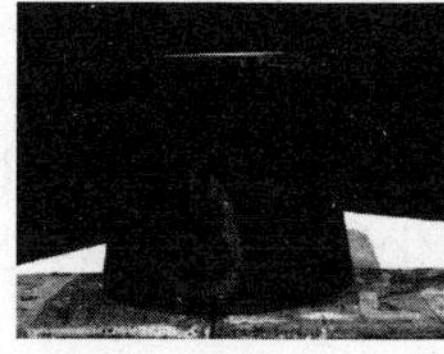   

（a）场景scan1的三维重建结果

（b）场景scan13的三维重建结果

（c）场景scan15的三维重建结果

（d）场景scan49的三维重建结果

  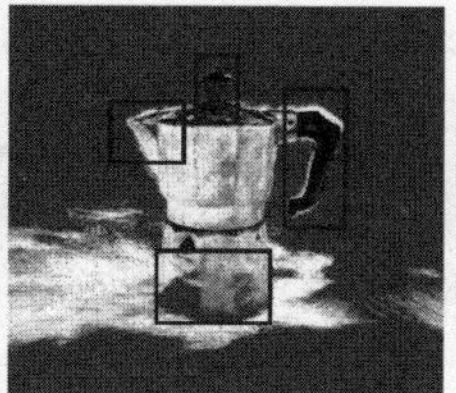 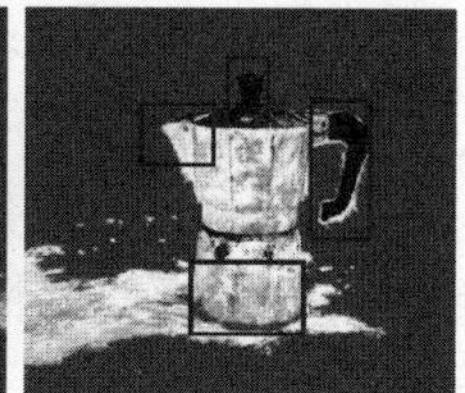

（e）场景scan77的三维重建结果

图 3.10　关于 DTU 数据集场景的三维重建模型

3.3.1 多分辨率模型表示

对三维网格模型进行渐进式压缩时,首先需要对三维网格模型进行简化,其次对简化后得到的多分辨率模型进行压缩。对三维模型进行简化处理后,可以将原模型进行多分辨率表示:

$$M^N = M^0 \oplus D_1 \oplus D_2 \oplus \cdots \oplus D_{N-1} \oplus D_N \tag{3.13}$$

式中:M^N 为原始网格模型;M^0 为对原始网格模型简化处理得到的基网格;D_i($i = 1,2,\cdots,N-1,N$)为细节信息,在细节 D_i 中,每个顶点 v_k 都对应着一个顶点分裂记录。

基网格是模型分辨率达到最低时的模型表示,不断地增加细节信息,可以逐渐提高模型分辨率;原始模型分辨率最高时,不断地减少细节信息,模型的分辨率逐渐降低。

为了保证模型的重建恢复,在网格简化的过程中需要记录每次进行边折叠操作的相关信息,形成一个顶点分裂记录,致使顶点分裂记录占据了多分辨模型的大部分空间。

顶点的合并分裂操作如图 3.11 所示。顶点的合并操作:首先将顶点 v_f 合并到顶点 v_t 上,并删除顶点 v_f,同时删除三角面片 f_1、f_2,将与顶点 v_f 相连的边都连接到顶点 v_t 上。顶点的分裂操作:首先通过顶点 v_t 分裂出顶点 v_f,然后形成边(v_t,v_f)和两个三角形 f_1、f_2。因此,对于网格中顶点的分裂和合并操作而言,完全可以由顶点 v_t、顶点 v_l 和顶点 v_r 三个顶点来确定,分别将它们称为顶点分裂的根节点、左顶点和右顶点。也就是说,在进行网格重建时,只需要在网格简化时保存信息记录(v_t,v_l,v_r)就可以恢复模型的原有拓扑结构。由于 v_f 是一个简单的顶点,那么顶点 v_l、v_r 可以等价地由顶点 v_r 和顶点 v_f 的入度 λ 来表示。因此,对于一个顶点分裂操作,可以用三个整数进行存储:第一个整数表示根顶点 v_t 在网格中的下标;第二个整数表示右顶点在根顶点相邻顶点中的下标;第三个整数表示细节顶点 v_f 的入度。在后面描述过程中,对于顶点分裂的顶点和它们的下标不再进行区分,即根顶点和它的下标都用 v_t 来表示。

当被删除的顶点是边界顶点时,就会出现两种情况,如图 3.12 中(a)和(b)是情况一,(c)和(d)是情况二。情况一,不存在右顶点,那么此时顶点的分裂操作可以定义为(v_t, -1,λ);情况二,不存在左顶点,此时的顶点分裂操作可以表示为(v_t, -2,λ)。

对于不同情况的顶点而言,记录顶点分裂操作时都可以用(T,R,λ)来统一表示,其中:T 是分裂操作的根顶点,λ 是细节顶点的入度,R 对应图 3.11 和图 3.12 中的三种情况。当细节顶点是简单顶点时,R 表示分裂操作的右顶点在根

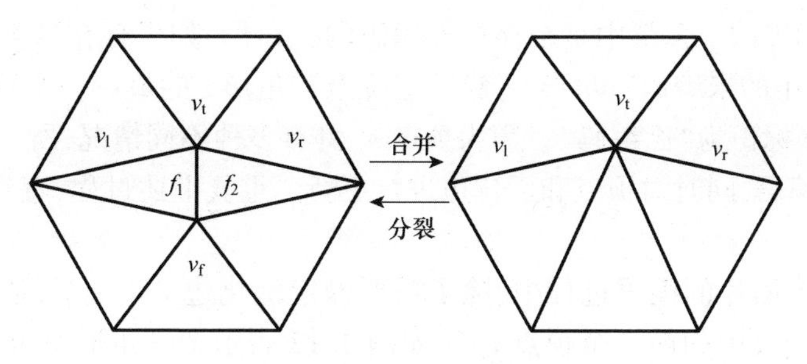

图 3.11　顶点的合并、分裂操作

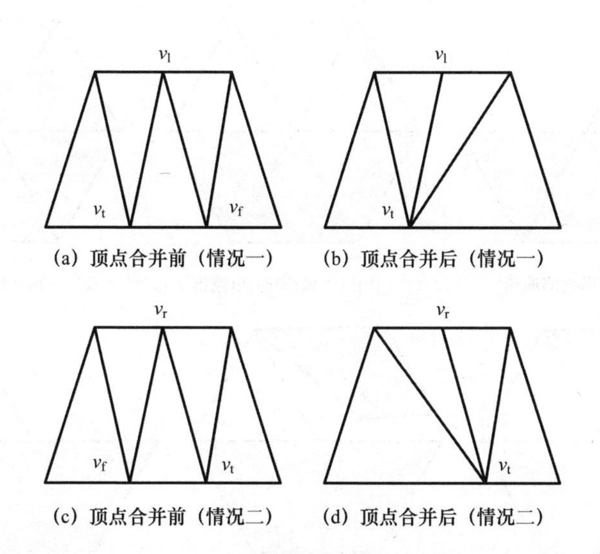

图 3.12　边界顶点的合并分裂情况

顶点相邻点中的下标;当细节顶点是边界顶点时,如果它为情况一,则 R 为-1,如果它为情况二,则 R 为-2。

本节采用堆栈对信息记录进行存储,堆栈先进后出的特性正好满足对网格模型进行简化和重建的需求,即最早简化的网格模型需要最晚进行重建,最晚简化的网格模型需要最早进行重建。因此,通过堆栈指针的上下移动,可以更好地进行网格简化和重建操作。

3.3.2　拓扑信息编码压缩

对于多分辨率模型的拓扑信息编码压缩而言,主要对三角面片进行编码压缩,此处使用顶点动态链表和活化边方法进行编码压缩处理。首先从堆栈中返回一个动态顶点链表 L,然后沿着链表 L 采用广度优先策略对网格进行遍历与编码,同时对顶点链表 L 进行更新。三角形网格进行遍历编码的主要过程:首先确定与活化

边 (v_1,v_2) 相连的三角形中是否存在未编码的三角形,如果存在这类未编码三角形,则找到其中的未编码三角形 t;然后定位至三角形 t 的最后一个顶点 v_3 上,同时将三角形 t 标识为“已编码”。因为顶点 v_3 具有多种不同情况,所以将输出不同的符号用来编码,同时对顶点和活化边进行更新。重复上述过程,直到顶点链表 L 为空。

在三角形面片的编码过程中,除了需要确定活化边 (v_1,v_2),还需要确定活化边在顶点链表中的前一个顶点 v_r。如图 3.13 表示了三角形遍历与编码。

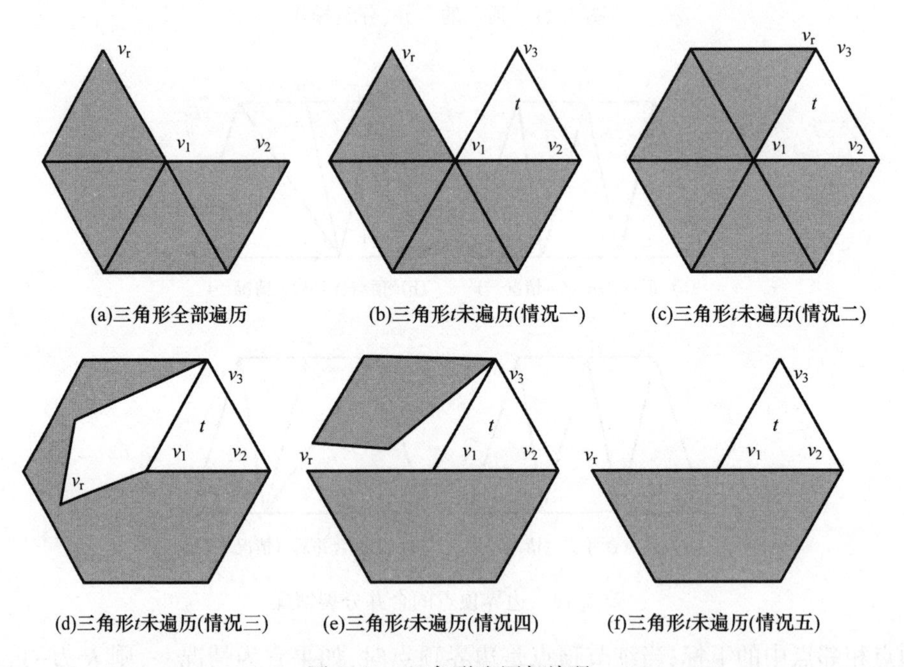

图 3.13　三角形遍历与编码

在图 3.13(a)中,阴影部分表示经过编码处理的三角形区域,可以看出与活化边相连的三角形均已完成编码处理。因此,对于这种情况来说,本节用“o”来表示,然后将顶点链表从活化边处断开。

在图 3.13(b)中,与活化边相连的三角形中存在未编码三角形 t,并且该三角形的最后一个顶点 v_3 从未被访问编码。对于这种情况来说,使用“g”表示,同时将顶点 v_3 插入顶点链表中,并且插入顶点 v_1、v_2 之间,更新活化边为 (v_2,v_3) 或者 (v_1,v_3),然后进行下一步遍历处理。

在图 3.13(c)中,假设与活化边相连的三角形中存在未编码三角形 t,并且该三角形的最后一个顶点 v_3 是经过遍历与编码处理的活化边的前一个顶点 v_r,对于这种情况来说,使用“c”表示,同时删除顶点 v_1,将活化边更新为 (v_2,v_3),然后进行下一步遍历处理。

在图 3.13(d)中,假设未编码三角形 t 的最后一个顶点为 v_3,并且 v_3 是曾经被遍历编码过的顶点,不是活化边的前一个顶点 v_r,而是处于其他不同的位置上。对于这种情况来说,使用“s”来表示,对顶点 v_3 在顶点链表的索引位置借助一个整数来表示,然后将顶点链表一分为二,同时将其中一个放入堆栈中,最后进行更新活化边处理。

在图 3.13 的子图(e)中,假设未编码三角形 t 的最后一个顶点 v_3 是被遍历编码过的顶点,而且顶点 v_3 所在的顶点链表 L' 和当前顶点链表 L 不是同一个顶点链表。对于这种情况来说,使用“m”来表示,同时对顶点链表 L' 的堆栈位置索引和顶点 v_3 在链表中的位置索引用两个整数来表示,最后合并两个顶点链表,并且删除顶点链表 L',更新活化边。

在图 3.13(f)中,假设未编码三角形 t 的最后一个顶点 v_3 已经被遍历和编码过,但是它不属于任何一个顶点链表。对于这种情况来说,使用“r”来表示,并且利用一个整数表示顶点 v_3 的编码序号,然后将顶点 v_3 插入顶点 v_1 与顶点 v_2 之间。

在对拓扑信息进行编码时,不同的符号代表不同信息。为了对拓扑信息进一步压缩,还可以对编码符号进行熵编码处理,从而进一步地减少编码压缩数据量。

3.3.3 几何数据编码压缩

本节采用预测校正编码算法实现对多分辨率模型几何数据的编码压缩处理,预测校正编码算法步骤:首先,坐标量化,以给定的精度对顶点坐标进行量化,以减少冗余数据;其次,顶点预测,利用已知的顶点坐标来预测其他未知的顶点坐标,同时计算预测校正量;最后,对预测校正量进行熵编码,从而进一步地减少冗余数据。

1. 坐标量化

坐标量化主要分为均匀标量化、非均匀矢量化。均匀标量化就是均匀地划分每个单元格,并且以固定的、正则的形式进行排列;非均匀矢量化通过使用递归分割的方法来划分单元格,单元格的大小不相同。均匀标量化计算相较于非均匀矢量化计算而言,处理更加简单且易于实现,因此本节采用均匀标量化方法进行坐标量化。

均匀标量化中常用的是单位立体编码法,单位立体编码法构造了一个边长为 2 的单位立方体,单位立方体区间为 $[-1,1] \times [-1,1] \times [-1,1]$,如图 3.14 所示。对单位立方体的表面进行网格化,也就是对所有的网点进行编码,然后通过这个编码来确定任何网点相对于立方体的空间位置,并且这个位置是唯一确定的。

因为单位立方体编码只对单位立方体表面的点进行编码,所以任意空间上的点编码必须映射到单位立方体的表面后才可以继续编码。

如图 3.14 所示,单位立方体有 6 个面,故单位立体编码分为面编码、点编码两类。其中,面编码就是所在面的编号,点编码表示点在该面的位置。面编号如表 3.3 所列。

表 3.3　面编号

编号	0	1	2	3	4	5
面	$Y = 1$	$Z = 1$	$X = 1$	$Z = -1$	$X = -1$	$Y = -1$

点编码需要对单位立方体的表面进行网格划分,每个面被划分为 $N \times N$ 个正方区域,因为单位立方体的边长为 2,所以每个网格的边长为 $2/N$,则每个面上共有 $(N + 1)^2$ 个网点,如图 3.15 所示。

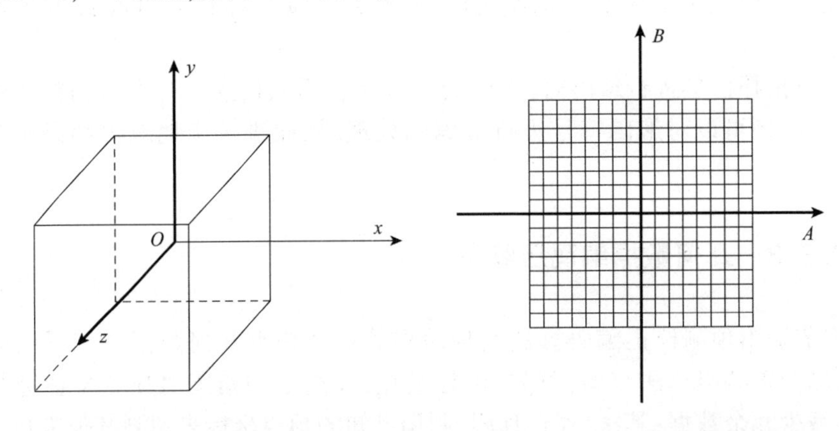

图 3.14　单位立方体　　图 3.15　立方体表面网格化

为单位立方体的每个面都设定一个子坐标系,用 A、B 表示这些坐标系,则 A 轴、B 轴相较于原坐标 X 轴、Y 轴、Z 轴的对应关系为

$$\begin{cases} Y = 1, A = Z, B = X; Y = -1, A = X, B = Z \\ Z = 1, A = X, B = Y; Z = -1, A = Y, B = X \\ X = 1, A = Y, B = Z; X = -1, A = Z, B = Y \end{cases} \tag{3.14}$$

当对空间点 (x_0, y_0, z_0) 进行编码时,必须先选择一个参照点 (x, y, z) ,再将该点映射到以参照点为中心的单位立方体表面上,通过参照点求出任意点投在立方体表面的顶点位置,并对其进行编码处理。通过对顶点坐标数据进行单位立方编码,即可将原来的三个浮点型数据转化为三个整数型数据。

2. 顶点预测

顶点预测是根据三维模型中顶点几何数据的高相关性,通过已知顶点坐标来预测新顶点坐标的处理过程,并且只对预测的校正量进行存储,而校正量的绝对值相对于坐标数据却又小很多,因此在很大程度上减少了存储的数据量。本节使用的是邻域预测与角度预测相结合的处理方法,相较于 3-DMC 算法所采用的平行四边形预测方法,本节使用的预测算法能够更准确地对三维网格顶点位置进行预测,该算法的预测误差基本可以控制在 0.1%以内。

首先利用邻域预测方法来确定当前顶点的具体位置,由于三角网格的每个顶点都与其周围一定邻域范围的顶点具有相关性,可以利用邻域的相关性对顶点进行预测处理。邻域预测的实现过程是对顶点的一阶邻域进行遍历,并取所有顶点坐标的平均值来确定当前顶点。

$$\hat{v}_i - \frac{1}{d_i}\sum_{j \in v^1(i)} v_j = \varepsilon_i (i = 1, 2, \cdots, N) \tag{3.15}$$

式中:ε_i 为顶点 i 的预测误差;$\hat{v}_i$ 为顶点 i 预测量化的整数型坐标;d_i 为顶点 i 一阶邻域的顶点个数;$j \in v^1(i)$ 为该点的一阶邻域;N 为与该点相连的网格数量。

如图 3.16 所示,假设顶点 v 的一阶邻域有 6 个顶点,那么顶点 v 的预测值为

$$\hat{v} = \frac{1}{6}(v_1 + v_2 + v_3 + v_4 + v_5 + v_6) \tag{3.16}$$

因为式(3.16)求出的预测值是浮点数,所以编码过程需要对其进行量化处理,将其转化成整数型后再对其进行熵编码,而在解码端需要对量化后的数值进行反量化,故解码时所有的顶点预测值联立成

$$\begin{cases} d_1 \cdot \hat{v}_1 - \sum\limits_{j \in v^1(1)} v_j = d_1 \cdot \varepsilon_1{}' \\ d_2 \cdot \hat{v}_2 - \sum\limits_{j \in v^1(2)} v_j = d_2 \cdot \varepsilon_2{}' \\ \cdots\cdots \\ d_N \cdot \hat{v}_N - \sum\limits_{j \in v^1(N)} v_j = d_N \cdot \varepsilon_N{}' \end{cases} \tag{3.17}$$

因为 $\varepsilon_i{}'$ 也是浮点数,所以利用 ε_i 反量化求值 $\varepsilon_i{}'$ 时则会使误差增大,从而导致网格出现明显失真。为了消除量化失真,将式(3.15)更改为

$$d_i\hat{v}_i - \sum_{j \in v^1(N)} v_j = d_i\varepsilon_i \tag{3.18}$$

这样便可以使等号左右项同为整型数,再对 $d_i\varepsilon_i$ 进行算数编码。以这种方式进行算数解码后,就可以得到无损量化后的顶点坐标。

为了进一步提升预测精度,需要继续使用角度预测估计新的顶点位置,如图 3.17 所示。角度预测的具体过程:

首先通过相邻双面角 θ_1、θ_2 对角 θ 进行估计:

$$\theta = \begin{cases} \theta_1 & (\theta_1 \text{ 已知}, \theta_2 \text{ 未知}) \\ \theta_2 & (\theta_1 \text{ 未知}, \theta_2 \text{ 已知}) \\ (\theta_1 + \theta_2)/2 & (\theta_1 \text{ 和 } \theta_2 \text{ 已知}) \end{cases} \tag{3.19}$$

其次,通过空间变换将 $\hat{\boldsymbol{v}}$ 旋转 θ 角而得到:

$$\tilde{\boldsymbol{v}} = \boldsymbol{M}_\theta \cdot \hat{\boldsymbol{v}} \tag{3.20}$$

式中:$\boldsymbol{M}_\theta$ 为向量 $\hat{\boldsymbol{v}}$ 空间中旋转 θ 角得到的变换矩阵。

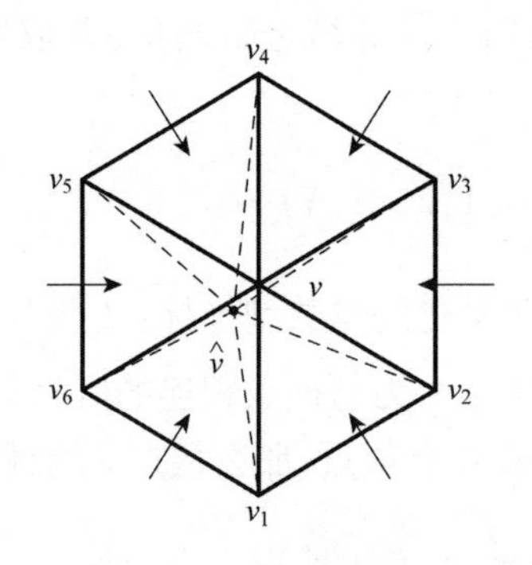

图 3.16　邻域预测

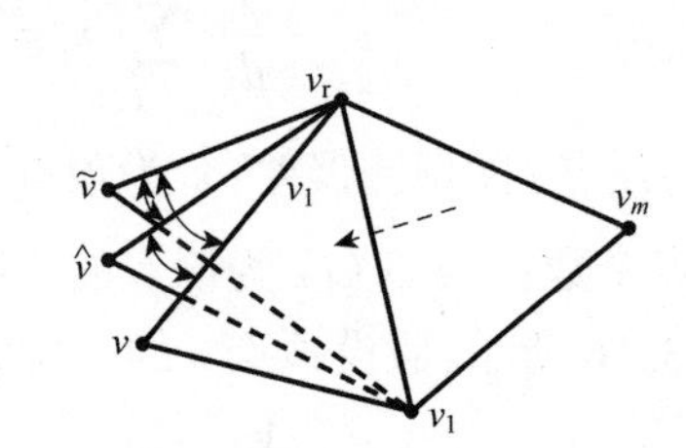

图 3.17　角度预测

顶点 v 通过上述变换得到 $\tilde{\boldsymbol{v}}$,那么顶点 v 的预测位置为

$$v' = \frac{1}{N}\sum_{k=1}^{N} \tilde{v}_k \tag{3.21}$$

式中:N 为通过角度预测得到的点个数; $\tilde{v}_k$ 为第 k 个经过角度预测得到的顶点 v 的估计值;在进行顶点预测以后,仍需要对顶点预测校正量进行熵编码。

在对几何数据进行解码时,需根据熵解码获得预测校正量,再结合预测获得的预测顶点 v' 推算出新的顶点坐标,由于此时坐标是由三个整数表示的,需要继续对坐标值进行反量化而得到顶点的实际坐标。在得到顶点后,对拓扑信息进行解码得到顶点之间的连接关系,从而实现对基网格进行恢复,接着以基网格为基础逐渐添加细节,直至恢复模型的原始状态。

3.3.4　实验结果及数理分析

本节选择了四种模型进行压缩实验,并对其输出结果进行了比较与分析,本节实验环境配置为 Inter® Core(TM) i5 CPU 4210U® 2.40GHz,运行内存 8G,Windows 7 (64 位)操作系统。

对不同数据模型进行简化压缩处理后,它们之间的结果差异性会很大,因此本节分别选择不同数据量的模型进行压缩比较与分析。

表 3.4 是四种模型的基本信息。

表 3.4　四种模型的基本信息　　单位:个

模型	顶点数	面数
Block	2132	4272
Kitten	24956	49912
Bunny	34817	69360
Horse	48485	96966

对 Block 模型、Kitten 模型、Bunny 模型、Horse 模型进行压缩处理,图 3.18、图 3.19 分别是对 Block 模型、Kitten 模型重构的效果图。

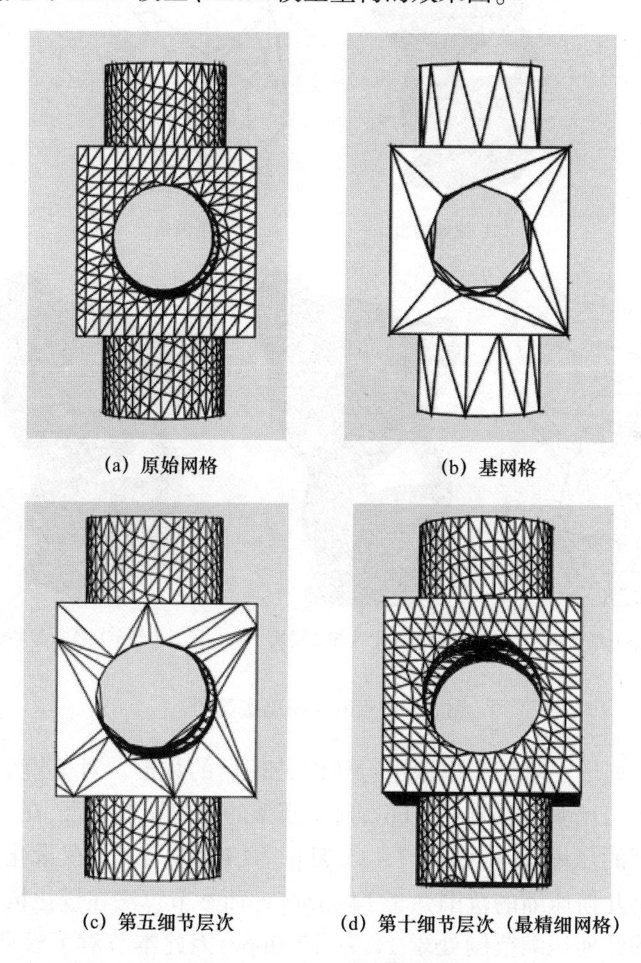

(a) 原始网格　(b) 基网格

(c) 第五细节层次　(d) 第十细节层次(最精细网格)

图 3.18　Block 模型实验图

图3.18是Block模型实验图，(a)是原始网格，(b)是简化完成后形成的基网格，(c)、(d)是对网格进行重构的过程，(c)是将网格重构到第五细节层次，(d)是将模型重构到第十细节层次(最精细网格)，(d)相当于对网格模型进行完全重建。

图3.19是Kitten模型实验图，(a)是原始网格，(b)是基网格，(c)、(d)分别是对网格进行重构到第五细节层次和第十八细节层次的网格模型，(e)是对模型进行完全重构。

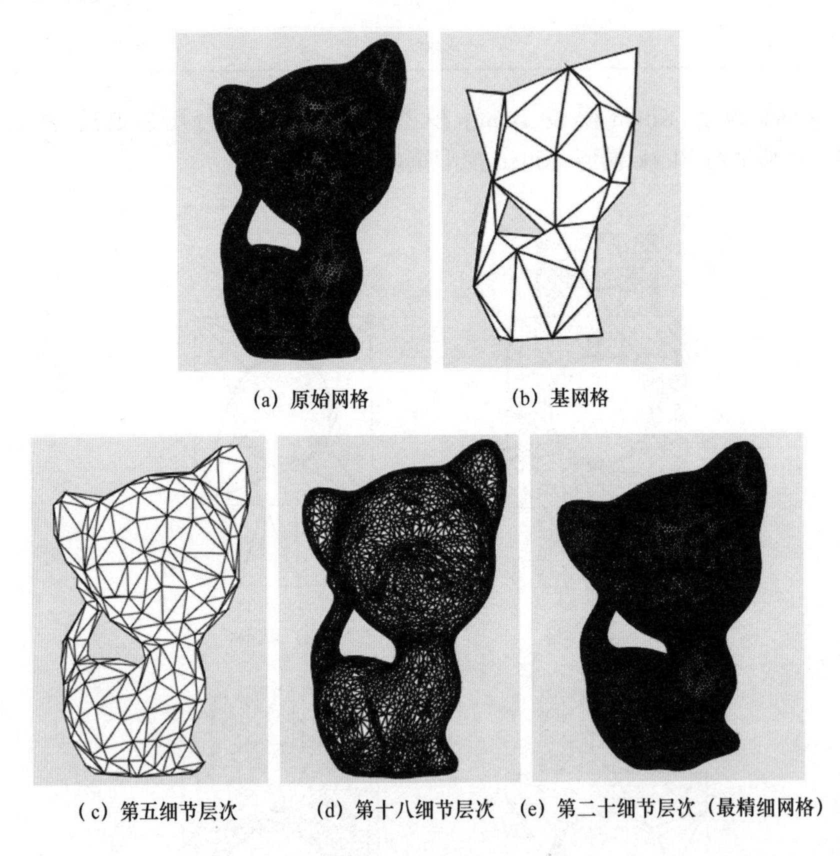
(a) 原始网格　(b) 基网格

(c) 第五细节层次　(d) 第十八细节层次　(e) 第二十细节层次(最精细网格)

图3.19　Kitten模型实验图

表3.5中，列出了对四个模型进行压缩处理后的数据。对于模型的拓扑压缩来说，本节的压缩比率为2.8~5.1bpv；对于模型的几何压缩而言，在不同量化精度下，对几何数据的压缩比率为11.7~15.5bpv。CPM算法[41]在量化精度为10bit的时候，对模型几何压缩的范围处于14~15bpv，而本节算法在量化精度为10bit的时候，对模型的几何压缩范围处于11.7~12.0bpv，因此本节对于模型几何数据的压缩能力高于CPM算法。

表 3.5 模型压缩信息

模型	量化精度/bit	拓扑数据的压缩	几何压缩/bpv
Block	10	2.87	11.73
Kitten	10	4.32	11.90
Bunny	12	4.89	15.31
Horse	12	5.06	15.49

3.4 本章小结

本章以多视图三维重建与景物模型编码为主线介绍了相关的理论和技术原理。详述了一种融合无参注意力的多视图三维重建方法,对于轻量级的多尺度特征自适应聚合模块而言,通过使用无参注意力机制自适应提取图像的关键性特征,有效地解决了反光、弱纹理、无纹理等区域重建质量差的问题。在代价体正则化过程中,用 LSTM 和 U-Net 体系结构相结合的网络模块代替 3DCNN 和 GRU 来正则化代价体,有效地降低了重建过程中显存的消耗,使大规模场景的重建成为可能。对 DTU 数据集进行验证,表明本节方法进一步提升了多视图三维重建的准确度和完整性。

同时还介绍了三维景物模型的多分辨率编码方法,该方法在网格简化的基础上,将模型表示成多分辨率模型,从而形成基网格和多个细节层次,然后对每个细节层次的分裂信息进行拓扑信息编码与几何数据编码处理。由实验分析可知,该方法对模型的拓扑压缩比率为 2.8~5.1bpv;在不同量化精度下,对几何数据的压缩比率为 11.7~15.5bpv;模型几何数据的压缩能力高于 CPM 算法。

参考文献

[1] Cochran S D, Medioni G. 3D surface description from binocular stereo[J]. IEEE Computer Architecture Letters, 1992, 14(10):981-994.

[2] Naesset E, Gobakken T, Holmgren J, et al. Laser scanning of forest resources: the nordic experience[J]. Scandinavian Journal of Forest Research, 2004, 19(6):482-499.

[3] Brilakis I, Fathi H, Rashidi A. Progressive 3D reconstruction of infrastructure with video grammetry[J]. Au-

tomation in Construction, 2011, 20(7):884-895.

[4] 刘静静. 三维点云重建中的去噪算法研究[D]. 北京: 北京交通大学, 2019.

[5] Rossignac J, Borrel P. Multi-resolution 3D approximations for rendering complex scenes[C]//Modeling in Computer Graphics. Genoa: IFIP Series on Computer Graphics, Springer, 1993:455-465.

[6] Low K L, Tan T S. Model simplification using vertex clustering[C]//Proceedings of the 1997 Symposium on Interactive 3D Graphics. Providence: ACM, 1997:75-88.

[7] Kalvin A D, Taylor R H. Superfaces: polygonal mesh simplification with bounded error[J]. Computer Graphics and Applications, IEEE, 1996, 16(3):64-77.

[8] Schroeder W J, Zarge J A, Lorenson W E. Decimation of triangle meshes[J]. Computer Graphics, 1992, 26(2):65-70.

[9] Hoppe H, Derose T, Duchamp T, et al. Mesh optimization[C]//Proceedings of the Conference on Computer Graphics and Interactive Techniques, Association for Computing Machinery. [出版地不详]: [出版者不详], 1993:19-26.

[10] Garland M, Heckbert P S. Surface simplification using quadric error metrics[C]//Proceedings of the 24th Annual Conference on Computer Graphics and Interactive Techniques. Los Angeles: ACM, 1997:209-216.

[11] Hamann B. A Data reduction scheme for triangulated surfaces[J]. Computer Aided Geometric Design, 1994, 11(2):197-214.

[12] Lounsbery M, DeRose T D, Warren J. Multiresolution analysis for surfaces of arbitrary topological type[J]. ACM Transactions on Graphics (TOG), 1997, 16(1):34-73.

[13] Işler V, Lau R W H, Green M. Real-time multi-resolution modeling for complex virtual environments[C]//Proceedings of the ACM Symposium on Virtual Reality Software and Technology. Hong Kong: ACM, 1996:11-19.

[14] Hoppe H. Progressive meshes[C]//Proceedings of the 23rd Annual Conference on Computer Graphics and Interactive Techniques. New Orleans: ACM, 1996:99-108.

[15] Li J, Kuo C. Progressive coding of 3D graphic models[J]. Multimedia Computing and Systems, IEEE, 1998, 86(6):1052-1063.

[16] Bajaj C, Pascucci V, Zhuang G. Progessive compression and transmission of arbitrary triangular meshes[C]//In: IEEE Visualization. San Francisco: IEEE Computer Society and ACM, 1999:307-316.

[17] Cohen-Or D, Levin D, Remez O. Progressive compression of arbitrary triangular meshes[C]//IEEE Visualization. San Francisco: IEEE Computer Society and ACM, 1999:67-72.

[18] Gandoin P M, Devillers O. Progressive lossless compression of arbitrary simplicial complexes[J]. ACM Transactions on Graphics (TOG), 2002, 21(3):372-379.

[19] Peng J, Kuo C J. Geometry-guided progressive lossless 3D mesh coding with octree (OT) decomposition[J]. Acm Transactions on Graphics, 2005, 24(3):609-616.

[20] Khodakovsky A, Schröder P, Sweldens W. Progressive geometry compression[C]//Proceedings of the 27th Annual Conference on Computer Graphics and Interactive Techniques. New Orleans: ACM, 2000:271-278.

[21] Guskov I, Vidimče K, Sweldens W, et al. Normal meshes[C]//Proceedings of the 27th Annual Conference on Computer Graphics and Interactive Techniques. New Orleans: ACM, 2000:95-102.

[22] Alliez, Pierre, Gotsman C. Recent advances in compression of 3D meshes[C]//Advances in Multiresolution for Geometric Modelling. Berlin, Heidelberg: Springer, 2005:3-26.

[23] Wei Z Z, Zhu Q T, Min C, et al. AA-RMVSNet: adaptive aggregation recurrent multi-view stereo network

[C]//Proceedings of the 2021 IEEE/CVF International Conference on Computer Vision (ICCV). Montreal, QC, Canada: IEEE, 2021:6187-6196.

[24] Jingyang Zhang, Shiwei Li, Zixin Luo, et al. Vis-MVSNet: Visibility-aware multi-view stereo network [J]. Int. J. Comput. Vis. 2023, 131(1): 199-214.

[25] Yi H W, Wei Z Z, Ding M Y, et al. Pyramid multi-view stereo net with self-adaptive view aggregation [C]//Proceedings of the 16th European Conference on Computer Vision. Glasgow: Lecture Notes in Computer Science, Springer, 2020: 766-782.

[26] Yu Z H, Gao S H. Fast-MVSNet: sparse-to-dense multi-view stereo with learned propagation and gauss-newton refinement[C]//Proceedings of 2020 IEEE/CVF Conference on Computer Vision and Pattern Recognition. Seattle: Computer Vision Foundation/IEEE, 2020:1946-1955.

[27] Jensen R, Dahl A, Vogiatzis G, et al. Large scale multi-view stereopsis evaluation[C]//Proceedings of 2014 IEEE Conference on Computer Vision and Pattern Recognition. Columbus: IEEE, 2014:406-413.

[28] Campbell N D F, Vogiatzis G, Hernάndez C , et al. Using multiple hypotheses to improve depth-maps for multi-view stereo[C]//Proceedings of the 10th European Conference on Computer Vision. Marseille: Lecture Notes in Computer Science, Springer, 2008:766-779.

[29] Furukawa Y , Ponce J. Accurate, dense, and robust multiview stereopsis[J]. IEEE Transactions on Pattern Analysis and Machine Intelligence, 2010, 32(8):1362-1376.

[30] Galliani S, Lasinger K, Schindler K. Massively parallel multi-view stereopsis by surface normal diffusion [C]//Proceedings of 2015 IEEE International Conference on Computer Vision. Santiago: IEEE Computer Society, 2015:873-881.

[31] Tola E, Strecha C, Fua P. Efficient large-scale multi-view stereo for ultra high-resolution image sets[J]. Machine Vision and Applications, 2012, 23(5):903-920.

[32] Schönberger J L, Zheng E L, Frahm J M, et al. Pixelwise view selection for unstructured multi-view stereo [C]//Proceedings of the 14th European Conference on Computer Vision. Amsterdam, the Netherlands: Springer, 2016:501-518.

[33] Ji M Q, Gall J, Zheng H T, et al. SurfaceNet: an end-to-end 3d neural network for multiview stereopsis [C]//Proceedings of 2017 IEEE International Conference on Computer Vision. Venice, Italy: IEEE, 2017: 2326-2334.

[34] Yao Y, Luo Z X, Li S W, et al. MVSNet: depth inference for unstructured multi-view stereo[C]//Proceedings of the 15th European Conference on Computer Vision. Munich, Germany: Springer, 2018: 785-801.

[35] Yao Y, Luo Z X, Li S W, et al. Recurrent MVSNet for high-resolution multi-view stereo depth inference [C]//Proceedings of 2019 IEEE/CVF Conference on Computer Vision and Pattern Recognition. Long Beach, USA: IEEE, 2019:5525-5534.

[36] Luo K Y, Guan T, Ju L L, et al. P-MVSNet: learning patch-wise matching confidence aggregation for multi-view stereo[C]//Proceedings of 2019 IEEE/CVF International Conference on Computer Vision. Seoul, Korea(South): IEEE, 2019:10451-10460.

[37] Chen R, Han S F, Xu J, et al. Point-based multi-view stereo network[C]//Proceedings of 2019 IEEE/CVF International Conference on Computer Vision. Seoul, Korea(South):IEEE, 2019:1538-1547.

[38] Yan J F, Wei Z Z, Yi H W, et al. Dense hybrid recurrent multi-view stereo net with dynamic consistency checking[C]//Proceedings of the 16th European Conference on Computer Vision. Glasgow, UK: Springer,

2020:674-689.

[39] Gu X D, Fan Z W, Zhu S Y, et al. Cascade cost volume for high-resolution multi-view stereo and stereo matching[C]//Proceedings of 2020 IEEE/CVF Conference on Computer Vision and Pattern Recognition. Seattle, USA: IEEE, 2020:2492-2501.

[40] Yang J Y, Mao W, Alvarez J M, et al. Cost volume pyramid based depth inference for multi-view stereo [C]//Proceedings of 2020 IEEE/CVF Conference on Computer Vision and Pattern Recognition. Seattle, USA:IEEE, 2020:4876-4885.

[41] Pajarola R, Rossignac J. Compressed Progressive Meshes[J]. IEEE Transactions on Visualization & Computer Graphics, 2002, 6(1):79-93.

第4章 数字化图像的感兴趣区域抠图

在数字影视自然图像数字化抠图过程中,前景图像提取结果的精细程度直接影响着它与其他图像融合效果的平滑程度,进而对数字影视画面的无缝融合起到至关重要的作用。

虽然在影视作品的摄制过程中已经大量地使用了蓝屏抠图,但是蓝屏抠图技术需要事先对场地进行布景,一旦某些场合无法正常实施布景,将使蓝屏抠图方法失去原有效用。另外,由于蓝屏抠图技术对前景色有一定限制,即前景色和背景色不能太接近,否则将导致前景区域缺损。自然图像抠图技术突破了应用场景的限制,其不仅适用于蓝屏抠图方法,且比蓝屏抠图技术应用范围更广,因此自然图像抠图技术在影视摄制过程中得到广泛应用。自然图像抠图技术在应用于现代影视工业的特效画面制作过程中,利用前景抠图方法能够实现任意自然场景中目标景物的提取操作,从而可以将提取到的目标景物叠加到其他虚拟场景或真实场景中,进而实现虚拟与真实的景物融合。

在自然图像抠图技术研究领域,为了提高目标景物抠图的精准性,需要人为地事先介入以提供一些先验知识为指引,这种先验知识通常是以划分成前景区域、背景区域和未知区域的三分元素图形式而存在。由于三分元素图划分的精确程度直接影响最终的前景抠图结果,为使三分元素图自主构造的结果更加精准,还可以引入图像的视觉显著度特征、纹理相似性、纹理边缘等附加属性信息。通过分析原始图像的视觉显著度特征、纹理相似性、纹理边缘等属性信息,可以为三分元素图先验区域的划分提供强有力的依据。以先验知识图像为前提条件,选择合适的自然图像抠图算法,可使自然图像的目标景物抠图过程事半功倍。目前应用较为广泛的自然图像抠图算法主要有基于采样的抠图方法、基于相似性传播的抠图方法以及基于采样与传播相结合的抠图方法。

本章将以上述自然图像抠图理论为基础,进一步阐述融合多线索信息的感兴趣区域抠图、端对端编解码器的感兴趣区域抠图,使抠图过程从兴趣点出发,通过融合多线索信息等技术手段得到理想前景图像的抠图内容。在三分元素图的自主构造提取阶段,融合进自然图像所对应的深度信息,再结合该图像的视觉显著度特征进行区域优化过滤。从虚拟景物与真实景物融合的素材方面考虑,只有得到理想前景图像的抠图内容,才能为后续的虚实融合过程提供良好的基础。

4.1 数字抠图理论基础

图像作为多个像素的集合表示,对其进行目标识别实质就是对图像中感兴趣区域实现分类和定位;同时,如果需要将感兴趣区域提取出来,就需要进行图像分割处理,图像分割分类是对图像中属于特定类别的像素进行划分提取的过程。

4.1.1 三分元素图

三分元素图是交互式自然图像抠图技术中广泛使用的先验知识信息,它由前景区域、背景区域和未知区域三部分构成,是一种与原始图像具有相同尺寸的灰度图像。引入三分元素图的目的是把它作为先验知识为数字图像抠图过程提供条件假设和指引,从而得到高效、精确的抠图结果。对基于采样的数字图像抠图方法、基于传播的数字图像抠图方法和基于采样与传播相结合的数字图像抠图方法来说,如果没有三分元素图的人为提供,将无法得到有效的抠图结果,抠图过程中可能有无数个解。不同的抠图方法对三分元素图的精确度要求也有所不同,基于采样方法的抠图技术对三分元素图的精确度要求较高,基于传播方法的抠图技术和基于采样与传播相结合方法的抠图技术大多只需要在前景目标和背景图像上画一些线条。

如图 4.1 所示,在一幅三分元素图中:白色部分表示前景区域,该区域内的像素索引集以 I_F 表示,具体像素点以 F_i 表示;黑色部分表示背景区域,该区域内的像素索引集以 I_B 表示,具体像素点以 B_i 表示;灰色部分表示未知区域,该区域内的像素索引集以 I_U 表示。三个区域像素索引集取并集便得到整幅图像的像素索引集,整幅图像的像素索引集便是抠图过程所需的三分元素图。假设原始自然图像的尺寸为 $M \times N$,那么可以把三分元素图看作一个 $M \times N$ 的掩膜矩阵,将该掩膜矩阵记为 $\boldsymbol{T}$,矩阵元素记为 T_{ij},则点 (i,j) 处的像素索引为 $(i \times N + j)$,由此可得到式(4.1)所表达的不透明度归一化形式和式(4.2)所表达的灰度值形式。

$$T_{ij} = \begin{cases} 1, & [(i \times N + j) \in I_F] \\ 0.5, & [(i \times N + j) \in I_U] \\ 0, & [(i \times N + j) \in I_B] \end{cases} \tag{4.1}$$

$$T_{ij}^{G}=\begin{cases}255, & [(i\times N+j)\in I_F]\\128, & [(i\times N+j)\in I_U]\\0\ , & [(i\times N+j)\in I_B]\end{cases}\tag{4.2}$$

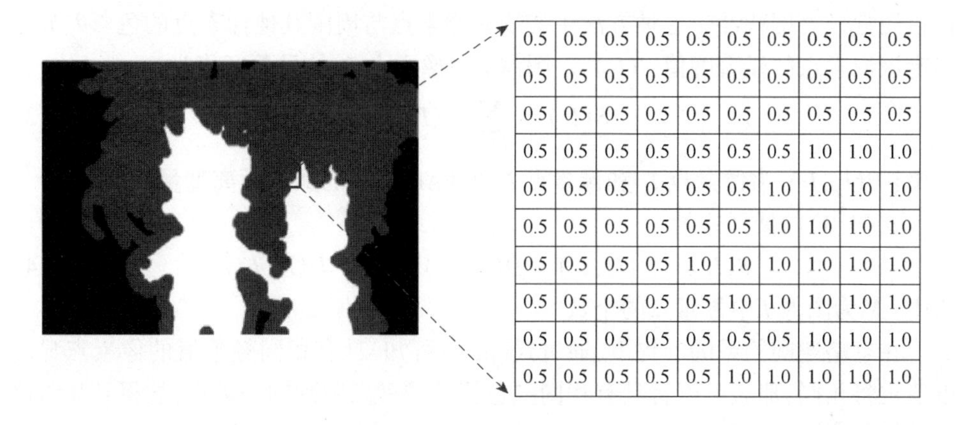

0.5	0.5	0.5	0.5	0.5	0.5	0.5	0.5	0.5	0.5
0.5	0.5	0.5	0.5	0.5	0.5	0.5	0.5	0.5	0.5
0.5	0.5	0.5	0.5	0.5	0.5	0.5	0.5	0.5	0.5
0.5	0.5	0.5	0.5	0.5	0.5	0.5	1.0	1.0	1.0
0.5	0.5	0.5	0.5	0.5	0.5	1.0	1.0	1.0	1.0
0.5	0.5	0.5	0.5	0.5	0.5	1.0	1.0	1.0	1.0
0.5	0.5	0.5	0.5	1.0	1.0	1.0	1.0	1.0	1.0
0.5	0.5	0.5	0.5	0.5	1.0	1.0	1.0	1.0	1.0
0.5	0.5	0.5	0.5	0.5	0.5	0.5	1.0	1.0	1.0
0.5	0.5	0.5	0.5	0.5	1.0	1.0	1.0	1.0	1.0

图 4.1　三分元素图的矩阵表示

以上所述的三分元素图掩膜矩阵在自然图像的抠图建模过程中具有实际应用价值,相对于三分元素图的图像形式,矩阵形式更具有条件参考性。

4.1.2　视觉显著度特性

视觉显著度检测是计算机视觉领域的重要方法,广泛应用于目标识别、图像分割、自适应压缩、图像检索等技术中,有效的视觉显著度检测结果能够在没有先验知识的情况下对图像进行适当处理。显著度特性主要是指视觉的独特、不可预测、稀缺以及奇异等性质,由图像的颜色、梯度、边界等属性形成,且与人类如何感知以及处理视觉刺激密切相关。在依据图像对比度进行自底向上的显著度特性检测时,为获得高分辨率的全局显著度图像,应遵循以下原则[1]:

(1)基于全局对比度的视觉显著度检测方法将大范围的目标区域与周围环境进行分离,而基于局部对比度的视觉显著度检测方法只将轮廓附近的高显著度区域分离出来,所以全局式视觉显著度检测方法比局部式视觉显著度检测方法更具优势。

(2)基于全局对比度的视觉显著度检测方法为相似区域分配相近的显著度值,这样便可以均匀地将目标突出。

(3)基于局部区域对比度的视觉显著度检测是通过局部区域与周围区域的对比度决定的,所以在局部区域相距较远的情况下,视觉显著度特性的提取效果不尽如人意。

(4)图像的视觉显著度检测算法应该简单快速,这样才能适应各类应用的实时性需求。

在视觉显著度检测过程中,可以利用基于直方图对比度的显著度检测方法来提取视觉显著度特性。这种方法主要依靠像素点与周围其他像素点的色彩差异来确定该像素点的显著度值 $S(I_k)$ 。图像 I 中像素点 I_k 的显著度值为

$$S(I_k) = \sum_{\forall I_i \in I} D(I_k, I_i) \tag{4.3}$$

式中: $D(I_k, I_i)$ 为像素点 I_k 和像素点 I_i 在 LAB 空间的颜色距离度量。

式(4.3)的展开式为

$$S(I_k) = D(I_k, I_1) + D(I_k, I_2) + \cdots + D(I_k, I_N) \tag{4.4}$$

式中: N 为图像 I 中像素点的个数。

在忽略空间关系的前提下,通过式(4.4)可知,具有相同颜色值的像素点显著度值也将相同,那么可以将具有相同颜色值的像素点归到同一类中,故得到显著度值计算公式:

$$S(I_k) = S(C_l) = \sum_{j=1}^{n} f_j D(C_l, C_j) \tag{4.5}$$

式中: C_l 为像素点 I_k 的颜色值; n 为图像 I 中与 I_k 具有相同颜色值的像素点个数; f_j 为 C_l 在图像 I 中出现的概率。

为使基于直方图的视觉显著度检测方法速度更快、鲁棒性更强,可以将色彩空间的平滑操作思想引入直方图对比度方法中,将每个颜色的显著度值替换成相似颜色显著度值的加权平均,替换后的表现形式:

$$S'(C_l) = \frac{1}{(m-1)T} \sum_{j=1}^{m} (T - D(C_l, C_j)) S(C_j) \tag{4.6}$$

式中:利用 $m = n/4$ 个最邻近颜色,可以改善 C_l 的显著度值; $T = \sum_{j=1}^{m} D(C_l, C_j)$ 为颜色 C_l 与 m 个最邻近颜色 C_j 之间的距离,归一化因子可表示为

$$\sum_{j=1}^{m} (T - D(C_l, C_j)) = (m-1)T \tag{4.7}$$

式中: $T - D(C_l, C_j)$ 为一个线性变化平滑的权值,用来为距离 C_l 较近的颜色分配较大权值。这种平滑操作不仅减少了量化的瑕疵,更降低计算过程的时间复杂度。

基于直方图的视觉显著度检测方法能够实现对普通自然场景图像的处理,对具有高度复杂性纹理的场景图像并不能达到最佳效果。为进一步得到实用、高效的视觉显著度检测方法,可以在基于直方图对比度的视觉显著度检测方法上进

一步改进。将空间关系引入基于直方图的视觉显著度检测方法后,大幅度地增加了视觉显著度检测方法的计算代价。为此,引入了区域对比度的理论:使用基于图论的图像分割方法将输入图像分割成若干区域,为每个区域建立颜色直方图;对每个分割区域,通过检测它与其他区域的颜色对比度来计算显著度值。进而得到视觉显著度值计算公式:

$$S(r_k) = \sum_{r_k \neq r_i} \omega(r_i) D_r(r_k, r_i) \tag{4.8}$$

式中:r_k 为第 k 个分割区域;$\omega(r_i)$ 为分割区域 r_i 的权值,用 $\omega(r_i)$ 强调分割区域 r_i 的颜色对比度;$D_r(r_k, r_i)$ 为分割区域 r_k 和分割区域 r_i 的区域颜色距离,如分割区域 r_1 和分割区域 r_2 的颜色距离可表示为

$$D_r(r_1, r_2) = \sum_{i=1}^{n_1} \sum_{j=1}^{n_2} f(c_{1i}) f(c_{2j}) D(c_{1i}, c_{2j}) \tag{4.9}$$

式中:$f(c_{ki})$ 为第 i 个颜色 c_{ki} 在第 k 个区域 r_k 中 n_k 种颜色出现的概率。使用归一化颜色直方图中颜色出现的概率作为权值,能使颜色之间的区别更为凸显。

式(4.8)引入空间权值,增强了局部区域的空间影响效果。对于邻近区域来说影响将增大,对于较远的区域来说影响将减小。在任意区域 r_k 中,基于空间加权区域对比度的视觉显著度定义如下:

$$S(r_k) = \sum_{r_k \neq r_i} \exp(-D_S(r_k, r_i)/\sigma_S^2) \omega(r_i) D_r(r_k, r_i) \tag{4.10}$$

式中:$D_S(r_k, r_i)$ 为分割区域 r_k 和分割区域 r_i 的空间距离;σ_S 为空间权值强度,σ_S 越大,空间权值的影响越小,使远处区域对比度对当前区域显著度值的计算影响更小。

4.1.3 梯度场泊松抠图

基于梯度场的泊松抠图算法[2]提出了“场”的概念,即将图像中所有像素点的透明度看作一种场,利用这一性质再结合泊松方程,通过求解图像亮度梯度场的泊松方程,便可以得到图像透明度值。假设图像前景色“F”和背景色“B”是平滑过渡的,那么图像的亮度梯度场和透明度梯度场是呈比例的。在泊松抠图算法的实现过程中,首先根据用户给定的三分元素图求解出图像的透明度值梯度场,即对式(4.11)两边求偏微分得到式(4.12),有

$$I_i = \alpha_i F_i + (1 - \alpha_i) B_i \tag{4.11}$$

$$\nabla I = (F - B) \nabla \alpha + \alpha \nabla F + (1 - \alpha) \nabla B \tag{4.12}$$

式中:I_i 为自然图像 I 中某一像素点的颜色值;F_i 为该像素点的前景颜色值;B_i 为该像素点的背景颜色值;α_i 为该像素点的透明度值。

在前景色 F 和背景色 B 平滑过渡的前提下，$\alpha \nabla F + (1-\alpha)\nabla B$ 要比 $(F-B)\nabla\alpha$ 小很多,所以在这个前提假设下,可将式(4.12)近似表示为

$$\nabla\alpha \approx \frac{1}{F-B}\nabla I \tag{4.13}$$

式中：$\nabla\alpha$ 为透明度值的梯度场；∇I 为输入图像的梯度场。

然后通过求解一个满足特定边界条件的泊松方程,获得未知区域内各像素点的透明度值。通过使用上面几个公式,泊松方程表达为

$$\nabla\alpha = \mathrm{div}\left(\frac{\nabla I}{F-B}\right) \tag{4.14}$$

式中：$\nabla = \left(\frac{\partial^2}{\partial x^2} + \frac{\partial^2}{\partial y^2}\right)$ 为拉普拉斯算子；div 为散度。

Dirichlet 边界条件为

$$\hat{\alpha}_p \mid_{\partial\Omega} = \begin{cases} 1 & (p \in \Omega_F) \\ 0 & (p \in \Omega_B) \end{cases} \tag{4.15}$$

式中：$\partial\Omega$ 、Ω_F 、Ω_B 分别为未知区域的外边界、前景边界和背景边界。

通过以下迭代计算的方式求解泊松方程：

(1)因为 F 和 B 是未知的,所以取 Ω_F 、Ω_B 中最近的像素点作为它们的近似值,从而初始化 $F-B$ 。

(2)求解式(4.13),得到透明度值 α 。

(3)对 F 进行优化,通过自定义阈值将所有几乎不透明的像素点加入 $\Omega_F^+ = \{p \in \Omega \mid \alpha_p > 0.95, I_p \approx F_p\}$ 中;同理,对 B 进行优化,通过自定义阈值将所有几乎透明的像素点加入 $\Omega_B^+ = \{p \in \Omega \mid \alpha_p < 0.05, I_p \approx B_p\}$ 。最后用 Ω_F^+ 、Ω_B^+ 中与 F 和 B 最近的像素点颜色更新 Ω 中的 F 和 B 。

重复执行步骤(2)和步骤(3),直到 α 的变化小于设定阈值或者 Ω_F^+ 与 Ω_B^+ 为空。

一般情况下,泊松抠图能够得到较为理想的前景目标抠图效果,但在前景、背景颜色不满足平滑假设的情况下就可能产生错误结果,从而影响整体抠图效果。这就需要采用交互方式,通过修改原始图像梯度场的方式来实现对透明度值梯度场的修正,从而改善抠图结果,最终实现理想效果。

4.2 融合多线索信息的感兴趣区域抠图

由于现有自然图像抠图方法需要大量人工交互输入先验知识,本节介绍一种融合多线索信息的数字图像抠图方法,该方法融合使用深度信息线索和视觉

显著度信息线索对先验知识的获取进行简化,将极大地减少人为工作量。数字图像抠图得到前景图像的过程可以看作原始自然图像与透明度掩膜图像的卷积操作,因此抠图方法的关键就是如何更好、更便捷地确定透明度掩膜图像的系数矩阵。

融合多线索信息的数字图像抠图过程(图 4.2):首先利用原始自然图像对应的深度信息和视觉显著度信息进行感兴趣区域粗分割;然后利用形态学的膨胀与腐蚀算法对感兴趣区域的分割结果进行粗分割区域膨胀和粗分割区域腐蚀操作,从而得到抠图过程所需的三分元素图;最后利用彩色纹理图像和三分元素图,并结合使用相似性传递抠图方法获得精细的前景目标抠图结果。

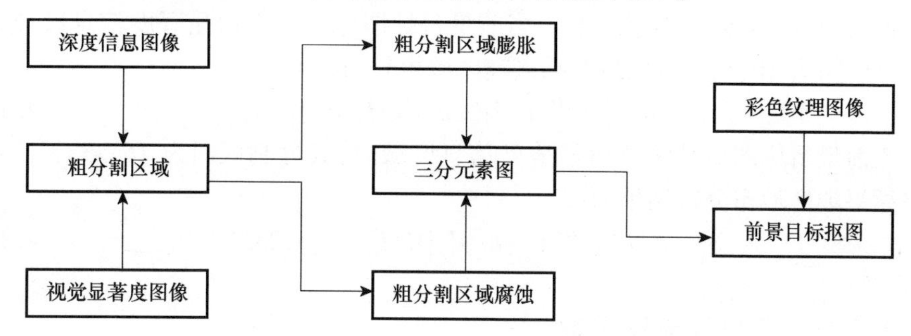

图 4.2　融合多线索信息的数字图像抠图过程

4.2.1　感兴趣区域粗分割

在数字图像抠图过程中为了得到高质量的前景目标抠图结果,提供可靠、合理、有效的三分元素图是必不可少的。假设原始彩色纹理图像 I^C 对应的深度图像为 I^D,则根据深度信息分割区间 $[d_s, d_e]$ 便能得到式(4.16)所示的深度粗分割区域 S^D:

$$S_{ij}^D = \{I_{ij}^D \mid I_{ij}^D \in [d_s, d_e]\} \tag{4.16}$$

式中:i、j 分别为像素点的横坐标和纵坐标。

单纯地使用场景深度信息来自主构造前景区域、背景区域和未知区域,虽然能够做到三分元素图的自动标注,但其严重依赖深度信息的可靠性和深度信息的不连续性。也就是说,当深度信息没有明显的层次感时,仅利用深度信息进行前景抠图将无法得到准确、边界清晰的前景目标图像。不同景物可能具有相同的深度信息,会导致抠图结果中包含不需要的其他景物。一般来说,数字图像抠图就是为了获取所关注的前景目标图像,而图像的视觉显著度信息在一定程度上反映了所关注的前景目标图像。由于深度信息对三分元素图自主构建的欠约束性,考虑将原始图像对应的视觉显著度图像 I^S 信息引入深度粗分割区域 S^D 的约束分割过程中。为了使用视觉显著度信息对深度粗分割区域 S^D 进行约束,可以选择使用设定范围的方式或设定单一阈值的方式获得视觉显著度信息区间。

在使用设定范围的视觉显著度信息区间获取方式中,根据深度粗分割区域的视觉显著度信息设定其分割区间 $[s_{ms},s_{me}]$,可以得到最终感兴趣区域粗分割结果为

$$S_{ij}^{DS} = \{I_{ij}^D \mid I_{ij}^D \in [d_s,d_e] \cap I_{ij}^S \in [s_{ms},s_{me}]\} \tag{4.17}$$

在使用单一阈值的视觉显著度信息区间获取方式中,首先根据深度粗分割区域的视觉显著度信息设定二值化阈值 δ ,因为前景目标图像既可能是高值显著度信息表达的区域,又可能是低值显著度信息表达的区域,所以分别得到的低值区间和高值区间为 $[0,\delta]$ 、$[\delta,255]$ 。当前景目标图像处于低值显著度信息区域时,其分割区间为 $[0,\delta]$,得到最终感兴趣区域粗分割结果为

$$S_{ij}^{DS} = \{I_{ij}^D \mid I_{ij}^D \in [d_s,d_e] \cap I_{ij}^S \in [0,\delta]\} \tag{4.18}$$

当前景目标图像处于高值显著度信息区域时,其分割区间为 $[\delta,255]$,得到最终感兴趣区域粗分割结果为

$$S_{ij}^{DS} = \{I_{ij}^D \mid I_{ij}^D \in [d_s,d_e] \cap I_{ij}^S \in [\delta,255]\} \tag{4.19}$$

4.2.2 三分元素图提取

根据深度信息和视觉显著度信息得到的粗分割区域 S^{DS} 只包含前景区域和背景区域两部分,然而使用粗分割区域 S^{DS} 进行二分抠图并不能得到理想的抠图结果,在一些边缘过渡或模棱两可区域的确定问题上无法得到正确结果。因此,需要根据粗分割区域 S^{DS} 做进一步处理,将其扩展为前景区域、背景区域和未知区域三个部分,再对未知区域进行前景或背景归属的求解。

为了提取图像抠图方法中所需的三分元素图,将使用形态学的二值化膨胀算法和腐蚀算法对粗分割区域 S^{DS} 进行处理,从而得到精细化三分元素图 T^U 。形态学操作过程中使用的腐蚀因子为

$$\boldsymbol{F}_s = \begin{bmatrix} 0 & 1 & 0 \\ 1 & 1 & 1 \\ 0 & 1 & 0 \end{bmatrix} \tag{4.20}$$

膨胀因子 $\boldsymbol{F}_p$ 为

$$\boldsymbol{F}_p = \begin{bmatrix} 0 & 0 & \cdots & 0 & 0 \\ 0 & 1 & \cdots & 1 & 0 \\ \vdots & \vdots & & \vdots & \vdots \\ 0 & 1 & \cdots & 1 & 0 \\ 0 & 0 & \cdots & 0 & 0 \end{bmatrix}_{n\times n} \tag{4.21}$$

首先利用形态学膨胀算法对粗分割区域 S^{DS} 进行扩充,这样就可以使扩充后的区域能够完整地包含前景目标图像,粗分割区域 S^{DS} 的膨胀区域为

$$S_p^{DS}=S^{DS}\oplus\boldsymbol{F}_p=S^{DS}\oplus\begin{bmatrix}0&0&\cdots&0&0\\0&1&\cdots&1&0\\\vdots&\vdots&&\vdots&\vdots\\0&1&\cdots&1&0\\0&0&\cdots&0&0\end{bmatrix}_{n\times n}\tag{4.22}$$

式中:n 的取值不易过大或过小,通常取为 6;"$\oplus$"为利用膨胀因子 $\boldsymbol{F}_p$ 对粗分割区域 S^{DS} 进行形态学二值化膨胀运算。

形态学二值化膨胀运算示意图如图 4.3 所示。由图可以看出,原始二值化区域 A 利用膨胀因子 B 沿着二值化区域 A 的边界进行逐点扩充,对二值化区域 A 的边界完整遍历后便得到了原始二值化区域 A 的形态学膨胀结果。

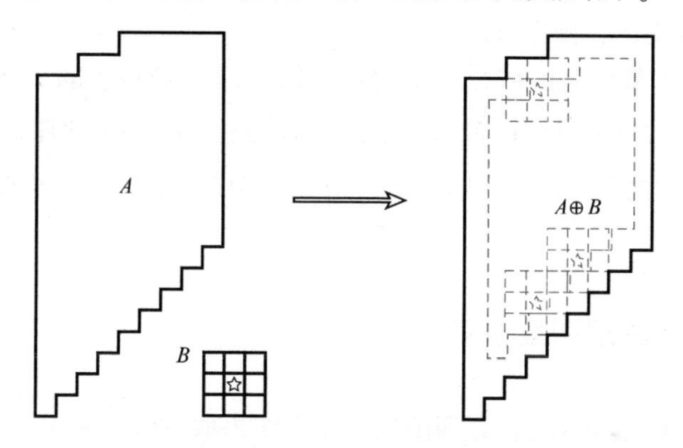

图 4.3　形态学二值化膨胀运算示意图

然后利用形态学腐蚀算法对粗分割区域 S^{DS} 进行收缩,以便使收缩后的区域只包含完整无误的前景目标图像,粗分割区域 S^{DS} 的腐蚀区域为

$$S_s^{DS}=S^{DS}\ominus\boldsymbol{F}_s{}^k=S^{DS}\ominus\begin{bmatrix}0&1&0\\1&1&1\\0&1&0\end{bmatrix}^k\tag{4.23}$$

式中:"$\ominus$"为利用腐蚀因子 $\boldsymbol{F}_s$ 对粗分割区域 S^{DS} 进行形态学二值化收缩运算;k 为利用腐蚀因子 $\boldsymbol{F}_s$ 进行收缩运算的次数。

形态学二值化腐蚀运算示意图如图 4.4 所示。由图可以看出,原始二值化区域 A 利用腐蚀因子 B 沿着二值化区域 A 的边界进行逐点收缩,对二值化区域 A 的边界完整遍历后便得到了原始二值化区域 A 的形态学腐蚀结果。

最后对膨胀区域 S_p^{DS} 和腐蚀区域 S_s^{DS} 执行异或位运算,进而得到三分元素图:

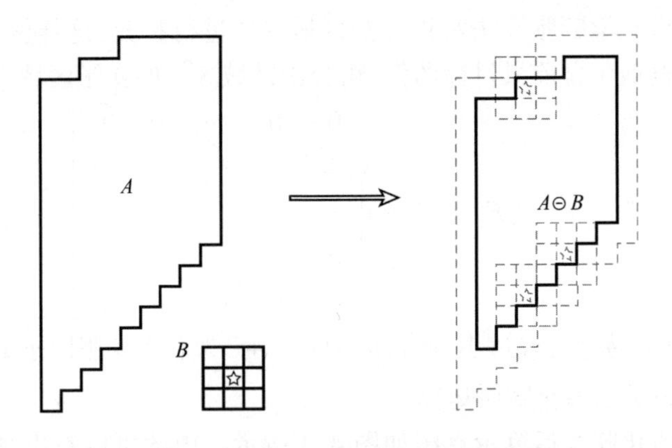

图 4.4　形态学二值化腐蚀运算示意图

$$\boldsymbol{T}^{U} = S_{p}^{DS} \oplus S_{s}^{DS} \tag{4.24}$$

式中:“⊕”为异或运算操作符。

也就是说,如果膨胀区域 S_{p}^{DS} 和腐蚀区域 S_{s}^{DS} 中对应位置的灰度值同为 255 或 0,则三分元素图 $\boldsymbol{T}^{U}$ 中对应位置的灰度值也为 255 或 0;如果膨胀区域 S_{p}^{DS} 和腐蚀区域 S_{s}^{DS} 中对应位置的灰度值不同,则三分元素图 $\boldsymbol{T}^{U}$ 中对应位置的灰度值被设置为 128。

4.2.3　掩膜透明度估计

对于给定的一幅图像,首先利用三分元素图提取方法计算其三分元素图 $\boldsymbol{T}^{U}$ 。三分元素图包含了图像的掩膜透明度信息值,在矩阵 $\boldsymbol{T}^{U}$ 中像素值为 255 时称为背景像素点,其掩膜透明度值为 0;而像素值为 0 时称为前景像素点,其掩膜透明度值为 100;其他像素点称为未知区域,其掩膜透明度值为待求解掩膜值。对于图像中某个像素点 $C(x,y)$,其可由该点的前景像素值和背景像素值进行合成,表示如下:

$$C(x,y) = \alpha F_{i} + (1 - \alpha) B_{i} \tag{4.25}$$

式中:$\alpha \in [0,1]$ 为前景不透明度掩膜值。

求解前景不透明度掩膜值的方法有很多,但针对复杂的图像一般使用基于采样的方式对掩膜值进行求解。基于采样方式的基本原理是对未知区域中像素点周围相邻的样本像素点进行采集,然后通过一定的评价准则选择最优样本,再利用未知区域像素点的最优样本求解前景不透明度掩膜值。在未知区域中的任意像素点 U ,已知其前景和背景构成的样本对为 (F_{u},B_{u}) ,则像素点 U 的前景不透明度掩膜值可表示为

$$\alpha_u = \frac{(U - B_u)(F_u - B_u)}{\|F_u - B_u\|^2} \tag{4.26}$$

对于给定图像的三分元素图，未知区域像素点的前景、背景信息值以及不透明度掩膜值都是未知的，因此需要利用一定的采样方式求解由前景和背景构成的最优样本对。本节将采用前景区域和背景区域的边界构成待采样集合，构建一个目标函数评估最优样本对，表示如下：

$$\xi_u(F_u, B_u) = \|U - (\alpha_u F_u + (1 - \alpha_u) B_u)\|^2 \tag{4.27}$$

式中：$\xi_u(F_u, B_u)$ 为未知区域中像素点 U 颜色符合度的代价函数。

颜色符合度表示了像素点 U 的颜色信息值与样本对 (F_u, B_u) 估算像素点 U 的颜色信息值的差值，差值越小，样本对越接近最优样本对。然而，针对采集大量样本对的情况，需为未知区域中像素点定义一个空间距离代价函数 $\xi_s(F_u)$ 、$\xi_s(B_u)$ ：

$$\begin{cases} \xi_s(F_u) = \dfrac{\|P_{F_u} - P_u\|}{\min\limits_{F_u^i \in S_u^F} \|P_{F_u^i} - P_u\|} \\ \xi_s(B_u) = \dfrac{\|P_{B_u} - P_u\|}{\min\limits_{B_u^i \in S_u^B} \|P_{B_u^i} - P_u\|} \end{cases} \tag{4.28}$$

式中：S_u^F 、S_u^B 分别为前景和背景构成的样本集合；P_{F_u} 、P_{B_u} 、P_u 为空间坐标。利用式(4.27)和式(4.28)构成一个总的样本评价函数，即

$$\Phi_{\alpha_u}(F_u, B_u) = \lambda \xi_u(F_u, B_u) + \xi_s(F_u) + \xi_s(B_u) \tag{4.29}$$

式中：λ 为颜色符合度和空间距离符合度的调控参数。

通过式(4.29)可确定最优的样本对 $(\hat{F}_u, \hat{B}_u)$ ，将最优样本对代入式(4.26)即可初步估计未知区域像素点的前景不透明度掩膜值。然而初步估计的掩膜值不够精确，需采用全局最优化对其进行优化，构造拉普拉斯矩阵 $\boldsymbol{A}$ [3]，并同时构建优化评价函数，即

$$\alpha_u = \operatorname{argmin}(\boldsymbol{\alpha}^{\mathrm{T}} \boldsymbol{A} \boldsymbol{\alpha}) + \omega(\boldsymbol{\alpha} - \tilde{\boldsymbol{\alpha}})^{\mathrm{T}} D(\boldsymbol{\alpha} - \tilde{\boldsymbol{\alpha}}) \tag{4.30}$$

式中：ω 为权重参数；D 为置信度值 $f = \exp(-\xi_u / 2\sigma^2)$ 构成的对角线元素。

对式(4.30)进行求解即可得到未知区域像素点优化后的掩膜值。

由于泊松抠图方式依赖平滑假设、采样抠图方式依赖样本集，在前景区域和背景区域假设条件不足的自然图像中，有可能会出现透明度掩膜值计算误差较大的情况。为了加强泊松抠图方式和采样抠图方式所求解透明度掩膜值的可靠性，分别求得泊松抠图方式的前景透明度掩膜值和采样抠图方式的前景透明度掩膜值，将二者透明度掩膜均值作为最终的透明度掩膜值。

4.2.4 实验结果及数理分析

为了验证融合多线索信息的感兴趣区域抠图方法的可行性和有效性，本节将分别从感兴趣区域粗分割、三分元素图提取、前景图像抠图和前景与背景合成四个方面对该方法各阶段的具体处理效果进行详细说明。实验所使用的自然图像均为标准测试数据集图像。

融合多线索信息的感兴趣区域抠图方法充分利用了图像的深度信息和视觉显著度信息来得到感兴趣区域的粗分割结果，再根据感兴趣区域粗分割结果使用膨胀因子 $\boldsymbol{F}_p$ 和腐蚀因子 $\boldsymbol{F}_s$ 对粗分割区域进行扩充与收缩操作，从而确定出抠图过程所需的三分元素图，最后利用该三分元素图对自然图像进行抠图得到所需的前景目标图像。$\boldsymbol{F}_p$ 和 $\boldsymbol{F}_s$ 分别为

$$\boldsymbol{F}_p = \begin{bmatrix} 0 & 0 & 1 & 1 & 0 & 0 \\ 0 & 1 & 1 & 1 & 1 & 0 \\ 1 & 1 & 1 & 1 & 1 & 1 \\ 1 & 1 & 1 & 1 & 1 & 1 \\ 0 & 1 & 1 & 1 & 1 & 0 \\ 0 & 0 & 1 & 1 & 0 & 0 \end{bmatrix}$$

$$\boldsymbol{F}_s = \begin{bmatrix} 0 & 1 & 0 \\ 1 & 1 & 1 \\ 0 & 1 & 0 \end{bmatrix}$$

图 4.5 为感兴趣区域粗分割（实验效果一）。图 4.5(a)为原始自然图像，图 4.5(b)为自然图像所对应的深度图像，图 4.5(c)为自然图像所对应的视觉显著度图像。

利用感兴趣区域粗分割的提取方法，设定深度值区间为 [150,190] 、视觉显著度区间为 [15,235] ，则可得到深度分割区视觉显著度特性的可视化表现，如图 4.5(d)所示。从图 4.5(d)中可以看出，通过感兴趣区域粗分割已经得到粗略的目标前景区域，但仍存在个别干扰区域。

为了得到比较可靠的三分元素图，需要对感兴趣区域粗分割结果进行膨胀与腐蚀。图 4.6 为三分元素图提取（实验效果一）。图 4.6(a)为使用膨胀因子 $\boldsymbol{F}_p$ 进行一次膨胀而得到的粗分割区域膨胀效果图；图 4.6(b)为使用腐蚀因子 $\boldsymbol{F}_s$ 进行三次腐蚀操作而得到的粗分割区域腐蚀效果图；图 4.6(c)则为图 4.6(a)与(b)进行异或运算而得到的三分元素图，异或运算中真值区域保持原有像素值，假值区域则视为未知区域并将其像素值设定为 128。通过图 4.6(c)可以看出，该三分元素图较好地体现了待抠图区域。

(a) 原始自然图像

(b) 深度图像

(c) 视觉显著度图像

(d) 深度分割区视觉显著度特性的可视化表现

图 4.5 （见彩图）感兴趣区域粗分割(实验效果一)

(a) 粗分割区域膨胀效果图

(b) 粗分割区域腐蚀效果图

(c) 三分元素图

图 4.6 三分元素图提取(实验效果一)

图 4.7 为前景图像抠图(实验效果一)。图 4.7(a)为基于深度信息的前景抠图结果,图 4.7(b)为融合多线索信息的前景抠图结果。从图 4.7 中可以看出,虽然基于深度信息的前景抠图方法可以得到前景图像,但是其得到的抠图结果中存在干扰区域,而融合多线索信息的前景抠图方法则较好地得到了前景掩膜。

在前景目标图像抠取完成后,就可以将其叠加到其他真实或虚拟图像,图 4.8 前景图像与背景图像合成(实验效果一)中有两组合成效果。其中,图 4.8(a)为前景图像与山石图像的合成效果,图 4.8(b)为前景图像与大象图像的合成效果。

从图 4.8 中可以看出,使用融合多线索信息的数字图像抠图方法得到的前景

(a) 基于深度信息的前景抠图

(b) 融合多线索信息的前景抠图

图 4.7　前景图像抠图(实验效果一)

(a) 前景图像与山石图像合成

(b) 前景图像与大象图像合成

图 4.8　(见彩图)前景图像与背景图像合成(实验效果一)

图像与其他背景图像进行叠加,得到了较为理想的抠图合成效果。

图 4.9 为感兴趣区域粗分割(实验效果二)。图 4.9(a)为原始自然图像,图 4.9(b)为自然图像所对应的深度图像,图 4.9(c)为自然图像所对应的视觉显著度图像。利用感兴趣区域粗分割的提取方法,设定深度值区间为 [200,210] 、视觉显著度区间为 [50,245] ,则可得到如图 4.9(d)所示的深度分割区视觉显著度特性的可视化表现。从图 4.9(d)中可以看出,通过感兴趣区域粗分割已经得到了粗略的目标前景区域,但仍存在个别干扰区域。

为了得到比较可靠的三分元素图,需要对感兴趣区域粗分割结果进行膨胀与腐蚀。图 4.10 为三分元素图提取(实验效果二)。图 4.10(a)为使用膨胀因子 $\boldsymbol{F}_p$ 进行一次膨胀而得到的粗分割区域膨胀效果图;图 4.10(b)为使用腐蚀因子 $\boldsymbol{F}_s$ 进行五次腐蚀操作而得到的粗分割区域腐蚀效果图;图 4.10(c)则为图 4.10(a)与(b)进行异或运算而得到的三分元素图,异或运算中真值区域保持原有像素值,假值区域则视为未知区域并将其像素值设定为 128。通过图 4.10(c)可以看出,该三分元素图较好地体现了待抠图区域。

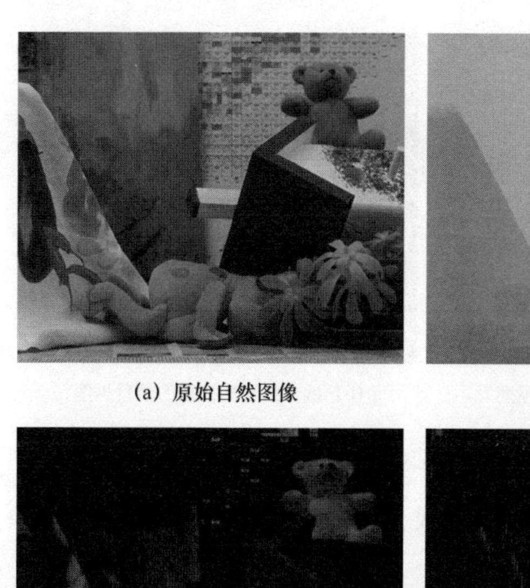

(a) 原始自然图像　　(b) 深度图像

(c) 视觉显著度图像　　(d) 深度分割区视觉显著度特性的可视化表现

图 4.9　感兴趣区域粗分割(实验效果二)

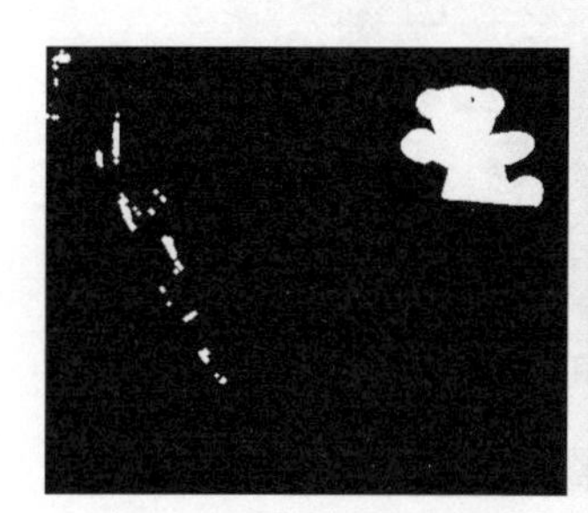

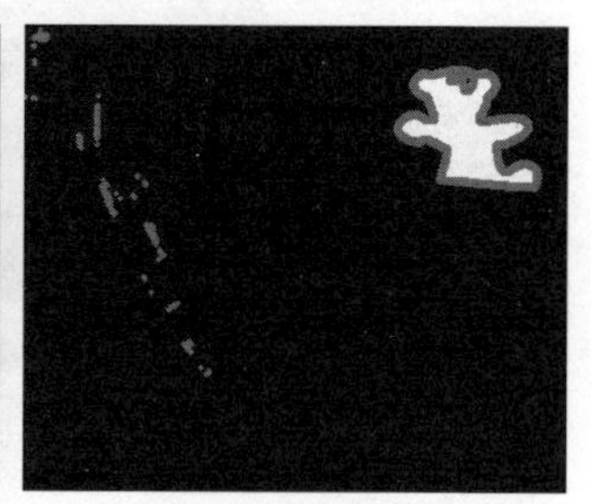

(a) 粗分割区域膨胀效果图　　(b) 粗分割区域腐蚀效果图　　(c) 三分元素图

图 4.10　三分元素图提取(实验效果二)

图 4.11 为前景图像抠图(实验效果二)。图 4.11(a)为基于深度信息的前景抠图,图 4.11(b)为融合多线索信息的前景抠图。从图 4.11 中可以看出,虽然基于深度信息的前景抠图方法可以得到前景图像,但是其得到的抠图结果并不理想;而融合多线索信息的前景抠图方法则较好地得到了前景掩膜。

在前景目标图像抠取完成后,就可以将其叠加到其他真实图像或虚拟图像中,如图 4.12 前景图像与背景图像合成(实验效果二)中所示的两组合成效果。

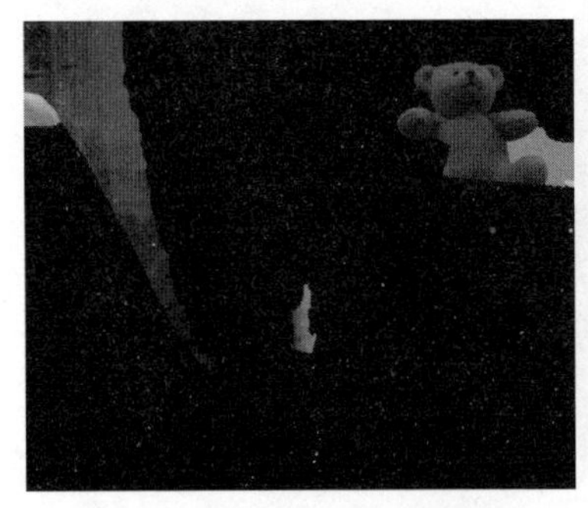

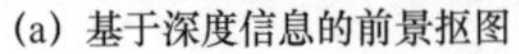

(a) 基于深度信息的前景抠图　　(b) 融合多线索信息的前景抠图

图 4.11　前景图像抠图(实验效果二)

图 4.12(a)为前景图像与山石图像的合成,图 4.12(b)为前景图像与大象图像的合成。

通过以上两组实验效果图可以看出,使用融合多线索信息的感兴趣区域抠图方法将得到的前景图像与其他背景图像进行叠加,得到了较为理想的抠图合成效果,且具有较好的可控性。

(a) 前景图像与山石图像合成　　(b) 前景图像与大象图像合成

图 4.12　前景图像与背景图像合成(实验效果二)

4.3　端对端编解码器的感兴趣区域抠图

基于深度信息的虚实遮挡处理方法通过比较深度信息将虚拟物体呈现在画面上方的部分直接绘制到真实场景中,因此虚实物体交界处的边缘通常比较生硬。同时,这类方法对深度信息准确性的依赖程度很高,场景深度信息计算结果有错漏将会直接影响虚实物体前后关系的判断,使得虚拟物体过多或过少呈现在真实场景中。而利用图像分析的方法根据轮廓划分每个物体所占区域后,仍然要通过一定方式判断这些区域属于前景还是背景,但这类方法生成的边缘视觉效果相对来说更理想。

因此,应把这两类方法联系起来,将虚实遮挡看作前景对象提取的问题,结合抠图算法思想,利用深度信息辅助生成三元图,提取出带透明通道的前景对象,使前景对象与新背景实现无缝融合,有效地去除拼接痕迹。既无须严格追求深度信息的精度,又不必人工干预前景、背景的区分。本节将重点讨论如何用抠图的方法对前景图像进行提取。

4.3.1 训练数据集构建

AMEW(alpha matting evaluation website)的开源数据集较小,仅有 27 组训练图和 8 组测试图,而本节实验将通过深度学习的方法提取前景物体,训练数据过少容易导致过拟合,因此需要用一个较大的数据集对所构建的卷积神经网络模型进行训练。

本节方法所需数据集的图像包括彩色图像,已标记出前景、背景、未知区域的三元图(trimap),以及表示彩色图像中目标前景物体透明度通道的标准 α 图像。这里可以利用 RealWorldPortrait-636、MS COCO 和 BG-20k[4] 创建与本节所建卷积神经网络相匹配的大型数据集。数据集 RealWorldPortrait-636 包含 636 组彩色图像及其对应的标准 α 图像,数据集 MS COCO 和 BG-20k 中的图像均为不含显著目标的高分辨率背景图,可以生成高质量的合成图像。合成数据集过程如下。

(1)从 RealWorldPortrait-636 中选取 586 组图像用于合成数据集训练阶段的彩色图像以及 α 图像,另外 50 组用于合成测试阶段的彩色图像以及 α 图像。数据集 RealWorldPortrait-636 中 α 图像每个像素点的取值介于 0~255 之间,这个数值除以 255 可作为该像素点的不透明度。

(2)如图 4.13 所示,利用对应的标准 α 图提取出用于训练阶段的 586 张彩色原图的前景物体,再将 586 个前景物体分别与数据集 MS COCO 中任意 100 张背景图像合成 58600 张新的彩色图像。同理,利用对应的标准 α 图提取出用于测试阶段的 50 张彩色原图的前景物体,再将 50 个前景物体分别与数据集 BG-20k 中任意 20 张背景图像合成 1000 张新的彩色图像。最后,分别生成与每张新彩色图像尺寸相同的标准 α 图像。

(3)采用形态学算子的腐蚀、膨胀等方法,生成各个 α 图像对应的 Trimap。Trimap 中每个像素点的值均处于 0~255 之间。0 为纯黑色,表示该位置的像素点为图像中明确的背景部分;255 为纯白色,表示该位置的像素点为图像中明确的前景部分;像素点为灰色的部分,表示需要进一步计算 α 值的未知区域。

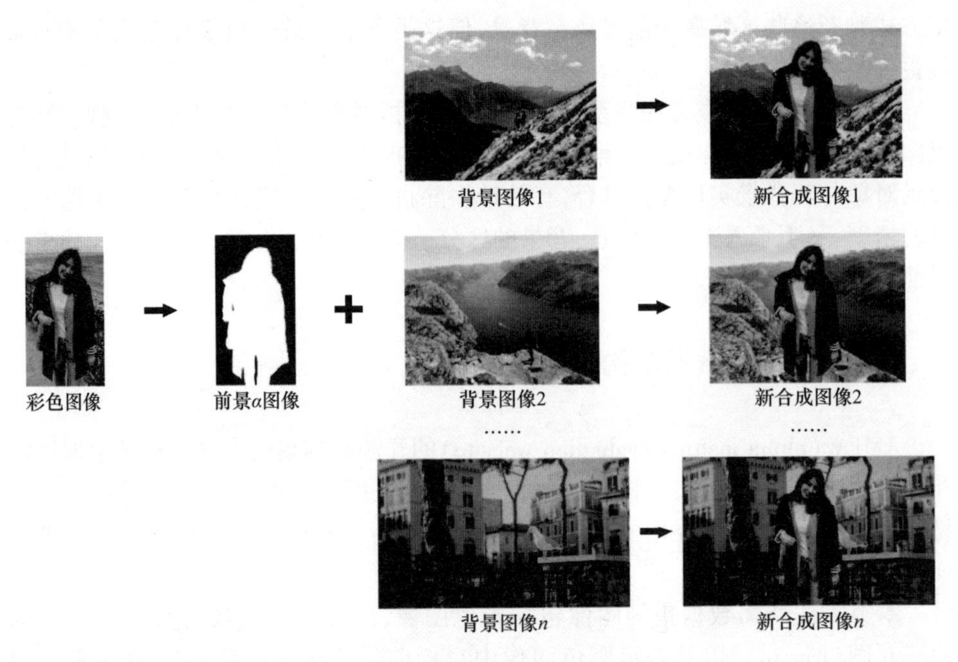

图 4.13　合成新彩色图像过程

通过以上步骤,便可得到一个包含 58600 组训练图像和 1000 组测试图像的数据集,其中每组图像均包括彩色图像、Trimap 及 α 图像(图 4.14)。

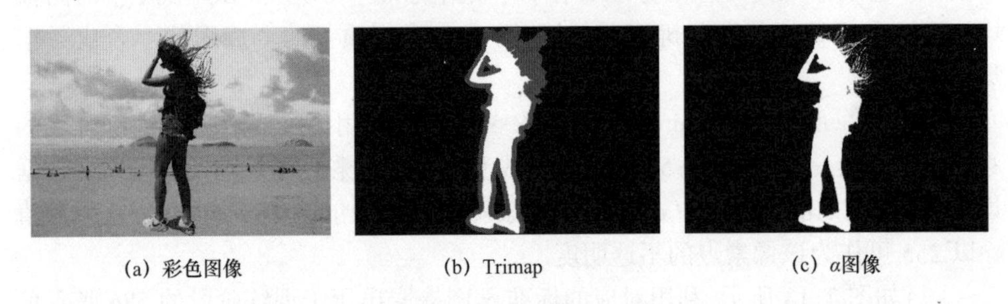

图 4.14　数据集图像类型

4.3.2　编解码器模块结构

图像是由多个像素集合而成的,前景物体的提取实际上可以看作图像分类及其定位问题,就是将图像上的像素点划分成前景和背景两种类别,并标记每个前景像素点的位置以及不透明度 α 值,根据这些标记就可以准确地将图像的前景区域和背景区域分割开,从而提取出带透明通道的前景对象。VGG 网络是由牛津大学的视觉几何组为解决图像分类与定位问题而提出的卷积神经网络模型,其中 VGG-

16 是 VGG 网络十分典型的结构，如图 4.15 所示。

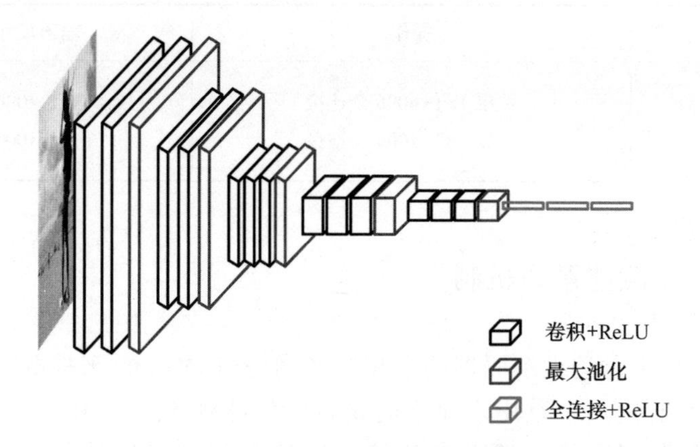

图 4.15　VGG-16 网络结构

VGG-16 共有 16 层含权重系数的网络层，整个网络结构可以划分成 6 个模块，第一、二模块各有两层卷积层，第三、第四以及第五模块各有三层卷积层，第六模块由三个全连接层组成，每两个模块之间都有一个最大池化层，每个卷积层和全连接层之后都跟一个 ReLU 激活层。

表 4.1 列出 VGG-16 网络各模块的操作及输出尺寸。

表 4.1　VGG-16 网络各模块的操作及输出尺寸

模块	操作	输出尺寸
	输入图像 resize	(224,224,3)
第一模块	两次卷积，64 个 3×3 卷积核 最大池化，池化单元尺寸 2×2	(224,224,64) (112,112,64)
第二模块	两次卷积，128 个 3×3 卷积核 最大池化，池化单元尺寸 2×2	(112,112,128) (56,56,128)
第三模块	三次卷积，256 个 3×3 卷积核 最大池化，池化单元尺寸 2×2	(56,56,256) (28,28,256)
第四模块	三次卷积，512 个 3×3 卷积核 最大池化，池化单元尺寸 2×2	(28,28,512) (14,14,512)
第五模块	三次卷积，512 个 3×3 卷积核 最大池化，池化单元尺寸 2×2	(14,14,512) (7,7,512)

续表

模块	操作	输出尺寸
第六模块	两层 1×1×4096 全连接 一层 1×1×1000 全连接	(1,1,4096) (1,1,1000)

4.3.3 多维度注意力机制

本节将构建基于自动编解码器的卷积神经网络(DIM-att)来提取前景物体，该网络主要分为两部分:一是用于前景提取的编解码网络，二是用于精细化 α 图像边缘的小型全卷积网络。基于自动编解码的卷积神经网络结构如图 4.16 所示。

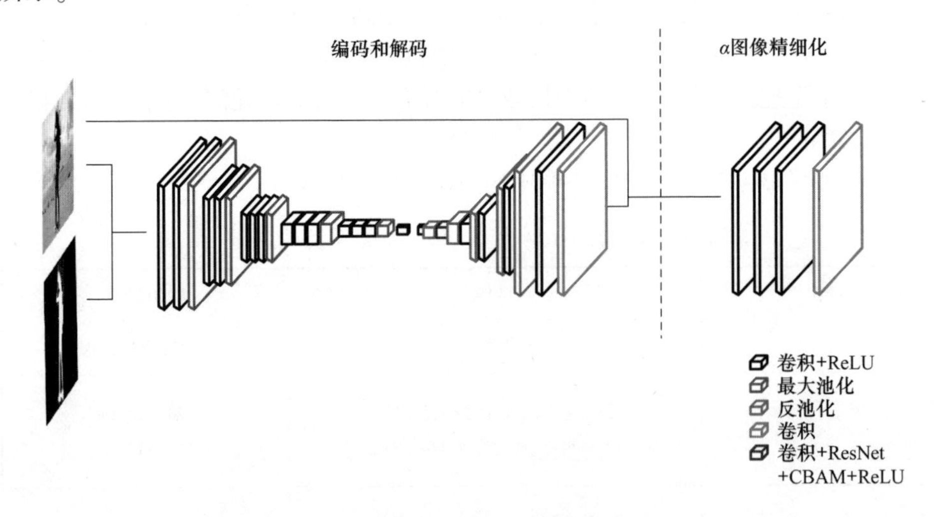

图 4.16 基于自动编解码器的卷积神经网络结构

1. 前景提取的编码和解码部分

编码部分首先使用变形后的 VGG-16 网络结构进行特征提取，同时将最后的三个全连接层换成了普通的卷积层，共包含 14 个卷积层;然后使用 5 个步幅为 2 的最大池化层，使得原始分辨率下降为 1/32。与 VGG-16 原网络结构类似，因为没有由全连接层组成的第六模块，所以本节所使用网络模型的编码部分只能划分为五个模块。每个模块除了生成下一模块所要输入的特征网络，还记录了该模块输出网络的尺寸与最大池化操作采样点的位置信息等。

解码部分在加深网络结构之前，只有 6 个卷积层和 5 个反池化层，这一部分也可以划分成与编码部分相对应的五个模块。每个模块根据上一模块输出的特征网络,以及编码部分记录的尺寸与位置信息,将特征网络的尺寸逐步还原到原始输入图像的大小,所以最后图片的分辨率与原始图像的尺寸一致。

由于使用的数据集较大,可以通过适当加深网络结构来提高模型预测的准确度,因此在解码部分的第一模块与第二模块之间插入了一个轻量的注意力模块(CBAM),使得该网络模型在通道维度和空间维度更加关注或识别目标前景物体。加深网络未必能使训练结果更好,故可以利用残差网络来保证改进后的模型得出的训练结果不差于加深网络之前。在解码部分的第一、第二模块之间所添加的注意力模块和残差网络结构如图 4.17 所示。

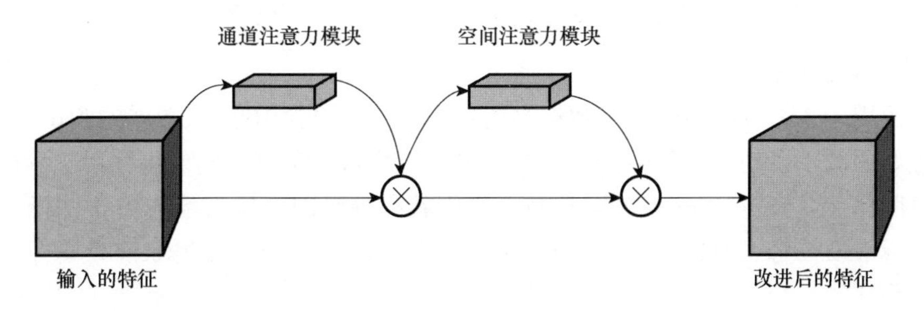

图 4.17　ResNet+CBAM

CBAM 包含通道注意力和空间注意力两个独立的子模块,分别使目标前景物体被提取出来的特征在通道维度和空间维度得到更多关注,经过注意力机制修正的特征往往可以影响最终透明度通道的预测结果,使生成的 α 图像更加准确。

此部分需要输入用于训练阶段的 58600 组彩色图像及其对应的 Trimap,每个批次的图像训练数据进入模型后,前向传播输出预测的透明度通道 α 值和预提取出的前景图像 RGB 三通道彩色值,使用以下两个损失函数分别计算预测透明度通道 α 值与真实透明度通道 α 值之间的差异和预提取前景图像 RGB 三通道彩色值与真实前景图像 RGB 三通道彩色值之间的差异:

$$L_{\alpha}^{i}=\sqrt{(\alpha_{p}^{i}-\alpha_{g}^{i})^{2}+\varepsilon^{2}}\quad(\alpha_{p}^{i},\alpha_{g}^{i}\in[0,1])\tag{4.31}$$

$$L_{c}^{i}=\sqrt{(c_{p}^{i}-c_{g}^{i})^{2}+\varepsilon^{2}}\tag{4.32}$$

然后模型根据这些差异值反向传播更新各个参数,从而降低预测 α 值、RGB 彩色值和真实 α 值、RGB 彩色值之间的差异,使模型预测的 α 图像不断趋近真实 α 图像。

通过以上过程描述可知,使用编解码结构的网络模型可实现将图像划分为前景区域和背景区域;同时,预测出的 α 图像不但能定位前景区域每个像素的位置,还能反映该像素的不透明度。

2. α 图像精细化部分

第一部分预测的 α 图像边缘过于平滑,因此需要扩展网络进一步细化,从而使最终生成的 α 图像边缘更精确。第二部分是一个小型全卷积网络,其包含 4 个卷积层,并且前 3 个卷积层都附加一个非线性的 ReLU 激活层。为了使第一阶段中被遗漏的细微结构得到保留,该部分不再进行降采样操作。

此部分以原始的彩色图像和前一部分预测得到的 α 图像作为输入,只使用式(4.31)计算细化的透明度通道 α 值与真实透明度通道 α 值之间的差异值,再根据这一差异值反向传播更新各个参数,从而求取更精确的 α 值,使最终得到的 α 图像边缘更接近真实前景对象的轮廓形态。

3. 测试部分

使用 4.3.1 节所述的训练数据集构建方法生成包含 1000 组图像的测试集,对训练好的基于自动编解码器的卷积神经网络模型进行测试。输入每张用于测试的彩色图像及其对应 Trimap,然后比较每张由卷积神经网络模型生成的 α 图像与对应的标准 α 图像,以此验证基于自动编解码器的深度抠图算法提取前景图像的积极效果。

为了评价本实验方法的有效性和可行性,本节主要采用了绝对误差(SAD)和均方误差(MSE)两种度量标准对加入通道注意力模块和空间注意力模块前后的测试结果进行评价,分别使用的计算公式如下:

$$\mathrm{SAD} = \sum_{Z} \mid \alpha_p - \alpha_g \mid \tag{4.33}$$

$$\mathrm{MSE} = \sum_{Z} (\alpha_p - \alpha_g)^2 / N \tag{4.34}$$

式中:α_p 为通过卷积神经网络模型生成的 α 图像的每个像素点值;α_g 为真实 α 图像的每个像素点值;N 为图像像素的总数量。

用于本实验测试集的数据量较大,仅在表 4.2 中表现了网络模型结构改进前后预测的 α 图像与标准 α 图像之间的绝对误差平均值和均方误差平均值。

表 4.2　模型改进前后 SAD 和 MSE 计算结果

网络模型	SAD	MSE
DIM	18830.565817	0.0750097
DIM-att	17457.621885	0.0616919

注:DIM 表示改进前的网络模型;DIM-att 表示改进后的网络模型。

从表 4.2 中可以看出,相对于 DIM 而言,由 DIM-att 预测的 α 图像与标准 α 图像之间的绝对误差和均方误差明显减小,说明经过改进后的网络模型训练结果更好,能够生成更接近真实 α 图像的透明度通道,提取前景物体的能力也得到了相应提升。

4.3.4 实验结果及数理分析

AMEW 数据集包含三种类型图像,分别为彩色图像、三元图像以及表示彩色图像中目标前景物体透明度通道的标准 α 图像。使用 Shared Matting、KNN Matting 以及本节构建的 DIM-att 网络对 AMEW 数据集进行前景图像提取,并选用 SAD、MSE 与 PSNR 作为评价指标,三种方法对 AMEW 数据集的 α 图像计算结果的评价如表 4.3 所列,部分图像的前景提取以及新图合成结果如图 4.18 和图 4.19 所示。

表 4.3 三种方法对 AMEW 数据集的 α 图像计算结果的评价

图像组别	SAD			MSE			PSNR		
	Shared Matting	KNN Matting	DIM-att	Shared Matting	KNN Matting	DIM-att	Shared Matting	KNN Matting	DIM-att
GT01	838	423	552	37.713	16.397	21.890	32.366	35.983	34.728
GT02	1129	1271	1145	54.736	49.719	53.811	30.748	31.166	30.822
GT03	4059	7684	5225	89.140	278.01	137.84	28.630	23.690	26.737
GT04	6848	11394	8887	152.96	334.17	199.22	26.285	22.891	25.137
GT05	657	1002	467	27.223	60.228	15.976	33.782	30.333	36.096
GT06	1600	2730	1336	44.725	120.38	29.965	31.625	27.325	33.365
GT07	1447	1936	1369	32.388	71.461	30.279	33.027	29.590	33.319
GT08	13812	21441	11484	365.97	705.82	281.59	22.496	19.644	23.634
GT09	3238	6700	3825	56.401	272.36	74.876	30.618	23.779	29.387
GT10	2120	2233	1883	79.131	109.10	73.757	29.147	27.753	29.453
GT11	3138	2564	2518	139.41	151.73	98.431	26.688	26.320	28.200
GT12	1222	1157	1362	33.373	44.238	42.926	32.897	31.673	31.804

续表

图像组别	SAD			MSE			PSNR		
	Shared Matting	KNN Matting	DIM-att	Shared Matting	KNN Matting	DIM-att	Shared Matting	KNN Matting	DIM-att
GT13	4657	3828	4691	205.08	126.80	205.64	25.012	27.100	25.000
GT14	942	1456	1225	25.317	59.050	31.328	34.097	30.419	33.171
GT15	1839	4596	1586	57.711	327.35	47.904	30.518	22.980	31.327
GT16	10981	15894	1697	986.65	1572.4	68.408	18.189	16.165	29.780
GT17	1951	5514	1906	41.629	261.71	45.574	31.937	23.953	31.544
GT18	1242	1319	1005	55.454	53.034	35.791	30.691	30.885	32.593
GT19	606	407	399	33.509	19.818	16.002	32.879	35.160	36.089
GT20	1470	1108	1375	41.575	28.252	42.622	31.942	33.620	31.834
GT21	4686	2874	3676	257.05	167.05	182.15	24.031	25.902	25.527
GT22	1774	1871	1368	29.343	49.449	30.102	33.456	31.189	33.345
GT23	1422	1690	1581	27.131	52.689	26.225	33.796	30.914	33.944
GT24	3271	7705	3188	153.85	474.37	114.44	26.260	21.370	27.545
GT25	8728	7578	5286	674.76	566.14	352.72	19.839	20.602	22.657
GT26	12859	10000	7491	755.96	623.69	417.56	19.346	20.181	21.924
GT27	5944	6846	4286	326.84	414.41	175.82	22.987	21.956	25.680

经过对比可知,与 Shared Matting、KNN Matting 相比,本节方法生成的 α 图像总体误差更小、质量更高,说明由本节构建的 DIM-att 网络预测的 α 图像更接近标准 α 图像,生成的透明度通道更准确,前景图像的提取效果更好。

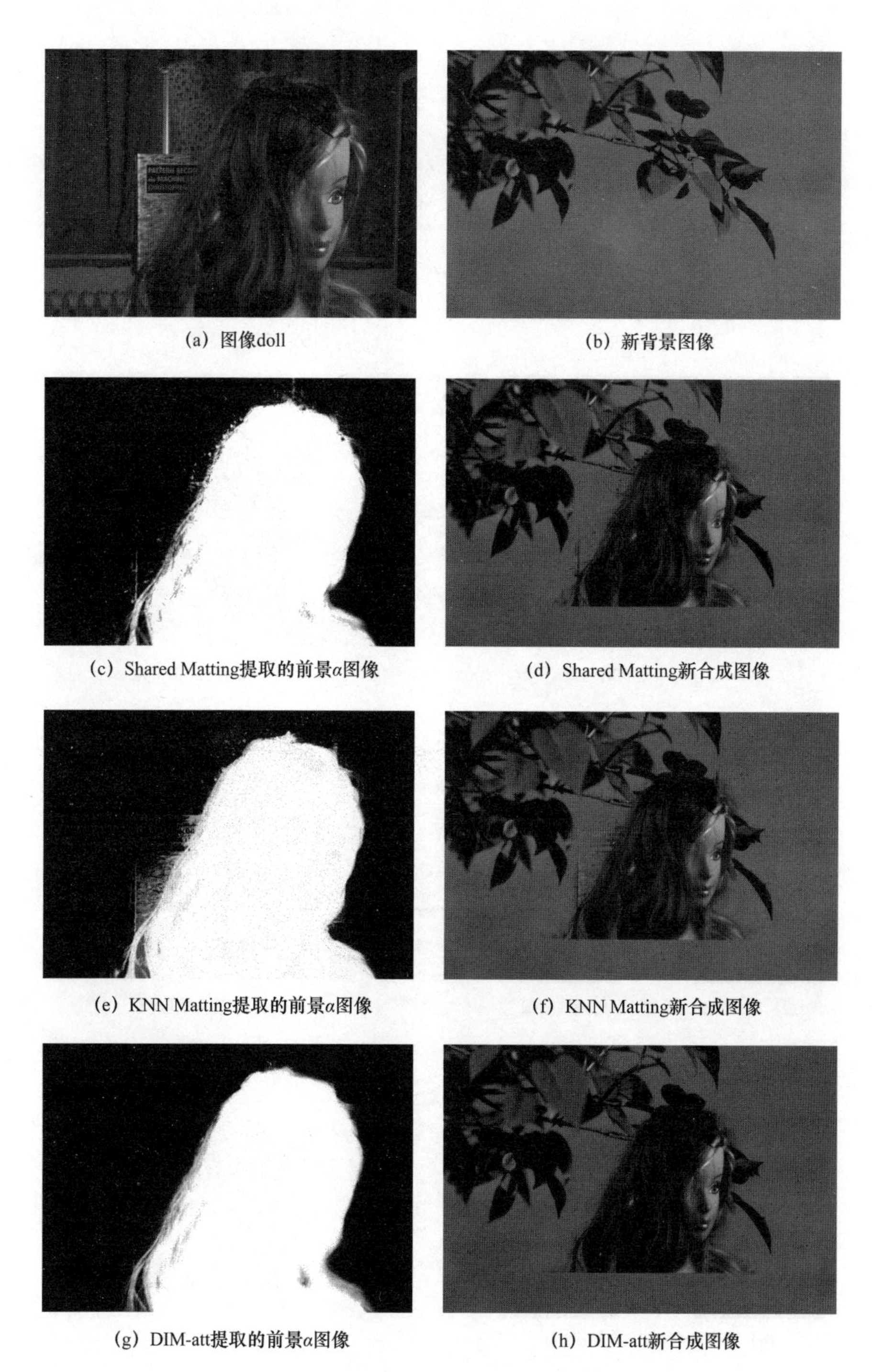

(a) 图像doll　(b) 新背景图像

(c) Shared Matting提取的前景α图像　(d) Shared Matting新合成图像

(e) KNN Matting提取的前景α图像　(f) KNN Matting新合成图像

(g) DIM-att提取的前景α图像　(h) DIM-att新合成图像

图 4.18　图像 doll 的前景提取与新图合成

(a) 图像troll
(b) 新背景图像
(c) Shared Matting提取的前景α图像
(d) Shared Matting新合成图像
(e) KNN Matting提取的前景α图像
(f) KNN Matting新合成图像
(g) DIM-att提取的前景α图像
(h) DIM-att新合成图像

图 4.19　图像 troll 的前景提取与新图合成

4.4 本章小结

本章首先介绍了数字化图像的感兴趣区域抠图的相关技术理论,为感兴趣区域抠图的实现提供了理论基础和方法依据,其中包括三分元素图、视觉显著度特性以及基于梯度场泊松抠图算法三个方面的知识内容。针对自然图像抠图方法中存在对先验知识过度依赖和交互输入烦琐的问题,本章介绍了一种融合多线索信息的感兴趣区域抠图方法,然后重点阐述了融合多线索信息的数字图像抠图方法的具体技术细节,该方法有三个步骤,分别为感兴趣区域粗分割、三分元素图提取和掩膜透明度估计。由感兴趣区域抠图的实验结果及数理分析可以得出,这种融合多线索信息的数字图像抠图方法得到了较为理想的前景抠图,实现了背景合成效果,扩展了自然图像抠图方法的使用范围,提升了自然图像抠图方法的自动化程度。同时,本章还介绍了一种端对端编解码器的感兴趣区域抠图方法,并重点阐述了端对端编解码器的感兴趣区域抠图方法中训练数据集构建、编解码器模块结构以及多维度注意力机制。最后通过实验对比可知,与 Shared Matting、KNN Matting 相比,本节方法生成的 α 图像总体误差更小、质量更高,生成的透明度通道更准确,前景图像的提取效果更好。

参考文献

[1] Cheng M, Mitra N J, Huang X, et al. Global contrast based salient region detection[C]//IEEE Conference on Computer Vision and Pattern Recognition (CVPR). Colorado Springs: IEEE, 2011: 409-416.

[2] Sun J, Jia J, Tang C K, et al. Poisson matting[J]. ACM Transactions on Graphics, 2004, 23(3): 315-321.

[3] Levin A, Lischinski D, Weiss Y. A closed form solution to natural image matting[C]//Proceedings of the 2006 IEEE Computer Society Conference on Computer Vision and Pattern Recognition. New York: IEEE Computer Society, 2006, 1: 61-68.

[4] Li J, Zhang J, Maybank S J, et al. End-to-end animal image matting[J]. arXiv e-prints, 2020: arXiv: 2010.16188.

第5章 人体姿态估计与面部数据重用

在运动姿态捕捉与数据虚拟重用过程中,骨骼运动数据捕捉的精确度和骨骼运动数据虚拟化重用的保真度直接影响虚拟化角色运动融合的真实感美学效果,同时骨骼运动数据捕捉方式的不同也在不同程度上影响表演者骨骼运动状态的真实表现,故运动姿态捕捉与数据虚拟重用对数字影视制作过程中虚拟角色的运动合成是不可或缺且极为重要的。

近年来,人体姿态估计技术和面部运动捕捉技术已广泛应用在多个领域,相比面部运动捕捉技术,人体姿态估计技术已经形成了较为完整的体系结构,面部表情运动捕捉技术还有待进一步增强。利用面部运动捕捉技术制作的3D科幻影视作品,很好地将人脸面部表情叠加到各类虚拟角色中,赋予了虚拟角色新的生命,更给广大影视观众带来震撼的视觉享受。正因如此,面部运动捕捉与数据虚拟重用等运动捕捉技术成为数字影视摄制技术中必不可少的要素。

为了提高拥挤人群场景的人体姿态估计准确率,本章阐述了一种基于多尺度特征融合的人体姿态估计算法。同时,为减少外界噪声干扰导致跟踪的人脸表情变化单一以及缺少一定的表情自由度问题,本章将采用级联回归引导的方式实现面部运动捕捉。

5.1 形状回归相关模型

人体姿态估计的主要任务是确定图像中各个人体的关键点信息,并且将属于同一个人的不同关键点连接起来以形成人体骨架。在姿态估计领域中,单人姿态估计的表现较为出色,而在多人姿态估计时,尤其是在拥挤人群场景中存在复杂姿势、尺度变化以及遮挡等诸多问题,导致多人姿态估计在检测精度上有所欠缺。目前,多人姿态估计大体分为自顶向下(top-down)与自底向上(bottom-up)两种方法。

在面部运动捕捉及数据重用方面,本节将介绍主动形状模型(ASM)和主动表现模型(AAM)。

5.1.1 HigherHRNet 深度网络

1. 网络结构

HigherHRNet 采用自底向上方法进行人体姿态估计,其主体网络结构使用了 HRNet,HRNet 将输入图像四分之一的特征图作为网络的第一阶段,通过不断地对高分辨率子网进行下采样为低分辨率子网形成多个阶段。各个阶段的子网以并行方式连接,该网络通过多次的多尺度特征融合以及信息交互,使网络在整个过程中都能保持丰富的高分辨率表示,从而得到更为精确的关键点信息。在采用自底向上方法进行人体姿态估计时,通常是在输入图像四分之一的特征图上预测热图,而图像四分之一大小的特征图又不足以精准地预测热图。因此,HigherHRNet 在 HRNet 尾部添加了一个反卷积模块,该模块将 HRNet 的特征图作为输入,生成输入图像二分之一大小的新特征图。

图 5.1 为 HigherHRNet 网络结构,该网络主要分为四个阶段,每个阶段采用并行的方式进行连接,每层特征图的分辨率依次减小二分之一,同时每层特征图的通道数为上一层的 2 倍。HigherHRNet 通过旋转、缩放以及平移等方式进行图像增广处理,将图像裁剪为 512×512 大小并送入网络中。该网络首先连续使用两个 3×3 的卷积,将图像分辨率下采样到输入图像的四分之一。然后,通过四个阶段的并行卷积得到分辨率为 128×128 大小的特征图,第一阶段由一层并行子网组成,第二阶段由两层并行子网组成,第三阶段由三层并行子网组成,第四阶段由四层并行子网组成。此外,第一阶段由四个残差模块 Bottleneck[1] 组成,并且其余阶段的每层子网均由四个残差模块 Basicblock[1] 组成,通过这样的处理方式可构成每个阶段的网络模块。HigherHRNet 网络中第二、三、四阶段采用的模块数分别为 1 个、4 个、3 个。最后,在第四阶段进行输出时只保留最高分辨率的特征图。

2. 分组算法

原始图像被送入网络模型后,每类关键点都会输出一个热图(heat map)和一个标签图(tag map),热图用于标记同类关键点中每个关键点在特征图上的位置,标签图用于将同类关键点中每个关键点分组到个人身上。在分组算法中采用关联嵌入方法[2],其本质是一种联合检测与分组方法,即网络结构在检测出每类关键点的同时,实现为检测出的每个关键点打上标签值。也就是说,如果有 m 个关键点需要预测,网络就会输出 $2m$ 个通道,其中 m 个通道用于检测出每类关键点,另外 m 个通道用于预测各个关键点的标签值。在分组算法中,属于同一个人的关键点标签值是相近的,而人与人之间关键点的标签值差值较大。分组算法通过标签值之间的差值大小来实现将关键点分配到个人身上,并且该方法能够很好地融入不同网络模型中。

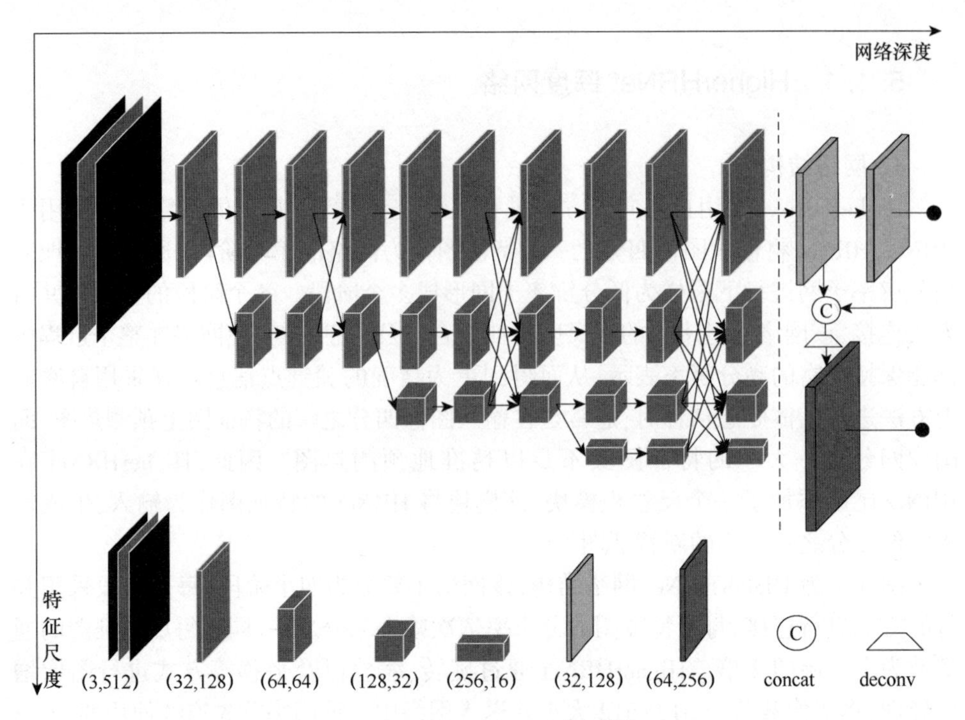

图 5.1　HigherHRNet 网络结构

5.1.2　主动形状模型

1995 年,Cootes 等[3]提出了主动形状模型[4],该模型在统计学模型的基础上,以待测物体的轮廓为基准,通过控制模型轮廓的形变参数最终与待测物体轮廓相匹配的算法(简称 ASM 算法)。

ASM 算法流程(图 5.2):首先对样本集进行训练,采用人机交互的手工标注方式获取样本集中人脸轮廓点集。在统计样本的基础上构建主动形状模型,利用主成分分析(PCA)法[5]对形状模型进行归一化操作,操作完成后建立局部灰度模型得到初始形状。对待测物体进行匹配时,通过更改灰度模型参数判断模型是否收敛,若收敛,则输出最终目标形状,若不收敛,则继续更改灰度模型参数并与待测物体进行重新匹配,直至收敛并输出最终目标形状。

主动形状模型主要由训练标注、建立模型、搜索定位三个阶段组成,下面主要对上述三个阶段进行详细阐述。

1. 训练标注阶段

拍摄环境中光线照射等差异的出现,可能会对图像的质量造成影响,导致图像出现多样性。因此,在利用主动形状模型对面部特征点进行定位之前,需要在样本

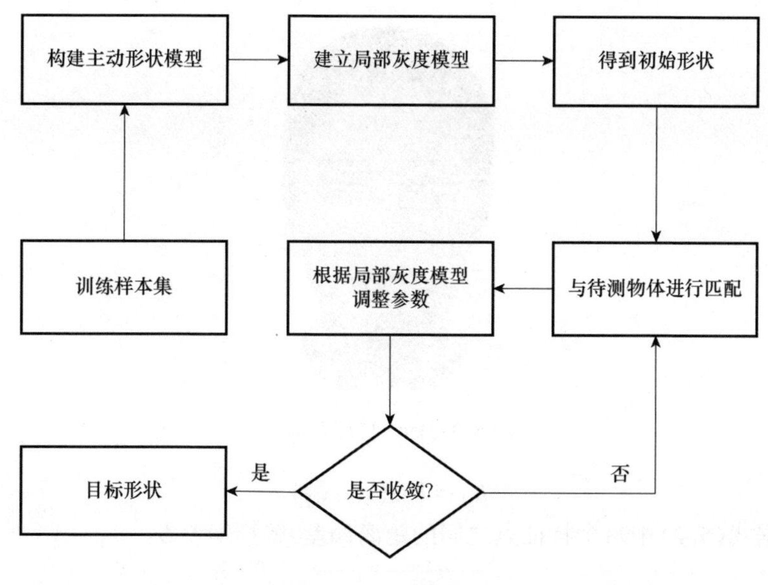

图 5.2　ASM 算法流程

中建立一个能够对常见的面部表情变化进行描述的几何形状模型。

训练标注阶段可分为特征点标注、计算特征点权值、对标注完成的特征点进行对齐操作三部分。

1)特征点标注

以不同类别、不同角度、不同姿态的人脸数据为样本集,为样本集中每张图像都标注 N 个特征点,利用这些特征点表示人脸形状,根据样本集中特征点的标注顺序依次存入向量 $\boldsymbol{x}_j$ 中,表达如下:

$$\boldsymbol{x}_j = (x_{j0}, y_{j0}, x_{j1}, y_{j1}, \cdots, x_{jk}, y_{jk}, \cdots, x_{j(N-1)}, y_{j(N-1)})^{\mathrm{T}} \tag{5.1}$$

式中:x_{jk}, y_{jk} 为第 j 幅图像中第 k 个特征点,按照该方式对每张图像中的面部特征点进行标注,完成标注后得到主动形状模型观察数据[6]。

特征点的数量应均衡分配,数量过多或数量较少均会对定位效果产生影响。标注特征示例如图 5.3 所示。

2)计算特征点权值

由于面部表情的变化幅度取决于面部特征的变化程度,嘴部、眼部、眉部周围的特征点变化幅度较大,而鼻部、耳部周围的特征点变化幅度较小。因此,为了权衡人脸不同位置特征点对于模型的影响,通常采用 Procrustes[7] 方法计算每一个特征点的权重值,再利用特征点的权重值对模型面部变化进行描述。

根据样本集中的 $\boldsymbol{x}_j$ 向量分别计算出两个已标注特征点之间的距离,表达如下:

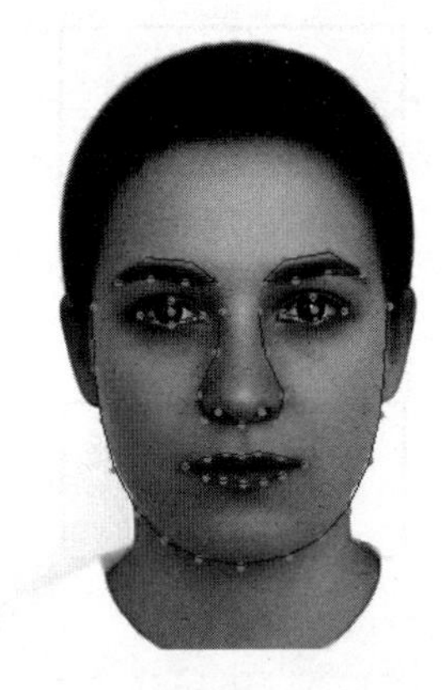

图 5.3　标注特征点示例

$$R_{jl} = \mathrm{Dis}(x_{jk}, x_{lk}) \tag{5.2}$$

根据式(5.2)中每个特征点之间的距离偏差,解算偏差 $\boldsymbol{S}$:

$$\boldsymbol{S} = \sqrt{\left(\frac{1}{N-1}\right)\sum_{i=1}^{N}(\boldsymbol{x}_i - \bar{\boldsymbol{x}})^2} \tag{5.3}$$

式中:$\bar{\boldsymbol{x}}$ 为平均人脸形状,$\bar{\boldsymbol{x}} = \frac{1}{N}\sum_{j=1}^{N}\boldsymbol{x}_j$;$N$ 为样本总数。

对式(5.3)中每个点的标准偏方差求和,再对结果取倒数,进而计算出每个特征点的权重值,表达如下:

$$W_j = \left(\sum_{i=1}^{N} S_{R_{ji}}\right)^{-1} \tag{5.4}$$

标注后的特征点集合构成了数据模型库,由于数据模型库中的模型在大小、位置、方向上均存在差异,既无法找到模型之间的形状变化规律,也无法对数据模型库的模型进行统一建模,需要对样本集的面部特征点进行对齐操作。根据形状变化的范围及规律构建相关统计形状模型,从而解决上述问题。

3)对标注完成的特征点进行对齐操作

需要对同一特征集合中的相同特征点进行比较,建立形状模型并找到形状变化规律。以形状模型中的一个形状为标准,使其他模型通过调整姿态参数与标准模型进行对齐,进而得到模型变化规律。在不改变形状模型整体面部轮廓的情况下,通常采用 Procrustes 方法对形状模型进行平移、旋转、缩放操作,最后将全部形状模型对齐于一个近似规则的人脸形状中,以此保证各个形状模型之间的距离平方最小,使待测图像中物体的基本轮廓与形状模型最大相似,从而解决外在原因所造成的非常规形状等冗余数据问题。

对齐操作步骤如下:

(1)选择其中一个较理想的形状向量作为初始形状向量,对其他形状向量与初始形状向量进行对齐操作;

(2) 求出对齐后所有形状模型的平均形状并进行归一化处理,将归一化处理后的平均形状作为初始向量,再对其他形状向量与平均形状进行对齐操作;

(3)重复步骤(1)、(2),当相邻两个平均形状向量之间的差值小于给定的特定值时,结束对齐操作,得到最终结果。

为了得到姿态参数,假设对向量$\boldsymbol{S}_1=(x_{01},y_{01},x_{11},y_{11},\cdots,x_{(n-1)1},y_{(n-1)1})$与$\boldsymbol{S}_2$进行对齐,对齐后$\boldsymbol{S}_2$的向量$\boldsymbol{S}_2'=(x'_{02},y'_{02},x'_{12}y'_{12},\cdots,x'_{j2}y'_{j2})$,再将两个向量对齐到同一坐标系下,利用加权最小二乘法求出旋转角θ、平移向量$\boldsymbol{t}$、缩放γ参数,根据旋转变化公式表达如下:

$$\boldsymbol{S'}_2=\boldsymbol{M}(\gamma,\theta)[\boldsymbol{S}_2]+\boldsymbol{t} \tag{5.5}$$

式中:$\boldsymbol{M}(\gamma,\theta)[\boldsymbol{S}_2]$为对$\boldsymbol{S}_2$进行转转和缩放后的结果;$\boldsymbol{t}$为对$\boldsymbol{S}_2$进行位移。通过下式可计算形状向量中$\boldsymbol{S}_1$、$\boldsymbol{S}_2'$特征点之间的加权距离:

$$\begin{aligned}d_{12'}^2=&w_{0x}^2(x'_{02}-x_{01})^2+w_{0y}^2(y'_{02}-y_{01})^2+w_{1x}^2(x'_{12}-x_{11})^2+\\&w_{1y}^2(y'_{12}-y_{11})^2+\cdots+w_{jx}^2(x'_{j2}-x_{j1})2+w_{jy}^2(y'_{j2}-y_{j1})^2\end{aligned} \tag{5.6}$$

或

$$d_{12'}^2=(\boldsymbol{S'}_2-\boldsymbol{S}_1)^{\mathrm{T}}\boldsymbol{W}^{\mathrm{T}}\boldsymbol{W}(\boldsymbol{S'}_2-\boldsymbol{S}_1) \tag{5.7}$$

将式(5.5)代入式(5.7),可得:

$$d_{12'}^2=(\boldsymbol{M}(\gamma,\theta)[\boldsymbol{S'}_2]+\boldsymbol{t}-\boldsymbol{S}_1)^{\mathrm{T}}\boldsymbol{W}^{\mathrm{T}}\boldsymbol{W}(\boldsymbol{M}(\gamma,\theta)[\boldsymbol{S'}_2]+\boldsymbol{t}-\boldsymbol{S}_1) \tag{5.8}$$

选取$\boldsymbol{S}_2$中的一组点x'_{2j}、y'_{2j},将其代入

$$\begin{bmatrix}x'_{2j}\\y'_{2j}\end{bmatrix}=\boldsymbol{M}(\gamma,\theta)\begin{bmatrix}x_{2j}\\y_{2j}\end{bmatrix}+\begin{bmatrix}t_x\\t_y\end{bmatrix}=\begin{bmatrix}\gamma\cos\theta & -\gamma\sin\theta\\\gamma\sin\theta & \gamma\cos\theta\end{bmatrix}\begin{bmatrix}x_{2j}\\y_{2j}\end{bmatrix}+\begin{bmatrix}t_x\\t_y\end{bmatrix} \tag{5.9}$$

再对式(5.9)进行化简,令$m_x=\gamma\cos\theta,m_y=\gamma\sin\theta$,得到:

$$\begin{bmatrix}x'_{2j}\\y'_{2j}\end{bmatrix}=\begin{bmatrix}m_x & -m_y\\m_y & m_x\end{bmatrix}\begin{bmatrix}x_{2j}\\y_{2j}\end{bmatrix}+\begin{bmatrix}t_x\\t_y\end{bmatrix} \tag{5.10}$$

对$\boldsymbol{S'}_2$中每个点都按照上述方式进行处理得到新的形状模型,可表达如下:

$$\boldsymbol{S'}_2=\begin{bmatrix}\begin{bmatrix}m_x & -m_y\\m_y & m_x\end{bmatrix}\begin{bmatrix}x_{02}\\y_{02}\end{bmatrix}+\begin{bmatrix}t_x\\t_y\end{bmatrix}\\\vdots\\\begin{bmatrix}m_x & -m_y\\m_y & m_x\end{bmatrix}\begin{bmatrix}x_{j2}\\y_{j2}\end{bmatrix}+\begin{bmatrix}t_x\\t_y\end{bmatrix}\end{bmatrix}=\begin{bmatrix}x_{02} & -y_{02} & 1 & 0\\y_{02} & x_{02} & 0 & 1\\\vdots & \vdots & \vdots & \vdots\\x_{j2} & -y_{j2} & 1 & 0\\y_{j2} & x_{j2} & 0 & 1\end{bmatrix}\begin{bmatrix}m_x\\m_y\\t_x\\t_y\end{bmatrix} \tag{5.11}$$

令

$$Z=[m_x,m_y,t_x,t_y]^{\mathrm{T}},A=\begin{bmatrix}x_{02} & -y_{02} & 1 & 0\\ y_{02} & x_{02} & 0 & 1\\ \vdots & \vdots & \vdots & \vdots\\ x_{j2} & -y_{j2} & 1 & 0\\ y_{2k} & x_{j2} & 0 & 1\end{bmatrix}$$

对式(5.11)进行化简,可得 $\boldsymbol{S'}_2=\boldsymbol{A}\cdot\boldsymbol{Z}$,再将其代入式(5.7),化简可得 $d_{12'}^2=(\boldsymbol{A}\cdot\boldsymbol{Z}^{\mathrm{T}}-\boldsymbol{S}_1)^{\mathrm{T}}\boldsymbol{W}^{\mathrm{T}}\boldsymbol{W}(\boldsymbol{A}\cdot\boldsymbol{Z}^{\mathrm{T}}-\boldsymbol{S}_1)$。当两点之间距离 $d_{12'}^2$ 最小时,即可求出表达式 $\boldsymbol{Z}=(\boldsymbol{WA})^{-1}\boldsymbol{W}\,\boldsymbol{S}_1$ 的值,进而求出 $\gamma=\dfrac{m_x}{\cos\left(\arctan\left(\dfrac{m_y}{m_x}\right)\right)},\theta=\arctan\left(\dfrac{m_y}{m_x}\right)$

对形状模型中每个点都进行上述操作,得到最终归一化后的 $\boldsymbol{S'}_2$,最终目标是使每个模型之间的差异达到最小,表达如下:

$$E_j=(\boldsymbol{S}_1-\boldsymbol{S'}_2)^{\mathrm{T}}\boldsymbol{W}(\boldsymbol{S}_1-\boldsymbol{S'}_2) \tag{5.12}$$

式中:$\boldsymbol{W}$ 为权值对角矩阵,$\boldsymbol{W}=\mathrm{diag}(w_{0x},w_{0y},\cdots,w_{jx},w_{jy})$,权值取决于每个标注点的稳定性,权值的含义也即是不同标定点之间的距离变换情况,距离变化越小,标注点越稳定,如图5.4所示。

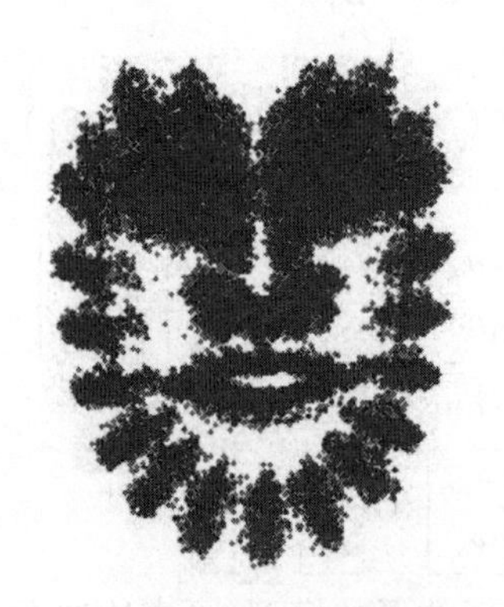

(a) 对齐前的面部轮廓

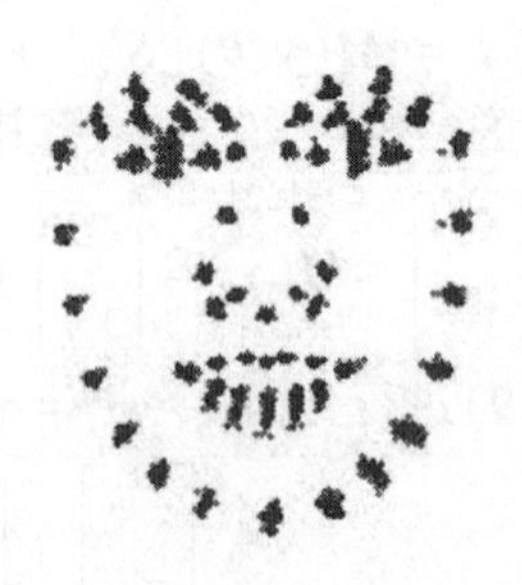

(b) 对齐后的面部轮廓

图5.4 面部轮廓图

2. 建立模型阶段

在主动形状模型的模型建立阶段,主要包含全局形状模型(global shape model)和局部灰度模型[8](local texture model)。

1)全局形状模型

在对样本进行对齐操作后,根据面部形状的变化规律构建出主动模型。在训练阶段,样本集中共有 N 个样本,每个样本均包含 M 个特征。由于计算量较大,采用主成分分析法对数据集进行降维[5],该方法是一种将原本处于高维空间的数据集转换到低维空间的线性变换过程。在处理过程中,通过计算样本之间的协方差矩阵计算其特征值和特征向量,并取较大 K 个特征值所对应的特征向量构成一个 $M \times K$ 阶特征矩阵,则原样本集可由该特征矩阵描述。

以训练标注阶段的样本集 $\boldsymbol{x}_j$ 、平均人脸形状 $\bar{\boldsymbol{x}} = \frac{1}{N}\sum_{j=1}^{N}\boldsymbol{x}_j$ 为例,计算出当前样本中标注点的坐标与平均人脸形状 $\bar{\boldsymbol{x}}$ 坐标之间的差值,使用 $\mathrm{d}\boldsymbol{x}_i$ 表示此差异,表示如下:

$$\mathrm{d}\boldsymbol{x}_j = [\boldsymbol{x}_j - \bar{\boldsymbol{x}}] \tag{5.13}$$

再计算向量之间的协方差和协方差的特征值,表达如下:

$$\boldsymbol{S} = \frac{1}{N}\sum_{i=1}^{N}\mathrm{d}\boldsymbol{x}_j\mathrm{d}\boldsymbol{x}_j^{\mathrm{T}} \tag{5.14}$$

$$\boldsymbol{S\alpha} = \boldsymbol{\lambda\alpha} \tag{5.15}$$

式中:$\boldsymbol{\lambda}$ 为特征值、$\boldsymbol{\alpha}$ 为特征向量。

通过计算可知,矩阵 $\boldsymbol{S}$ 得到了相互对应的特征值与特征向量 $\boldsymbol{\alpha}$,而且特征值 $\boldsymbol{\lambda}$ 与数据变化成正比关系。因此,需要关注数据集中变化量最明显的部分数据,再将计算后的特征值按大小进行排序,分析前 k 个特征值并对前 k 个特征值进行求和计算,使用变量 η 表示前 k 个特征值在全部特征值中所占的百分比,表达如下:

$$\frac{\sum_{i=1}^{k}\boldsymbol{\lambda}_i}{\sum_{i=1}^{n}\boldsymbol{\lambda}_n} \geqslant \eta \tag{5.16}$$

将 η 取值范围设为 0.9~0.98[9],按照上述比例关系,用前 k 个特征值的特征向量替换全部特征向量,基本可以重现比较真实的人脸形状。根据 k 个特征值的特征向量 $[\boldsymbol{s}_1, \boldsymbol{s}_2, \boldsymbol{s}_3, \cdots, \boldsymbol{s}_k]$ 即可获取形状模型:

$$\boldsymbol{S} = \bar{\boldsymbol{x}} + \sum_{i=1}^{k} p_i\boldsymbol{s}_i \tag{5.17}$$

式中: $\boldsymbol{s}_i$ 为形状向量; $\bar{\boldsymbol{x}}$ 为形状向量的平均值。

对形状控制参数 p_i 进行调整并与样本集进行拟合,为了有效地控制拟合程度, p_i 参数的变化范围[10]如下:

$$-3\sqrt{\boldsymbol{\lambda}_i} \leqslant p_i \leqslant 3\sqrt{\boldsymbol{\lambda}_i} \tag{5.18}$$

2)局部灰度模型

局部灰度模型的特征点与全局形状模型的特征点存在对应关系[11-12],每个特征点周围均具有灰度梯度,因此,采用平均纹理和协方差矩阵对灰度分布情况进行描述,如图 5.5 所示。

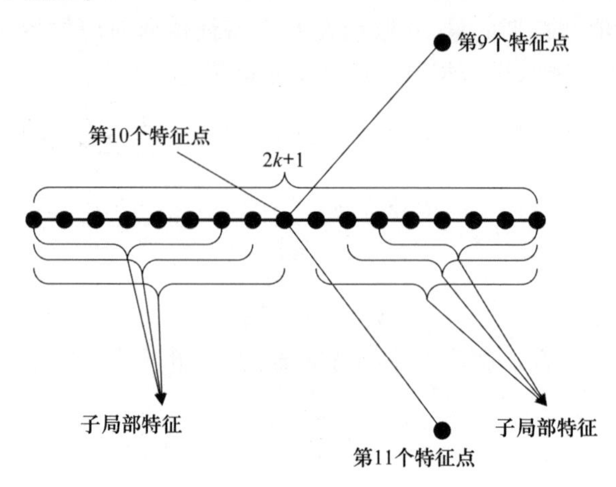

图 5.5　建立局部灰度模型

图 5.5 中第 i 幅图像中第 j 个标记点被定义为 g_{ij} ,以该点为中心作一条法线,并沿法线方向分别取该点两边的 k 个点,再取这些 $2k+1$ 个像素点的灰度值来描述这个特征点的灰度信息。按照顺序对其余特征点进行同样的处理,从而分别获取图像中每个像素点的局部特征信息,表达如下:

$$\boldsymbol{g}_{ij}=(g_{ij,1},g_{ij,2},\cdots,g_{ij,2k+1})^{\mathrm{T}} \tag{5.19}$$

$\boldsymbol{g}_{ij}$ 梯度计算公式如下:

$$\mathrm{d}\boldsymbol{g}_{ij}=(g_{ij,2}-g_{ij,1},\cdots,g_{ij,2k+1}-g_{ij,2k})^{\mathrm{T}} \tag{5.20}$$

样本受光照等条件差异的影响,应对梯度值做归一化处理,计算出每个特征点的平均灰度模型 $\boldsymbol{G}_{ij}$ 和协方差 $\boldsymbol{S}_{\boldsymbol{G}_{ij}}$ 。通过上述描述过程可对局部灰度模型进行建模,表达如下:

$$\boldsymbol{G}_{ij}=\frac{\mathrm{d}\boldsymbol{g}_{ij}}{\sum\limits_{k=1}^{2k}\mathrm{d}\boldsymbol{g}_{ij}} \tag{5.21}$$

当搜索图像中某一特征点的最佳候选点时,可将其转换为寻找采样灰度向量与模型向量之间的匹配问题,此过程需要计算对应的马氏距离 $d(\boldsymbol{G}_{ij})'$,表达如下:

$$d(\boldsymbol{G}_{ij})'=(\boldsymbol{G}'_{ij}-\overline{\boldsymbol{G}}'_{ij})^{\mathrm{T}}\boldsymbol{S}_{\boldsymbol{G}_{ij}}^{-1}(\boldsymbol{G}'_{ij}-\overline{\boldsymbol{G}}_{ij}) \tag{5.22}$$

当 $d(\boldsymbol{G}_{ij})'$ 最小时,该点为特征点的最佳位置。

3. 搜索定位阶段

对图像中面部特征点进行搜索定位时,特征点的最佳位置容易受到初始定位的准确性影响,导致搜索时出现偏差。Cootes[13]等提出采用多分辨率搜索策略,不仅增大了搜索特征点的范围,还使算法搜索的高鲁棒性与高效性并存。对一幅原始图像采用 5×5 高斯掩膜进行平滑操作后,再对其进行缩减处理。假设原始图像为 level No0, N_S 为当前特征点沿法线两边所取的样本点数据,则 P_S 为当前特征点在 $N_S/2$ 像素点范围内最佳候选点数据所占的比值。每经过一次平滑处理及向上采样操作后,图像的大小与原图像分辨率均降低为原来的一半,依次为 level No1、level No2、level No3、level No4,如图 5.6 所示。图像金字塔的层数越高,表明图像越小、图像分辨率越低。

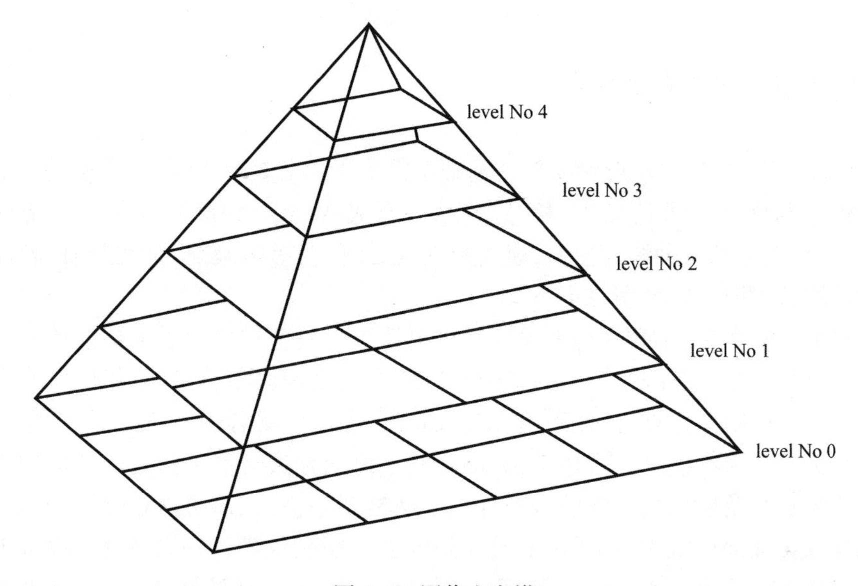

图 5.6 图像金字塔

在定位阶段[13],对每层图像的特征点利用局部灰度模型与全局形状模型,根据特征点的最佳位置以及特征点分布情况调整形状及姿态等参数,找到与最佳形状相似度最高的新形状,表达如下:

$$\boldsymbol{X}^k = \boldsymbol{M}(s,\theta)[\boldsymbol{x}] + \boldsymbol{T}_c \tag{5.23}$$

式中:初始情况下, $k = 0$; $\boldsymbol{x}$ 为平均人脸模型; $\boldsymbol{T}_c$ 为平移向量; $M(s,\theta)[\boldsymbol{x}]$ 为对平均人脸模型进行旋转、缩放的处理结果,通过调整模型参数使其拟合到新图像的近似面部形状。

在确定面部大致位置后,若起始特征点的定位为 x_i ,得到最佳特征点位置的调整变量为 dx_i ,则最佳特征点位置为 $x'_i=x_i + dx_i$ 。对模型的形状及姿态等参数进行调整,使初始特征点 x_i 与最佳的 x'_i 接近。当 $\boldsymbol{X}^k$ 与 $\boldsymbol{X}^{k+1}$ 之间的差距最小时, P_S 的值最大,则对该层收敛并继续对上一层采用同样方式进行搜索,直至最后一层收敛时,完成整个搜索过程。面部特征点搜索定位结果如图 5.7 所示。

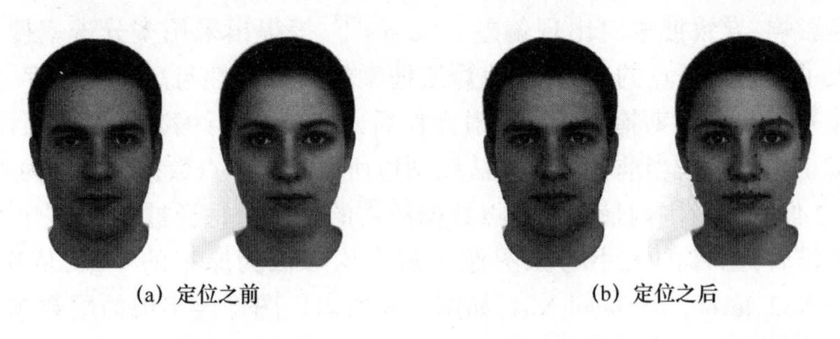

图 5.7　面部特征点搜索定位结果

5.1.3　主动表现模型

Cootes 等[14]在主动形状模型的基础上提出了主动表现模型，该模型是将面部形状信息与面部纹理信息[15]相结合，从而形成 AAM。AAM 包含了面部形状信息、面部纹理信息两种统计模型，通过控制 AAM 形变参数最终与待测物体轮廓相匹配的算法(简称 AAM 算法)。

在训练样本集方面，主动表现模型和主动形状模型均采用手工标注的方式对样本集进行训练。在统计样本的基础上构建主动表现模型，对样本集中所有点的集合统一进行归一化处理，并利用 Procrustes[7]方法对集合进行对齐操作，进而建立一个标准化形状模型。应用 Delaunay[16]三角化方法对手工标注所获取的每幅面部轮廓形状及标准化形状模型进行三角网格划分，将三角网格划分后的图像映射到标准化面部形状中，再通过主成分分析法[5]得到纹理特征向量 $\boldsymbol{A}_i$、面部形状特征向量 $\boldsymbol{S}_i$，最后得到 AAM。利用建立好的 AAM 在当前图像中搜寻最佳匹配结果，如图 5.8 所示。

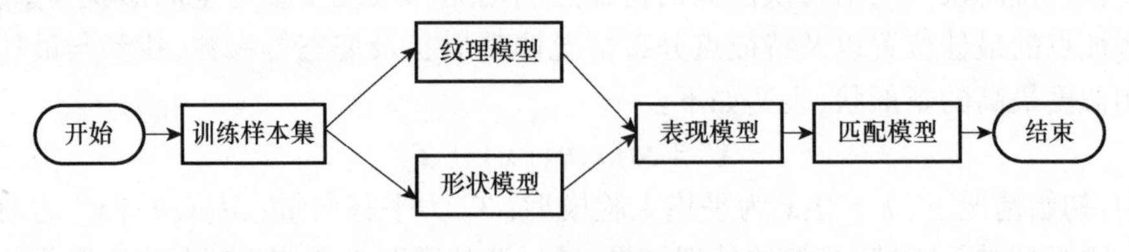

图 5.8　AAM 算法流程图

下面对主动表现模型的纹理建模阶段、表现建模阶段和搜索过程进行详细介绍。

1. 纹理建模阶段

利用 Delaunay[16]三角化方法对训练集图像及标准化人脸模型进行三角网格划分，通过对图像进行仿射变换，即可得到图像中面部特征点与对应区域之间的线性关系，如图 5.9 所示。

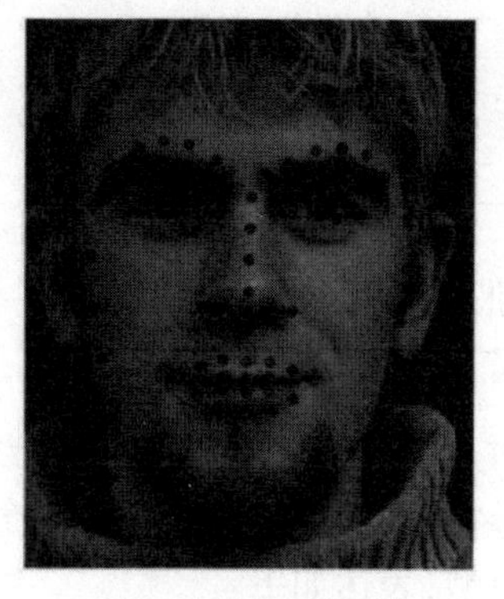
(a) 三角网格划分之前

(b) 三角网格划分之后

图 5.9 三角化示意图

对训练集的图像进行三角划分，对划分得到的三角面与经过 Procrustes 分析之后的标准化面部形状进行变形匹配，建立样本集中图像三角网格内像素点与标准化人脸形状内像素点之间的对应关系，从而构建出分段仿射变换关系 $x \rightarrow W(x:p)$ ，如图 5.10 所示。

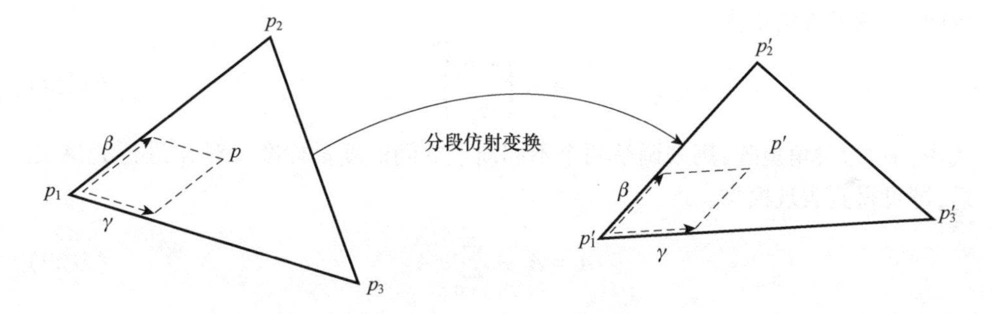

图 5.10 分段仿射变换

假设 p_1、p_2、p_3 分别代表样本集网格的三个顶点，三角网格的像素用 p 表示，则有

$$W(x:p) = \alpha p_1 + \beta p_2 + \gamma p_3 \tag{5.24}$$

式中：$\alpha + \beta + \gamma = 1$，点 p 处于三角形内部且满足 $0 \leqslant \alpha, \beta, \gamma \leqslant 1$ 的条件。

在对应的训练图像网格中，三角网格内像素点 p' 可表示如下：

$$W(x:p') = \alpha p_1{}' + \beta p_2{}' + \gamma p_3{}' \tag{5.25}$$

式中：p' 为需要映射的特征点坐标。

如果三角网格化各顶点坐标 $\boldsymbol{p} = [x, y]^{\mathrm{T}}$ ，$\boldsymbol{p}_1 = [x_1, y_1]^{\mathrm{T}}$ ，$\boldsymbol{p}_2 = [x_2, y_2]^{\mathrm{T}}$ ，$\boldsymbol{p}_3 = [x_3, y_3]^{\mathrm{T}}$ 为已知，则可得

$$\begin{cases}\alpha + \beta + \lambda = 1 \\ \beta = \dfrac{x_3y - x_1y - x_3y_1 - xy_3 + x_1y_3 + xy_1}{-x_2y_3 + x_2y_1 + x_1y_3 + x_3y_2 - x_3y_1 - x_2y_2} \\ \gamma = \dfrac{xy_2 - xy_1 - x_1y_2 - x_2y + x_2y_1 + x_1y}{-x_2y_3 + x_2y_1 + x_1y_3 + x_3y_2 - x_3y_1 - x_2y_2}\end{cases} \tag{5.26}$$

当求取 α、β、γ 的值之后，训练集中每张图像的三角平面均存在一组与之对应的仿射变化 $W(x;p)$，从而完成归一化过程。

对纹理信息实现归一化处理后，继续对其进行 PCA，则可得平均纹理 $\overline{\boldsymbol{T}}$ 和前 k 个纹理特征值向量 $\boldsymbol{T}_i$。由于纹理模型与形状模型分析方式相似，k 个纹理特征向量均存在 k 组线性表达式，进而得到纹理模型，表达如下：

$$\boldsymbol{T}(x) = \overline{\boldsymbol{T}}(x) + \sum_{i=1}^{k} \lambda_i \boldsymbol{T}_i(x)\,(x \in \bar{a}) \tag{5.27}$$

可将式(5.27)转换为 $\boldsymbol{T}(x) = \overline{\boldsymbol{T}}(x) + \boldsymbol{T}_i(x)\lambda_i$，其中 λ_i 是与纹理向量 $\boldsymbol{T}_i$ 所对应的纹理参数。

2. 表现建模阶段

将式(5.17)与式(5.27)进行组合得到表现模型，再将 b_s 与 b_g 合并后得到表现向量，该表现向量为

$$\boldsymbol{A} = \begin{pmatrix} \boldsymbol{w}_s b_s \\ b_g \end{pmatrix} \tag{5.28}$$

式中：$\boldsymbol{w}_s$ 为对角矩阵，用来调整两个不同向量之间的度量标准。对 $\boldsymbol{A}$ 进行 PCA 之后，即可得到表现模型：

$$\boldsymbol{A} = \overline{\boldsymbol{A}} + \sum_{i=0}^{t} c_i \boldsymbol{A}_i \tag{5.29}$$

式中：$\overline{\boldsymbol{A}}$ 为平均表现向量；$\boldsymbol{A}_i$ 为 PCA 分析后排列得到的表现特征向量矩阵；c_i 为控制变化参数。根据 c_i 与仿射变换相关参数 ϑ，即可得到 AAM 模型：

$$\boldsymbol{A}_m = \boldsymbol{T}(wap^{-1}(\boldsymbol{s}_m, \boldsymbol{g}_m);\vartheta) \tag{5.30}$$

式中：wap^{-1} 为将平均纹理模型 $\boldsymbol{g}_m$ 转化为形状模型 $\boldsymbol{s}_m$ 的处理过程，以 ϑ 为参数对 $\boldsymbol{A}_m$ 的结果进行仿射变换，计算出 $\boldsymbol{s}_m$，$\boldsymbol{g}_m$：

$$\boldsymbol{s}_m = \bar{\boldsymbol{s}} + p_s \boldsymbol{A}_s \tag{5.31}$$

$$\boldsymbol{g}_m = \bar{\boldsymbol{g}} + p_g \boldsymbol{A}_g \tag{5.32}$$

式中：式(5.31)、式(5.32)的 $\boldsymbol{A}_g$、$\boldsymbol{A}_s$ 均可由式(5.29)求得。

3. 搜索过程

主动表现模型的搜索过程是利用表现模型接近待测图像的目标物体轮廓，根

据两者差值不断进行修正。假设待测图像二者之间的最小化差值为 ΔT ,为了准确地定位特征点位置,可对模型参数 c_i 进行调整以使误差最小。

在传统 AAM 算法中,表现模型参数较多、维度较高,但其优化相对困难,因此,Cootes 等[14]提出了在搜索过程中对模型参数进行调整的方法[17]。当表现模型与待测图像进行匹配时,调整表现模型的相关参数以生成新实例模型,并且反复调整模型参数,使 AAM 模型与待测图像的形状与纹理进行匹配,进而得到最终模型。搜索过程如下。

(1)在搜索图像阶段需要提取纹理信息,计算出纹理差值:

$$\omega g = g_i - g_m \tag{5.33}$$

(2)计算当前纹理的误差:

$$E\omega = | \omega g |^2 \tag{5.34}$$

(3)当前模型姿态参数 $\delta p = - R\omega g$,其中, R 代表纹理差值 ωg 与 δp 之间的线性关系。

(4)初始情况下 $k = 1$,进而更新模型姿态参数 $p = p + k\delta p$ 。

(5)计算出更新姿态参数后的纹理差值 $\omega g'$ 、纹理偏离程度 $E\omega' = | \omega g' |^2$。

(6)当 $E\omega' < E\omega$ 时,AAM 模型与待测图像的物体形状、纹理匹配度最高,从而可确定面部特征点位置;否则,将 k 值改为初始情况的一半,不断迭代修正模型姿态 p ,搜索流程如图 5.11 所示。

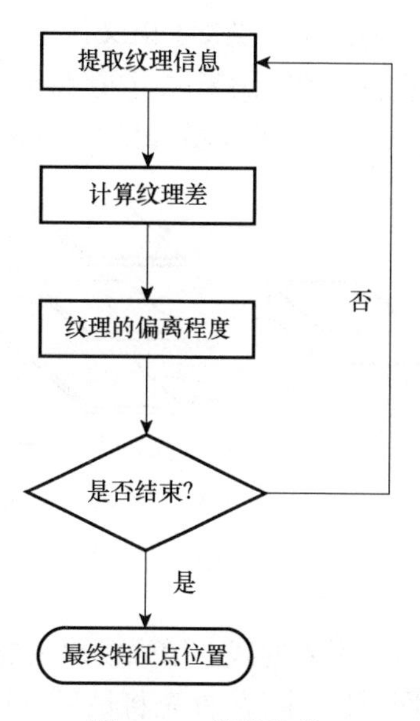

图 5.11　搜索流程

5.2　多尺度特征融合的人体姿态估计

为了提高拥挤人群场景的人体姿态估计准确率,本节主要阐述一种基于多尺度特征融合的人体姿态估计算法。针对不同尺度人体场景中姿态估计的准确率低问题,本节引入残差增强模块(residual feature augmentation, RFA)[18],使网络模型能保留更为丰富的关键点信息;而针对拥挤人群中存在的遮挡问题,引入一种基于注意力的多尺度融合模块。本节以高分辨率网络为基础,构建融合了残差增强模块以及多尺度融合模块的网络结构,将其命名为多尺度特征融合的高分辨率网络(multiscale fusion HRNet, MsF-HRNet)。利用 CrowdPose 数据集对 MsF-HRNet 网络模型进行参数训练和验证,由实验结果可知,其平均准确率已达到 69.3%,相较于 DEKR-W32 约提升了 3.6 个百分点。

5.2.1 自适应特征增强模块

HigherHRNet 尾部在进行不同尺度的特征融合时,先通过一个 1×1 卷积将四层不同尺度的特征图通道数统一变为 32,再通过上采样操作将不同大小的特征图统一调整为输入图像的 1/4 大小,即特征图的分辨率为 128×128。但是在进行 1×1 卷积操作时,不同尺度的特征图通道数被减小到 32,而特征图的大小却不变,这在一定程度上损失了语义信息,从而产生关键点信息识别错误的问题,尤其是对于第四层的特征图来说,直接将通道数为 256 的特征图变成了通道数为 32 的特征图。为此,引入残差增强模块,其网络结构如图 5.12 所示。

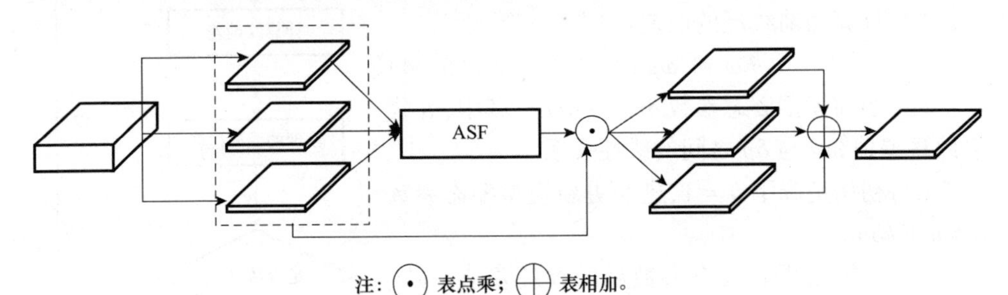

图 5.12 残差增强模块网络结构

引入的残差增强模块主要用于 HigherHRNet 网络结构中通道数为 256 的特征图,具体来说,首先将最后一层特征图的执行比例分别设置为 0.1、0.2、0.3,然后使用自适应池化层生成三个通道数为 32 的特征图,最后利用自适应空间融合模块(adaptive spatial fusion, ASF)自适应地融合这些特征,其结构如图 5.13 所示。

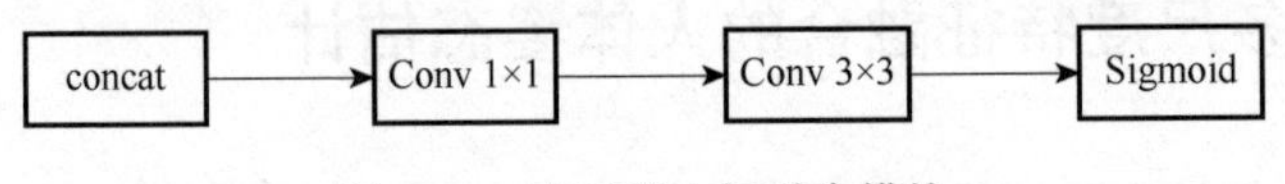

图 5.13 自适应空间融合模块

图 5.13 中,ASF 模块将三个特征图拼接在一起,再通过两个卷积层以及 Sigmoid 函数来生成权重向量,再将生成的权重向量与三个通道数为 32 的特征图进行点乘来自适应融合。另外,通过引入残差增强模块尽可能地减少了语义信息的丢失,从而对关键点信息进行更准确的检测与分类。

5.2.2 多尺度特征融合模块

HigherHRNet 在进行最终融合时会存在两种问题,即空间采样不准确和通道采样不准确。首先,HigherHRNet 在进行最终的多尺度特征融合时,采用最近邻插值法进行上采样操作,最近邻插值法通过复制相邻像素的值来实现特征图分辨率放大。由于存在许多不同分辨率的特征图,通过插值法进行上采样不仅会为后续引入许多不必要的参数,而且会由于融合一些错误的信息导致关键点检测不准确,甚至出现错误,这就是空间采样不准确性。其次,HigherHRNet 采用直接相加的方式融合通过简单上采样方式得到的特征图。由于相邻层的相应通道所包含的信息是不同的,即一些特征图包含了检测对象重要的抽象信息,而一些特征图则包含了有助于理解对象边缘的信息。由于这些信息的重要程度不同,通过直接相加的方式将这些信息融合到一起,而不利于精确地定位关键点信息,这就造成了通道采样的不准确性。

由于 HigherHRNet 存在空间采样不准确以及通道融合不准确的问题,因此引入了一种结构简单的特征金字塔结构,即对偶细化金字塔结构(dual refinement feature pyramid networks, DRFPN)[19],其结构如图 5.14 所示。

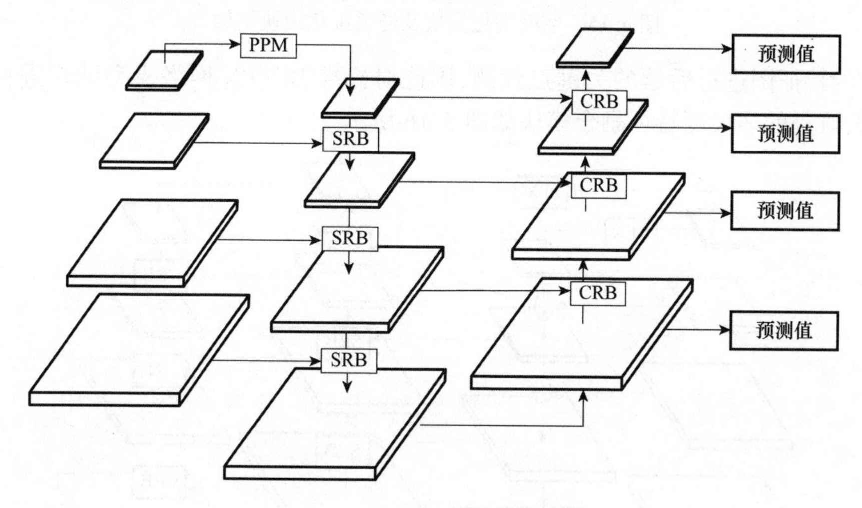

图 5.14　对偶细化金字塔结构

如图 5.14 所示,DRFPN 主要采用了两个不同的模块来分别处理空间采样不准确以及通道融合不准确的问题。空间细化模块(spatial refinement block, SRB),根据相邻层之间的信息自适应地学习采样点位置以及内容,其结构如图 5.15(a)所示。通道细化模块(channel refinement block, CRB),学习通道之间的重要程度,以更好地区分出前景与背景,其结构如图 5.15(b)所示。

如图 5.15(a)所示,SRB 模块首先通过合并相邻层之间的信息来学习采样点偏移量,再使用全局信息来细化采样位置的权重,从而使采样结果更准确。如图 5.15(b)所示,CRB 模块类似于 SENet[20],通过引入通道注意力机制来学习通道的权重,从而区分出背景与物体。由于 HigherHRNet 网络结构最后只需要高分

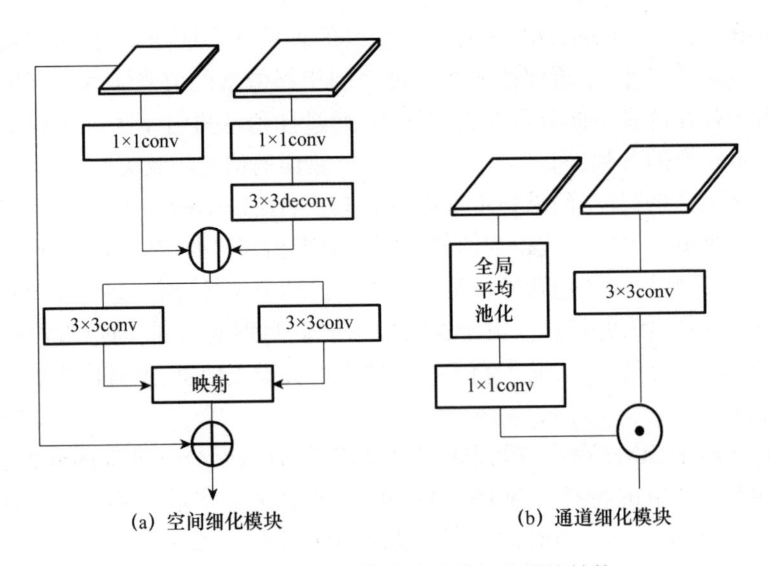

图 5.15　空间细化模块及通道细化模块结构

辨率的特征图进行后续的关键点预测,因此对标准 DRFPN 网络模型结构进行了改进,改进的多尺度特征融合模块如图 5.16 所示。

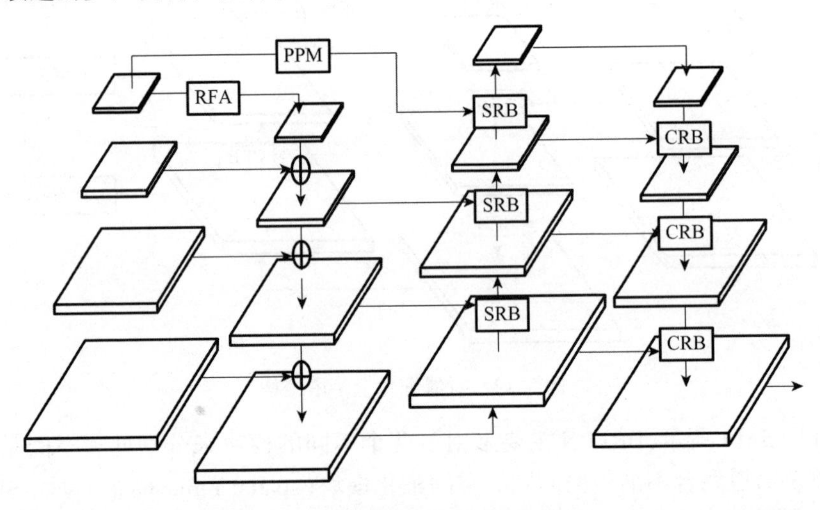

图 5.16　改进的多尺度特征融合模块

改进后的特征融合结构首先执行一个残差增强模块(RFA),对得到的特征图进行上采样,并以与相邻层相加的方式将信息融入不同尺度特征图中;然后从高分辨率特征图到低分辨率特征图进行空间细化,再从低分辨率特征图到高分辨率特征图进行通道细化;最后将所有信息聚合至高分辨率特征图。此时,即可将改进后的多尺度融合模块放置于 HRNet 网络结构尾部。

5.2.3 训练损失函数构建

1. 数据集与评价指标

本节使用了 CrowdPose[21]公开数据集进行实验验证,该数据集含有较多人群拥挤的场景图像,相比其他数据集更加具有挑战性,其中训练集包含 10000 张图片、验证集包含 2000 张图片、测试集包含 8000 张图片。CrowdPose 数据集采用基于对象关键点相似性(object keypont similarity,OKS)的平均准确率(average precision, AP)作为评估模型准确率的评价指标。

在预测时所使用的评价指标包括:mAP 表示 OKS 为 0.50、0.55、…、0.90、0.95 等 10 个阈值时,检测所有关键点准确率的平均值;AP(easy)表示拥挤系数(Crowd Index)为 0~0.1 的关键点预测准确率;AP(medium)表示拥挤系数为 0.1~0.8 的关键点预测准确率;AP(hard)表示拥挤系数为 0.8~1 的关键点预测准确率。

在上述评价指标中,OKS 的具体计算方法表达如下:

$$\mathrm{OKS} = \frac{\sum_i \exp\left(-\frac{d_i^2}{2s^2k_i^2}\right)\delta(v_i > 0)}{\sum_i \delta(v_i > 0)} \tag{5.35}$$

式中:d_i 为预测关键点与标注关键点之间的欧氏距离;v_i 表示关键点是否可见,v_i 取值为0、1、2,当 $v_i = 0$ 时表示关键点未标注,当 $v_i = 1$ 时表示关键点标注了但不可见,当 $v_i = 2$ 时表示关键点标注了且可见;s 为物体尺度;k_i 为关键点控制衰减常数;$\delta(vi > 0)$ 的值为0或1,当 $v_i > 0$ 时,$\delta(v_i > 0) = 1$,否则其值为0;OKS 为关键点之间的平均相似度,同时取值为0~1,并且其值越接近1表示预测越准确。

拥挤系数(Crowd Index)的具体计算方法如下:

$$\mathrm{CrowdIndex} = \frac{1}{n}\sum_{i=1}^{n}\frac{N_i^b}{N_i^a} \tag{5.36}$$

式中:n 为图像中的总人数;N_i^a、N_i^b 分别表示为属于第 i 个人与其他人的关键点数量,则它们的比值表示为第 i 个人的拥挤比例。拥挤系数的取值为0~1,其值越接近1表示图像中的人数越多,即越拥挤。

2. 损失函数

HigherHRNet 网络模型的损失函数主要分为两部分:热图损失(Heatmap Loss)、分组损失,网络模型的总损失为二者之和。

热图损失的定义如下:

$$\text{Heatmaploss} = \frac{1}{n}\sum_{i=1}^{n}(g_i - gt_i)^2 \tag{5.37}$$

式中：n 为关键点的个数；g 为预测关键点的位置；gt 为数据集中标记的关键点位置。

分组损失 L_g 则定义为

$$L_g(h,T) = \frac{1}{N}\sum_{n}\sum_{k}(h_n - h_k(x_{nk}))^2 + \frac{1}{N^2}\sum_{i}\sum_{j}\exp\{-(h_i - h_j)^2\} \tag{5.38}$$

式中：式(5.38)的前半部分表示单人内部的分组损失，后半部分表示人与人之间的分组损失；N 为图像中的人数；h_n 为预测出的标签值；$h_k(x_{nk})$ 为单人所有标签值的平均值；h_i 为第 i 个人标签值的平均值；h_j 为第 j 个人标签值的平均值。

5.2.4 实验结果及数理分析

1. 模型训练

在进行模型训练时，先采用随机旋转、随机缩放以及随机平移等图像增强方式进行数据扩充，其中，随机旋转角度为[-30°, 30°]，随机缩放的比例因子为[0.75, 1.5]，随机平移的偏置量为[-40, 40]，然后，通过裁剪的方式将输入图像大小变为512×512，利用对实验数据的预处理可以有效地解决因样本尺寸不同、分布不均匀而导致预测准确率低的问题[22]。

实验所使用的系统为 Ubuntu 20.04，CPU 型号为 Intel i9-10980XE，显卡型号为 NVIDIA GeForce RTX 3060，实验过程中使用了两块同型号显卡，编程语言为 Python，深度神经网络框架使用了 PyTorch。在初始化阶段，训练模型的学习率为 0.0005，衰减系数为 0.1，并且分别在 200、260 迭代周期时对学习率进行衰减，训练所使用的优化器为 Adam，总训练轮数为 300 轮，mini-batch 设置为 8。

2. 实验结果分析

为了验证残差增强模块以及改进的特征金字塔结构的有效性，使用 CrowdPose 进行 3 组对照实验，相关数据如表 5.1 所列。

表 5.1 消融实验结果 单位：%

模型	mAP	AP(easy)	AP(medium)	AP(hard)
HigherHRNet	68.0	75.6	68.4	60.3
HigherHRNet-RFA	69.0	76.5	69.5	60.7
HigherHRNet-DRFPN	68.9	76.2	69.6	60.3
MsF-HRNet	69.3	76.5	69.9	61.2

表 5.1 中所进行的实验均使用了 HigherHRNet[23] 的预训练模型，其中：HigherHRNet 为未添加任何模块的实验结果;HigherHRNet-RFA 为添加了残差增强模块的实验结果,相比原模型,各精度均有所提升;HigherHRNet-DRFPN 为添加了 DRFPN 模块的实验结果,平均准确精度(mAP)提升了 0.9 个百分点;MsF-HRNet 为添加了改进 DRFPN 的实验结果,平均准确精度(mAP)提升了 1.3 个百分点。从各个模型的实验对比情况来看,本节模型进一步提升了姿态估计的精度。

为了更加直观地显示实验结果的有效性,下面将与主流人体姿态估计算法的验证数据对比,如表 5.2 所列。

表 5.2　与主流人体姿态估计算法的验证数据对比　　单位:%

模型	mAP	AP(easy)	AP(medium)	AP(hard)
CrowdPose[21]	66.0	75.5	66.3	57.1
SWAHR[23]	54.9	64.4	55.4	45.5
DEKR-W32[24]	65.7	73.0	66.4	57.5
DEKR-W48[24]	67.3	74.6	68.1	58.7
MsF-HRNet	69.3	76.5	69.9	61.2

从表 5.2 的结果对比情况来看,对于 CrowdPose 数据集而言,本节所改进的模型精度优于之前的主流模型结构。表 5.2 中所对比的 SWAHR 模型以及 DEKR-W32 模型都是采用通道数为 32 的模型进行测试,DEKR-W48 模型是采用通道数为 48 的模型进行测试。由于文中未给出 SWAHR 预训练模型,因此,该结果采用本节实验环境进行训练并测试而得到。从数据对比结果上来看,本节改进模型的平均准确率达到了 69.3%,比 CrowdPose 高了 3.3 个百分点,比 SWAHR 模型高了 14.4 个百分点,比 DEKR-W48 提高了 2.0 个百分点。综合来看,MsF-HRNet 网络模型各项指标均有所提升。

3. 实验结果可视化

在 CrowdPose 数据集上,可视化 DEKR-W32、HigherHRNet、MsF-HRNet 共 3 种人体姿态估计方法的实验结果,对比结果如图 5.17 所示。CrowdPose 数据集中主要以拥挤场景为主,本节从 CrowdPose 数据集中选择物体严重遮挡的场景图、不同人体尺度的场景图、人与人相互遮挡的场景图,并且对这三类典型场景进行可视化。

图 5.17 中使用黑色方框圈出人体姿态估计的骨骼可视化情况,从物体严重遮挡场景图的可视化结果可以看出,图 5.17(a)中 DEKR-W32 模型中人物的头部关键点处预测错误,图 5.17(b)中 HigherHRNet 会在遮挡处错误地估计出部分人体骨骼,而 MsF-HRNet 能够有效地对严重遮挡的人体进行姿态估计。从不同人体尺度的场景图中可以看出,DEKR-W32 与 HigherHRNet 在黑色方框内均有预测错误

(a) DEKR-W32结果可视化

(b) HigherHRNet结果可视化

(c) MsF-HRNet结果可视化

图 5.17　主流算法的人体姿态估计结果可视化对比

的地方,而 MsF-HRNet 能够有效地对图像中不同尺度的人体进行姿态估计。对于存在自遮挡的场景图像而言,本节方法相较于 DEKR-W32 和 HigherHRNet,能够有效地对被遮挡的人体进行姿态估计。为了使实验结果更具说服力,在 Crowd-Pose 数据集上可视化了部分实验结果。

图 5.18 中改进后的模型结构在应对一些复杂场景时,仍然能够较好地预测出正确的人体姿态。实验结果表明,本节方法在多人的复杂场景下具有较好的鲁棒性和较高的检测准确率。

5.3　级联回归引导的面部运动捕捉

由于无标记面部表情运动捕捉需要使用人脸地标特征来描述面部表情运动情况,因此人脸地标特征提取结果的精准度将直接影响面部表情运动捕捉的有效程度。因为单目视觉系统只能描述人脸地标特征的平面运动情况,而无法描述人脸地标特征的三维运动情况,所以在进行面部表情运动捕捉时,将使用双目视觉系统来捕捉左、右视角的人脸图像。因此,本节介绍了一种基于线索引导的面部运动捕

图 5.18　复杂场景中人体姿态估计效果

捉方法,该方法利用级联回归模型方式对人脸地标特征进行精确定位,然后根据左、右视角人脸地标特征的匹配关系计算出深度值,从而根据地标线索信息和深度线索信息来描述人脸地标特征在三维空间中的运动状态。

图 5.19 为基于线索引导的面部运动捕捉过程,首先分别对左、右视角人脸图像进行区域定位和地标特征提取;然后根据左、右视角人脸地标特征的匹配关系估算出各个地标特征的三维坐标位置;最后对人脸地标特征点的运动情况进行描述并将该面部表情传递给三维虚拟模型,以实现真实面部表情的虚拟化。

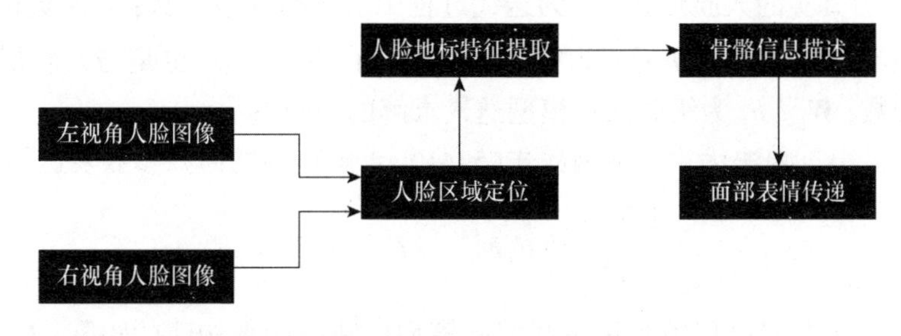

图 5.19　基于线索引导的面部运动捕捉过程

5.3.1 级联回归模型

传统的人脸特征点定位算法需要手工对训练样本集进行定位,其对复杂且大量的人脸图像是不可靠的,而基于级联回归模型的人脸特征定位则利用了若干级联回归器对人脸特征点之间的约束不断更新级联回归器中的参数[25]。由于级联回归模型采用局部描述子对人脸特征点进行定位,其不易受到外界环境因素造成的影响,且级联回归模型对复杂的非线性函数有较强的映射能力,因此级联回归模型成为研究的热点[26]。

基于级联回归模型的人脸特征点定位,首先通过人脸检测器对输入图像进行检测得到初始人脸形状 I_0^S,通过回归器进行回归残差求解,再将多个级联回归器 $M_R=\{R_1,R_2,R_3,\cdots,R_T\}$ 进行迭代拟合求解最优的回归残差。通过式(5.39)对人脸形状 I_{i-1}^S 进行更新为 I_i^S :

$$I_i^S=I_{i-1}^S+R_i(I,I_{i-1}^S) \tag{5.39}$$

式中:I_i^S 为时刻 i 对应的人脸形状;$R_i(I,I_{i-1}^S)$ 为弱回归器 R_i 对图像 I 求解的人脸形状 I_{i-1}^S 进行形状更新值 I_i^S 。

将第 i 个回归模型中的回归器 $R_i(I,I_{i-1}^S)$ 用下面形式描述:

$$R_i(I,I_{i-1}^S)=\{\boldsymbol{W}_i,\boldsymbol{b}_i\} \tag{5.40}$$

式中:$\boldsymbol{W}_i$ 为回归器的映射矩阵;$\boldsymbol{b}_i$ 为回归器映射函数的截距。

为了进行拟合求解回归参数,对目标函数式(5.40)进行最小二乘法优化求解,得

$$\begin{aligned}&\frac{1}{T}\arg\cdot\min_{\boldsymbol{W}_i}\sum_{i=1}^{T}\|I_{i*}^S-I_i^S-R_i(I,I_i^S)\|_2^2+\lambda\|\boldsymbol{W}_i\|_2^2\\&=\frac{1}{T}\arg\cdot\min_{\boldsymbol{W}_i}\sum_{i=1}^{T}\|I_{i*}^S-I_i^S-\boldsymbol{W}_i f(I,I_i^S)-\boldsymbol{b}_i\|_2^2+\lambda\|\boldsymbol{W}_i\|_2^2\end{aligned} \tag{5.41}$$

式中:I_{i*}^S 为真实的人脸形状;I_i^S 为迭代过程中求解的人脸形状;λ 为防止过拟合优化的控制权重系数;$f(I,I_i^S)$ 为级联回归模型的映射函数,也是与人脸形状特征相关的函数;$\boldsymbol{W}_i$ 、$\boldsymbol{b}_i$ 为级联回归模型迭代求解的回归参数。

通过最小二乘法优化目标函数式(5.41),求解得到的回归参数表达如下:

$$\begin{bmatrix}\boldsymbol{b}_i^{\mathrm{T}}\\\boldsymbol{W}_i^{\mathrm{T}}\end{bmatrix}=(\boldsymbol{F}_i\boldsymbol{F}_i^{\mathrm{T}}+\lambda\boldsymbol{E}_n)^{-1}\boldsymbol{F}_i I_M^S \tag{5.42}$$

式中:$\boldsymbol{F}_i$ 为在求解过程中利用级联回归模型中映射函数构建的矩阵;$\boldsymbol{E}_n$ 为单位对角矩阵;I_M^S 为初始人脸形状特征和真实人脸形状特征的差值。求解完第 i 个

回归器的回归参数后,即可利用式(5.43)对第 $i+1$ 次的人脸形状特征进行更新:

$$I_{i+1}^{S} \leftarrow I_{i}^{S} + \boldsymbol{W}_i f(I, I_i^S) + \boldsymbol{b}_i \tag{5.43}$$

5.3.2 主体区域检测

为了实现主体人脸区域的检测与定位,本节首先通过使用方向梯度直方图(Histogram of Oriented Gradient, HOG)算法检测人脸特征信息,再结合 AdaBoost 算法对检测到的人脸特征信息进行人脸定位。由于 HOG 算法对人脸特征提取时具有不受外界环境光照等干扰的优点,因此使用 HOG 算法能够更好地对人脸特征进行描述。基于 AdaBoost 的人脸检测定位算法是一种训练学习的过程,首先需从人脸样本图像中提取出特征值,使用人脸特征值中具有较强分类的特征信息来构建 AdaBoost 算法的弱分类器,AdaBoost 算法通过迭代更新弱分类器的权值,最后将弱分类器结合成一个能够实时对图像进行人脸定位的强分类器[27]。

HOG 算法由于采用了方向梯度直方图作为人脸特征描述子,其对图像局部信息和图像边缘方向信息进行了很好的描述,因此广泛应用于人脸识别过程中[28]。HOG 算法的基本思想是将一幅图像分成若干单元格,再将若干单元格合成块,对每个单元格进行像素点的梯度信息统计,再统计块中的特征梯度信息,最后以一定步长进行窗口检测,并将串联检测到的各个块的特征梯度信息作为 HOG 算法特征描述子。为了避免外界环境光的干扰以及局部阴影的影响,HOG 算法首先对输入图像进行灰度化,再采用 Gamma 压缩法对灰度化后的图像进行归一化。又因为梯度信息能够凸显图像的轮廓信息,所以利用梯度算子对图像在 x 轴方向和 y 轴方向进行卷积处理,以取得人脸图像的可用轮廓信息。

HOG 算法的具体实现步骤如下:定义一个移动网格窗口,该窗口由以特征点为中心的 8 像素×8 像素邻域大小构成,其中窗口移动的步长可根据图像大小进行定义。对移动窗口进行分单元块处理,即将移动网格窗口分割成 4 个单元块,每个单元块的大小都是 4 像素×4 像素。采用中心对称梯度算子对像素的梯度值求解,即利用式(5.44)求解每个单元块中像素的梯度信息。

$$\begin{cases} m(x,y) = \sqrt{[I(x+1,y) - I(x-1,y)]^2 + [I(x,y+1) - I(x,y-1)]^2} \\ \theta(x,y) = \arctan((I(x,y+1) - I(x,y-1)) / [I(x+1,y) - I(x-1,y)]) \end{cases} \tag{5.44}$$

式中:$I(x,y)$ 为移动窗口中点 (x,y) 处的像素值;而 $m(x,y)$ 、$\theta(x,y)$ 分别为该像素的梯度幅值和梯度方向。

对每个单元块内的梯度信息进行梯度方向直方图统计,也就是将计算的梯度方向在空间中分割成 8 个角度区间,将每个单元块内相同的梯度方向进行加权投影统计,其中加权投影采用梯度幅度值进行加权,统计完成后得到单元块的 8 维梯度方向直方图。将移动窗口中 4 个单元块的 8 维梯度方向直方图进行联合统计,得到一个 32 维的梯度方向直方图特征信息。在移动窗口对整幅图像都遍历完成后,级联所有移动窗口遍历的 32 维梯度方向直方图特征,即得到该图像的 HOG 特征向量。

由于 AdaBoost 算法是一个自适应训练学习算法,其自适应地通过对若干弱分类器更新权重值构建成一个强分类器。因此在得到图像的 HOG 特征向量后即可利用 AdaBoost 算法对其进行人脸区域定位,AdaBoost 算法将每个 HOG 特征对应一个弱分类器。

AdaBoost 算法步骤如下:设 AdaBoost 算法的训练集有 n 个样本,分别为 (x_1,y_1) 、(x_2,y_2) 、…、(x_n,y_n) ,其中为了区分样本是否为人脸,用 $y_i = \{1,0\}$ 表示真、假人脸样本,而用 $f_m(x_i)$ 表示人脸图像样本 x_i 的 m 个特征向量信息。为每个 $f_m(x_i)$ 构建对应的弱分类器如式(5.45)所示,其中 p_j 一般取值为 1 或 -1 并决定不等号的方向,而 θ_j 表示为该弱分类器的阈值。对每个输入的人脸样本进行初始权值设定,如果样本有 l 个真值人脸样本,则对真值人脸样本设置其权值为 $w_{1,i} = 1/(2l)$,其中,$l > 1$;而对非人脸样本设置其权值为 $w_{1,i} = 1/(2(n-l))$,其中,$n > l$:

$$h_j(x) = \begin{cases} 1 & (p_j f_j(x) < p_j \theta_j) \\ 0 & (\text{其他}) \end{cases} \tag{5.45}$$

AdaBoost 算法一共训练 T 次,对每次 $t = 1,2,\cdots,T$ 训练都进行以下操作:首先利用式(5.46)对权值进行归一化处理;接着对每个特征 j 进行弱分类器的训练学习,通过 $\varepsilon_{t,i} = \sum_{i=1}^{n} w_{t,i} |h_{t,j}(x_i) - y_i|$ 对训练特征 j 进行错误率计算;最后提取错误率最小的弱分类器。利用 $w_{t+1,i} = w_{t,i} \times (\varepsilon_t/(1-\varepsilon_t))^{1-e_i}$ 对 n 个样本的权值进行更新,如果样本被正确分类则 $e_i = 0$,否则 $e_i = 1$。训练完成后,将所有的弱分类器组合连成一个强分类器如式(5.47)所示,其中 $\delta_t = \log((1-\varepsilon_t)/\varepsilon_t)$ 。

$$w_{t,i} = w_{t,i} / \sum_{i=1}^{n} w_{t,i} \tag{5.46}$$

$$h(x) = \begin{cases} 1 & \left(\sum_{t=1}^{T} \delta_t h_t \geqslant \frac{1}{2} \sum_{t=1}^{T} \delta_t \right) \\ 0 & (\text{其他}) \end{cases} \tag{5.47}$$

5.3.3 尺度特征点提取

在一幅面部表情捕捉图像中,利用主体区域检测过程中描述的人脸区域定位方法,可能会得到多组人脸区域定位结果,这里将只选取所占区域最大的一组人脸定位区域作为当前有效的人脸区域,该人脸区域记为 F^e 。由于受到光照、噪声等影响,人脸地标特征的检测结果可能会出现静帧抖动的现象,本节将利用多尺度人脸地标特征检测的方式来削弱抖动。其首先通过对视频帧进行逐帧多尺度人脸地标特征检测,然后将相邻的视频帧进行尺度统一化,从而使视频帧中的抖动现象明显削弱。

假如对某一视频帧 V_{frame}^k 进行多尺度人脸地标特征检测,在进行有效的人脸区域定位时,经过反复验证得知:人脸区域所在图像的分辨率至少需要 100 像素×100 像素,因此可利用该最小分辨率对面部表情捕捉图像进行尺度划分。假设面部运动捕捉设备拍摄到的图像分辨率为 $\rho_h \times \rho_v$,则该图像多尺度划分中最小尺度为 $\sigma_{\min} = \min(100/\rho_h, 100/\rho_v)$ 。针对捕捉设备的不同,尺度划分的个数也将有所不同,其可通过实验进行人为设定,本节假设所需划分的尺度数为 η 。在进行多尺度人脸地标特征检测的过程中,需从划分的最小尺度空间逐步回归至其他尺度空间对人脸地标特征进行定位,因此不同尺度空间之间的移动步长为 $\xi_{\text{step}} = (1 - \sigma_{\min}) / \eta$ 。

在某一尺度 $\sigma_i [i \in (1,2,\cdots,\eta)]$ 下进行人脸地标特征检测时,首先使用主动形状模型得到初始人脸地标特征,然后再利用级联回归模型对初始人脸地标特征进行准确定位。为了快速地检测人脸地标特征,本节将原始检测到的有效人脸区域 F^e 映射到尺度 σ_i 中记为 $F_{\sigma_i}^e$,只需在映射后的人脸有效区域 $F_{\sigma_i}^e$ 中进行人脸地标特征检测即可。如果在该尺度 σ_i 中没有检测到符合条件的人脸地标特征,则利用移动步长的方式过渡到下一个尺度空间 $\sigma_{i+1} = \sigma_i + \xi_{\text{step}}$ 进行人脸地标特征检测。直到在某一尺度检测到有效的人脸地标特征,则停止尺度空间移动。

假如视频帧 V_{frame}^k 在尺度 σ_α^k 中检测到人脸地标特征,而其相邻帧 V_{frame}^{k+1} 在尺度空间 σ_β^{k+1} 中检测到人脸地标特征,则需将相邻帧进行尺度统一化,其中选择最小尺度 $\sigma_{\min}^k = \min(\sigma_\alpha^k, \sigma_\beta^{k+1})$ 作为统一化后的基准尺度。通过对视频帧进行上述多尺度人脸地标特征检测,即可削弱外界因素对人脸地标特征检测造成的影响,尤其是抖动等现象。

对于每一时刻的面部表情运动来说,仅仅使用当前帧的人脸地标特征将无法准确描述其表情状态,因为任意时刻的面部表情运动都是相对而言的。从本质上说,面部表情运动捕捉就是获取当前时刻人脸地标特征与初始人脸地标特征的相对位移关系。

由于无标记面部表情运动捕捉过程中捕获的是真实人脸的地标特征运动情况,因此将捕获到的地标特征直接赋予三维虚拟模型有可能会出现表情不明显或表情错位等情况。为了使捕获到的地标特征能够适用于多数三维虚拟模型,需要以特征位置归一化的形式使用面部表情运动数据。

5.3.4 实验结果及数理分析

在解决运动捕捉与数据虚拟重用问题方面,本节介绍了一种基于级联回归引导的面部运动捕捉方法。为验证该算法的可行性、有效性和鲁棒性,本节将使用多组测试图像进行实验,并进行充分的数理分析、定性分析和定量分析。

为了验证基于级联回归引导的面部运动捕捉方法的可行性和有效性,本节将分别从人脸区域定位及多尺度特征点提取和面部运动捕捉数据绑定两个方面对该方法各阶段的具体处理效果进行详细说明。

1. 人脸区域定位及多尺度特征点提取

首先根据主体区域检测中的人脸区域定位方法确定出人脸所在方形区域,然后根据确定出的人脸有效区域对人脸地标特征进行提取以描述当前面部表情状态。为了验证对人脸区域定位及人脸地标特征点提取的有效性和准确性,本节进行了多组面部表情图像中人脸区域定位和地标特征提取的检测。

图 5.20 为人脸区域检测与地标特征提取,所使用的面部表情图像均来自 JAFFE(the japanese female facial expression)标准数据集。图 5.20 中共包含了五组人脸测试图像,其中,第一列为面部表情的人脸区域定位,第二列为基于主动形状模型的人脸地标特征提取结果,第三列为基于级联回归模型的人脸地标特征提取结果。可以看出,在进行人脸地标特征提取时,仅使用主动形状模型方式得到的人脸地标特征会存在较大误差,例如,最后一组测试图像中使用主动形状模型方式获取的人脸地标特征在嘴角处出现明显偏差(如图 5.20 人脸区域检测及地标特征提取的第五组测试图像),而使用级联回归模型方式得到的人脸地标特征则能够更为精准地描述人脸特征点位置。因为无标记面部表情运动捕捉严重依赖人脸地标特征的提取精度,所以使用级联回归模型的方式进行人脸地标特征提取具有相当重要的作用。

由于受到光照、噪声、图像质量等影响,提取到的人脸地标特征极易出现静帧抖动的现象,如果对面部表情图像进行必要的缩放操作则会在一定程度上将细微抖动情况过滤掉。根据不同的光照等条件,最小可识别的面部表情图像尺寸可能会发生变化,但在一般情况下,通过具体人脸识别实验分析得到以下结论:面部表情图像的尺寸达到宽、高 100 像素左右即可。在对标准图像进行定位与人脸地标特征提取时,均假设摄像机与头部运动具有相对的刚性不变性,这样就可以在初始帧的时刻,根据检测到的人脸区域所占比例得到帧图像的最小可用尺寸,不仅能够保持原有特征点坐标位置的不变性,还能够在很大程度上提高其实时性。

在实验过程中,原始面部表情图像的宽、高均为 512 像素。在表 5.3 不同尺度特征偏移量和运行时间对比实验分析中,分别分析了面部表情图像被压缩成 256

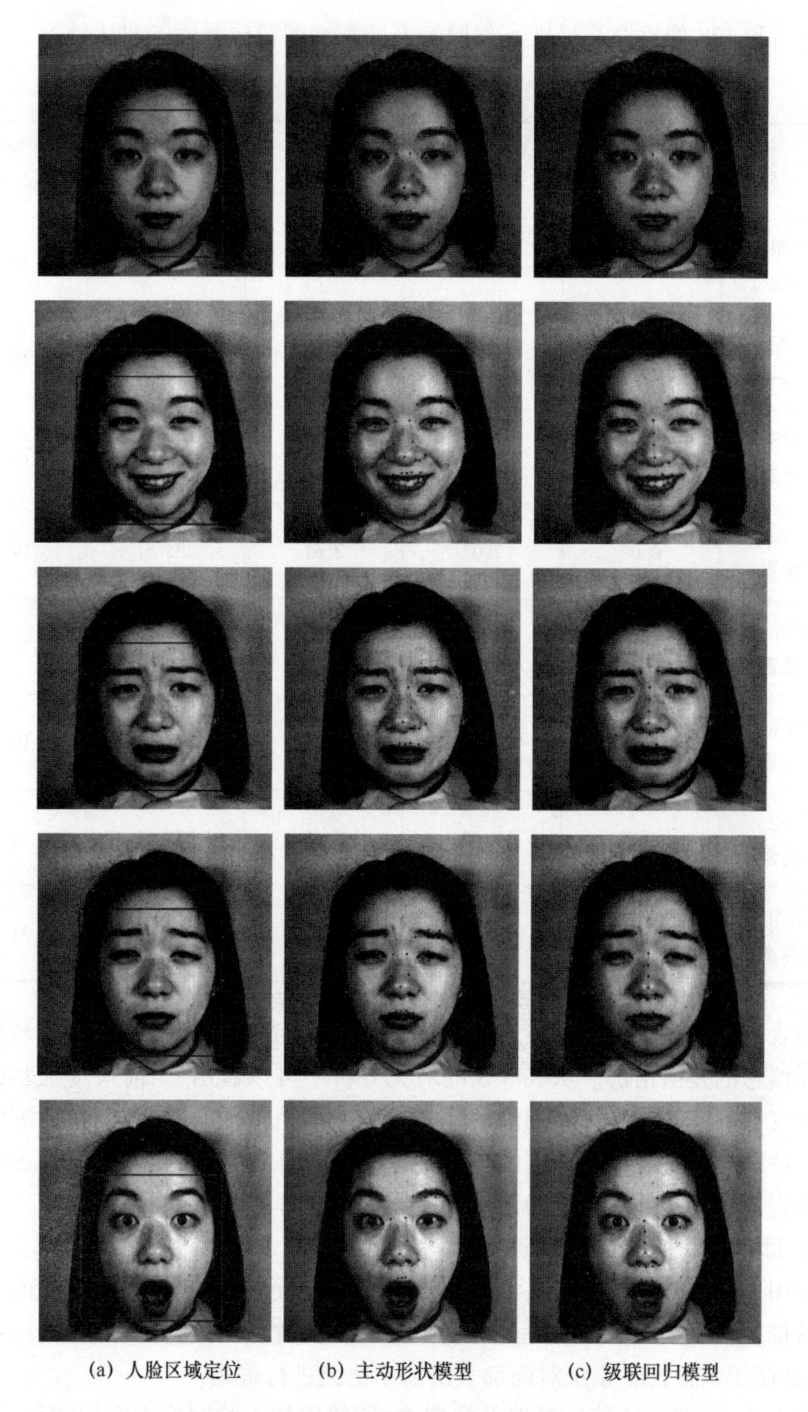

(a) 人脸区域定位　　(b) 主动形状模型　　(c) 级联回归模型

图 5.20　人脸区域检测及地标特征提取

像素宽高和128像素宽高尺度下与原始面部表情图像检测值的对比情况。

表5.3　不同尺度特征偏移量和运行时间对比实验分析

尺度空间	最小偏差/像素	最大偏差/像素	平均偏差/像素	原始尺度检测时间/ms	当前尺度检测时间/ms
第二组（256像素）	0.13	6.40	1.87	305.06	79.35
第二组（128像素）	0.16	8.06	2.73	305.06	20.99
第三组（256像素）	0.11	10.20	2.67	285.51	73.18
第三组（128像素）	0.07	7.07	2.61	285.51	19.91
第四组（256像素）	0.29	6.40	2.75	277.21	74.78
第四组（128像素）	1.01	19.65	4.51	277.21	19.45
第五组（256像素）	0.35	7.62	2.68	288.88	74.51
第五组（128像素）	1.07	13.15	4.38	288.88	21.61

在表5.3中，最小偏差、最大偏差、平均偏差均为当前尺度特征信息与原始尺度特征信息的差值情况。从表5.3的对比分析中可以看出，当前尺度人脸图像的检测速度与其下一尺度人脸图像的检测速度基本是4倍的关系，而且检测到的人脸地标特征点并没有出现严重的坐标偏移问题，所以对小尺度人脸图像进行定位与特征提取完全能够保持原始面部表情形态且提高了实时性。

2. 面部运动捕捉数据绑定

使用人脸区域定位及多尺度特征点提取方法，可以得到较为精准的面部表情地标特征，它保证了面部表情运动捕捉的数据有效性。在进行面部表情运动捕捉时，此处使用双目视觉系统对面部表情运动情况进行采集。

图5.21面部表情特征提取及绑定中，所使用的人脸图像为实拍图像，拍摄过程中头部与双目视觉系统保持刚性不变。

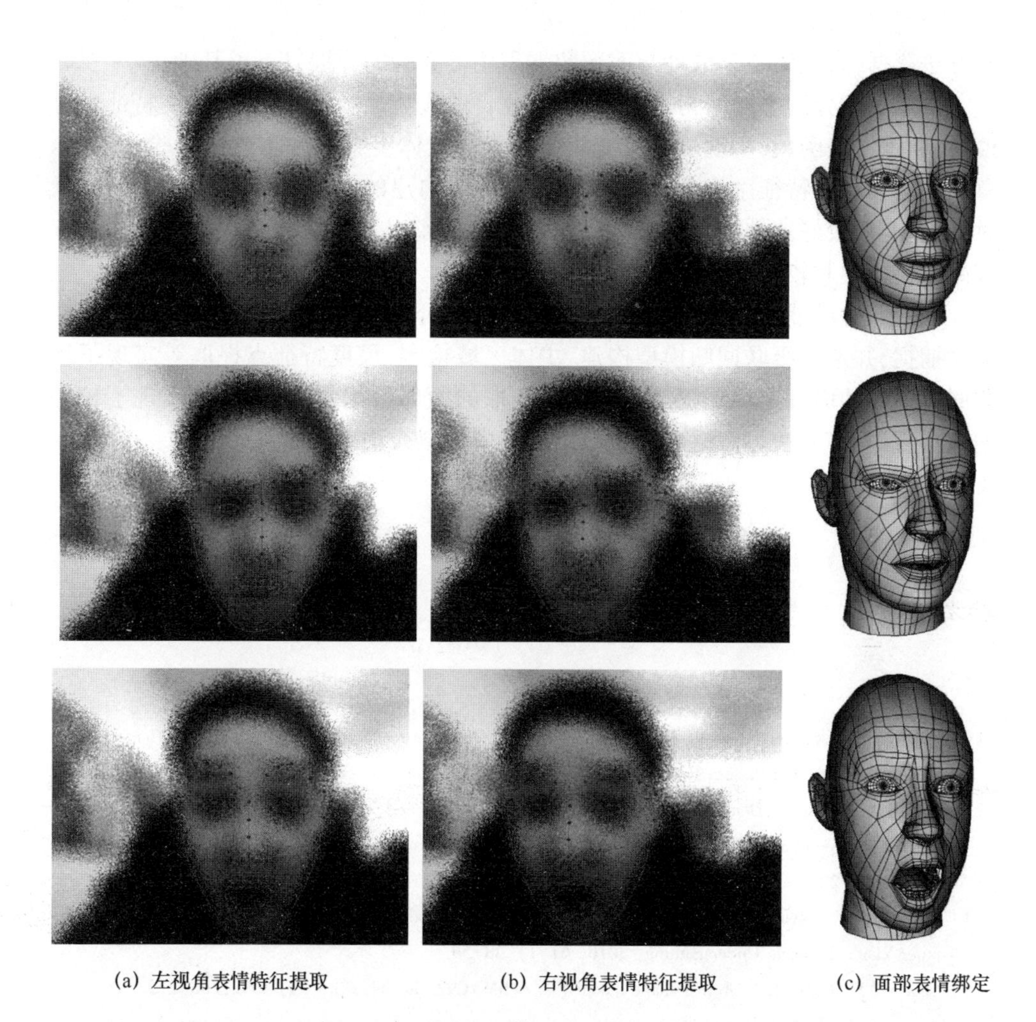

图 5.21　面部表情特征提取及绑定

图 5.21 为面部表情特征提取及绑定,图 5.21(a)为左视角面部表情特征提取的结果,图 5.21(b)为右视角面部表情特征提取的结果,图 5.21(c)为面部表情与虚拟人物头部骨骼的绑定效果图。图 5.21 中的真实人脸进行了模糊化处理以免侵犯其肖像权。从图 5.21 中可以看出,左、右人脸图像的特征提取结果较为可靠,虚拟人物三维头部骨骼的表情绑定结果与真实人物所做的表情动作完全一致,面部表情绑定结果较为理想。

5.4　本章小结

本章首先介绍了人体姿态估计、面部运动捕捉与数据重用等方面的技术理论及方法依据，为人体姿态估计与面部数据重用等实验的开展打下了基础。

本章以高分辨率网络为基础，通过构建自适应特征增强模块、多尺度特征融合模块、训练损失函数，实现了多尺度特征融合的人体姿态估计。通过实验可知，本章介绍的多尺度特征融合人体姿态估计方法所构建的模型在应对一些复杂场景时，仍然能够较好地预测出正确的人体姿态，表明该方法在多人的复杂场景下具有较好的鲁棒性和较高的检测准确率。

在面部运动捕捉及数据重用方面，本章主要介绍了级联回归方法引导的面部运动捕捉，并通过级联回归模型构建、主体区域检测、尺度特征点提取等实现了级联回归引导的面部运动捕捉。对于捕捉获取的面部数据，在实验部分实现了较好的数据重用，该方法可广泛应用于数字影视中虚拟人物表情刻画等领域。

参考文献

[1] He K, Zhang X, Ren S, et al. Deep residual learning for image recognition[C]//2016 IEEE Conference on Computer Vision and Pattern Recognition. Las Vegas: IEEE Computer Society, 2016:770-778.

[2] Newell A, Huang Z, Deng J. Associative embedding: end-to-end learning for joint detection and grouping [C]//Conference and Workshop on Neural Information Processing Systems. Long Beach:[出版者不详], 2017:2277-2287.

[3] Cootes B T F, Taylor C J, Cooper D H, et al. Active shape models-their training and application[J]. Computer Vision & Image Understanding, 2010, 61(1):38-59.

[4] Cootes T F, Taylor C J. Active shape models[C]//BMVC92. Leeds: Springer, 1992:266-275.

[5] Leinonen T. Principal component analysis and factor analysis [M]//Principal Component Analysis. New York: Springer, 2002:150-166.

[6] 孙砚铭. 基于 ASM 自动人脸特征点定位及应用的研究[D]. 北京: 北京交通大学, 2010.

[7] Goodall C. Procrustes methods in the statistical analysis of shape[J]. Journal of the Royal Statistical Society, 1991, 53(2):285-339.

[8] Cootes B T F, Taylor C J, Cooper D H, et al. Training models of shape from sets of examples[C]//BMVC. Leeds: BMVA, 1992:1-10.

[9] 魏伟. 基于主动形状模型人脸识别算法的研究与实现[D]. 上海: 复旦大学, 2012.

[10] 胡阳明, 周大可, 鹿乐, 等. 基于改进 ASM 的三维人脸自动对齐算法[J]. 计算机工程, 2013, 3(39): 250-253.

[11] Yang J, Zhang D, Yong X, et al. Rapid and brief communication: two-dimensional discriminant transform for face recognition[J]. Pattern Recognition, 2005, 38(7):1125-1129.

[12] Li M, Yuan B. 2D-LDA: a statistical linear discriminant analysis for image matrix[J]. Pattern Recognition Letters, 2005, 26(5):527-532.

[13] Cootes T F, Hill A, Taylor C J, et al. The use of active shape models for locating structures in medical images[J]. Image & Vision Computing, 1993, 12(6):355-365.

[14] Edwards G J, Taylor C J, Cootes T F. Interpreting face images using active appearance models[C]//International Conference on Face & Gesture Recognition. Nara: IEEE Computer Society. 1998:300-305.

[15] Cootes T F, Roberts M G, Babalola K O, et al. Active shape and appearance models[M]//Handbook of Biomedical Imaging. Springer US, 2015:105-122.

[16] 陈定造，林奕新，刘东峰. 三维 Delaunay 三角剖分快速点定位算法研究[J]. 计算机工程与科学，2009, 31(5):79-80.

[17] Babalola K O, Cootes T F, Twining C J, et al. 3D brain segmentation using active appearance models and local regressors[J]. Lecture Notes in Computer Science, 2008, 11(1):401-408.

[18] Guo C, Fan B, Zhang Q, et al. AugFPN: improving multi-scale feature learning for object detection[C]//2020 IEEE/CVF Conference on Computer Vision and Pattern Recognition. Seattle: Computer Vision Foundation/IEEE, 2020:12592-12601.

[19] Chen B, Ma J L. Dual refinement feature pyramid networks for object detection[DB/OL]. CoRR abs, 2020:2012. 01733.

[20] Hu J, Shen L, Albanie S, et al. Squeeze-and-excitation networks[J]. IEEE Tnans, Pattern Anal. Mach. Intell, 2020,42(8):2011-2023.

[21] Li J, Wang C, Zhu H, et al. CrowdPose: efficient crowded scenes pose estimation and a new benchmark [C]//2019 IEEE/CVF Conference on Computer Vision and Pattern Recognition. Lang Beach: Computer Vision Foundation/IEEE, 2019:10855-10864.

[22] Houborg, Rasmus, McCabe, et al. A cubesat enabled spatio-temporal enhancement method (CESTEM) utilizing planet, landsat and MODIS data[J]. Remote Sensing of Environment: An Interdisciplinary Journal, 2018, 209:211-226.

[23] Cheng B, Xiao B, Wang J D, et al. HigherHRNet: scale-aware representation learning for bottom-up human pose estimation[C]//2020 IEEE/CVF Conference on Computer Vision and Pattern Recognition. Seattle: Computer Vision Foundation/IEEE, 2020:5385-5394.

[24] Luo Z X, Wang Z C, Huang Y, et al. Rethinking the heatmap regression for bottom-up human pose estimation[C]//2021 IEEE/CVF Conference on Computer Vision and Pattern Recognition. Virtual: Computer Vision Foundation/IEEE, 2021:13264-13273.

[25] Xiong X, De l T F. Supervised descent method and its applications to face alignment[C]//IEEE Conference on Computer Vision and Pattern Recognition. Portland: IEEE Computer Society, 2013: 532-539.

[26] 冯振华. 参数化统计新模型及其应用研究:以人脸图像理解为例[D]. 无锡：江南大学，2015.

[27] Viola P, Jones M J. Robust real-time face detection[J]. International Journal of Computer Vision, 2004, 57(2): 137-154.

[28] Meyers E, Wolf L. Using biologically inspired features for face processing[J]. International Journal of Computer Vision, 2008, 76(1): 93-104.

第6章 景物跟踪注册与相机位姿估计

增强现实[1-2](augmented reality)技术随着图像处理、计算机视觉等研究领域的发展,而迅速进化成为一个综合性应用的研究热点,它由注册、跟踪、定位、交互、显示等多项关键技术构成,其中定位跟踪作为主要支撑技术而存在。故本章将主要讨论虚实景物跟踪注册与相机位姿估计等方面的具体理论算法和实验处理过程,探讨如何实现虚拟景物在真实场景中和真实景物在虚拟场景中叠加的精准性,以及虚实协同创造“增强世界”的真实性效果。

增强现实技术的迅速发展影响着各个领域,1992 年增强现实的概念[3]被提出,凭借人机实时交互和虚实融合技术的感染力,吸引着大量科研人员进行研究。增强现实是指把原来在真实世界的一定时间、空间范围内很难感知、感觉的信息,通过信息技术模拟仿真后叠加,将虚拟信息叠加到真实场景被人类感官所感知,从而达到超越现实的感官体验。

6.1 图像特征及视觉特性

跟踪注册技术是增强现实的关键与基础,它需要在真实场景中根据目标物体位置变化来得到传感器位姿,以当前视角重新建立空间坐标系将虚拟场景渲染到真实场景中的准确位置。

以虚拟场景与真实场景的无缝融合为主线,本节首先介绍真实场景特征信息提取及用于描述特征信息的描述符匹配,主要包括 SIFT 算法①、SURF 算法等②;然后介绍当前广泛应用于智能机器人自主导航、自主避障,以及在未知场景中进行位置定位和地图构建的有效方法③ SLAM(simultaneous localization and mapping);最后,阐述定标体视觉特性分析过程,这里选择多视角视觉系统中经常使用的球形标

---

① 尺度不变特征变换(Scale-invariant feature trans form, SIFT).

② 加速稳健特征(Speeded up robust features, SURF).

③ 即时定位与地图构建(Simulaneous localization and mapping, SLAM).

记作为标定物的方法开展理论研究。

6.1.1 特征提取及描述符匹配

自然场景中的特征信息描述了该真实场景的自然结构特征，通过提取自然场景特征信息以及匹配不同图像帧之间的自然特征，即可实时对场景中的特征信息进行跟踪与匹配。由于自然场景的特征信息比较复杂，需利用多个不变特征属性进行约束以限定场景中的特征信息，因此 Lowe D G[3] 提出了基于局部特征描述子的 SIFT 算法，其描述的特征信息在不同光照条件下以及仿射变换等情况下具有良好的不变性。SIFT 算法首先通过高斯函数构建尺度空间并利用高斯差分函数检测该尺度空间中的极值点，然后利用拟合法对极值点进行亚像素定位，接着为精确定位的极值点指定方向，最后用生成极值关键点的描述子描述该极值点的不变特性。

由于 SIFT 算法是基于多尺度空间进行特征点检测的算法，其特征点在各个尺度空间保持不变，因此需要利用高斯卷积核对图像进行尺度空间生成，其中二阶高斯函数 $G(u,v,\sigma)$ 可利用式(6.1)来表达，通过式(6.2)可对二维图像 $I(u,v)$ 实现二阶高斯函数的卷积操作来生成尺度空间 $S(u,v,\sigma)$：

$$G(u,v,\sigma)=\frac{1}{2\pi\sigma^2}\mathrm{e}^{-(u^2+v^2)/2\sigma^2} \tag{6.1}$$

$$S(u,v,\sigma)=G(u,v,\sigma)*I(u,v) \tag{6.2}$$

式中：σ 为尺度空间中图像平滑程度的参数因子；$*$ 为图像卷积运算。

SIFT 算法为了更精确地检测到稳定可靠的极值关键点，对传统的高斯拉普拉斯函数检测极值点进行分析，通过式(6.3)和式(6.4)可知高斯拉普拉斯算子和高斯差分算子只差一个常数因子 k 使得其对检测极值点无影响，因此 SIFT 算法采用如式(6.5)所示的高斯差分函数 $D(u,v,\sigma)$（DOG 算子）形式的尺度空间替代传统的高斯拉普拉斯函数。

$$\frac{\partial \boldsymbol{G}}{\partial \sigma}=\frac{G(u,v,k\sigma)-G(u,v,\sigma)}{k\sigma-\sigma} \tag{6.3}$$

$$G(u,v,k\sigma)-G(u,v,\sigma)\approx(k-1)\sigma^2\nabla^2\boldsymbol{G} \tag{6.4}$$

$$D(u,v,\sigma)=[G(u,v,k\sigma)-G(u,v,\sigma)]\times I(u,v)=S(u,v,k\sigma)-S(u,v,\sigma) \tag{6.5}$$

由于二维图像像素点通过高斯差分算子检测到的极值点都是二维离散空间中的极值点，而离散空间中的极值点和连续空间中的极值点存在一定误差，因此 SIFT 算法利用拟合方法得到连续空间的极值点并进行亚像素提取。对式(6.5)在局部极值点处进行泰勒展开得到式(6.6)，然后对式(6.6)进行求导并同时令求导后的方程等于零，通过式(6.7)便可推导出式(6.8)所描述的极值点 $\tilde{p}(\tilde{u},\tilde{v})$。

$$
\begin{cases}
D(u,v,\sigma) = D(u_0,v_0,\sigma_0) + \dfrac{\partial \boldsymbol{D}^{\mathrm{T}}}{\partial u}u + \dfrac{1}{2}u^{\mathrm{T}}\dfrac{\partial^2 \boldsymbol{D}}{\partial u^2}u \\
D(u,v,\sigma) = D(u_0,v_0,\sigma_0) + \dfrac{\partial \boldsymbol{D}^{\mathrm{T}}}{\partial v}v + \dfrac{1}{2}v^{\mathrm{T}}\dfrac{\partial^2 \boldsymbol{D}}{\partial v^2}v
\end{cases} \tag{6.6}
$$

$$
\begin{cases}
\dfrac{\partial D(u,v,\sigma)}{\partial u} = D'(u_0,v_0,\sigma_0) + \dfrac{\partial \boldsymbol{D}^{\mathrm{T}}}{\partial u} + \dfrac{\partial^2 \boldsymbol{D}}{\partial u^2}u = 0 \\
\dfrac{\partial D(u,v,\sigma)}{\partial v} = D'(u_0,v_0,\sigma_0) + \dfrac{\partial \boldsymbol{D}^{\mathrm{T}}}{\partial v} + \dfrac{\partial^2 \boldsymbol{D}}{\partial v^2}v = 0
\end{cases} \tag{6.7}
$$

$$
\begin{cases}
\tilde{u} = -\left(\dfrac{\partial^2 \boldsymbol{D}}{\partial u^2}\right)^{-1}\dfrac{\partial \boldsymbol{D}^{\mathrm{T}}}{\partial u} \\
\tilde{v} = -\left(\dfrac{\partial^2 \boldsymbol{D}}{\partial v^2}\right)^{-1}\dfrac{\partial \boldsymbol{D}^{\mathrm{T}}}{\partial v}
\end{cases} \tag{6.8}
$$

通过上述处理,卷积图像的高斯差分算子会出现不稳定边缘响应,因此需事先采用 Hessian 矩阵剔除低对比度点和边缘响应点。

SIFT 算法为了使检测到的极值关键点具有旋转不变性,通过使用检测关键点邻域窗口内的梯度和方向来确定关键点主方向。通过式(6.9)和式(6.10)可计算出关键点梯度的模值 $m(u,v)$ 和方向 $\theta(u,v)$,并利用梯度直方图统计关键点邻域内的梯度和方向,SIFT 算法将梯度直方图划分成 36 个柱,各相邻的柱间隔 10°,统计完成以后,梯度直方图的峰值也就是极值关键点的主方向。

$$
m(u,v) = \sqrt{[S(u+1,v) - S(u-1,v)]^2 + [S(u,v+1) - S(u,v-1)]^2} \tag{6.9}
$$

$$
\theta(u,v) = \arctan\left[\frac{S(u,v+1) - S(u,v-1)}{S(u+1,v) - S(u-1,v)}\right] \tag{6.10}
$$

为了使检测到的关键点具有更多不变特性,SIFT 算法采用向量组的形式对关键点进行描述,也就是所谓 SIFT 描述子。SIFT 算法将检测到的关键点分成 $d \times d$ 个子区域(在该算法中一般 d 取值为 4),统计每个子区域的梯度方向,其中统计过程中按照 8 个方向的梯度信息进行统计,于是检测到关键点的 4 × 4 邻域内就有 128 个梯度信息用来构成关键点的特征描述向量。为了确保关键点的旋转不变性,通过使用式(6.11)对 4 × 4 邻域内的像素进行旋转,对旋转后的 4 × 4 子区域进行像素点梯度计算并进行累加,每个子区域生成一个 8 维梯度直方图特征向量。由于图像受到外界环境光照的干扰,通过式(6.12)进行描述子特征向量的归一化,其中 $\boldsymbol{H} = (h_1,h_2,\cdots,h_{128})$ 为没有归一化之前的描述子特征向量,而 $\boldsymbol{S} = (s_1,s_2,\cdots,s_{128})$ 为描述子归一化的 128 个特征向量。

$$\begin{bmatrix} \tilde{u} \\ \tilde{v} \end{bmatrix} = \begin{bmatrix} \cos\theta & -\sin\theta \\ \sin\theta & \cos\theta \end{bmatrix} \times \begin{bmatrix} u \\ v \end{bmatrix} \tag{6.11}$$

$$s_i = h_i / \sqrt{\sum_{j=1}^{128} h_j} \ (i = 1,2,\cdots,128) \tag{6.12}$$

SIFT 算法在一定程度上解决了自然场景中目标的旋转变换、平移变换以及提取目标图像的仿射变换等问题,不易受到环境光和噪声的影响。然而 SIFT 算法的实时性低、算法复杂度高,而且当待检测图像中的目标边缘较光滑时极易导致特征点检测与匹配错误。因此 Herbert Bay 等[4]提出了 SURF 算法,其相对于 SIFT 算法而言实时性更高、算法复杂度更低,且保留了 SIFT 算法的旋转不变、抗噪等特性。

SURF 算法为了降低检测关键点的算法复杂度,通过建立积分图像和盒子滤波替代传统图像的高斯二阶微分,积分图像中任意一个像素点的积分值 I_s 为该像素点与原始图像左上角构成矩形区域的灰度值累积和,如式(6.13)所示。因此利用积分图像求解图像某一区域的积分值只需利用二次加法和二次减法即可求解,从根本上减少了计算量进而提高了算法的整体执行速度。

$$I_s = \sum_{i=0}^{i \leqslant w} \sum_{j=0}^{j \leqslant h} I(i,j) \tag{6.13}$$

Hessian 矩阵是二阶偏导数构成的矩阵,因此通过 Hessian 矩阵的行列式值即可检测出图像中某一区域的极值情况,SURF 算法的核心就是利用 Hessian 特性检测图像中极值关键点的位置。由于 SURF 算法是基于尺度空间的,因此在构建 Hessian 矩阵时,也需通过高斯二阶微分来构建图像的尺度空间。构建 Hessian 矩阵 $\boldsymbol{H}(x,\sigma)$:

$$\boldsymbol{H}(x,\sigma) = \begin{bmatrix} S_{xx}(x,\sigma) & S_{xy}(x,\sigma) \\ S_{xy}(x,\sigma) & S_{yy}(x,\sigma) \end{bmatrix} \tag{6.14}$$

SURF 算法为了降低算法的复杂度,利用盒子滤波方式实现高斯二阶微分的功能,利用 9 × 9 盒子模板以及同尺度值替代 $\sigma = 1.2$ 的高斯二阶微分滤波。

式(6.14)的 Hessian 矩阵行列式可转化为式(6.15)的形式,其中 D_{xx}、D_{yy}、D_{xy} 分别表示盒子模板与图形的卷积值,SURF 算法通过下式求取在不同尺度值下的响应图:

$$\det(\boldsymbol{H}) = D_{xx}D_{yy} - (0.9D_{xy})^2 \tag{6.15}$$

SIFT 算法利用逐步缩小图像的形式构建尺度空间,极易导致图像信息的丢失,因此 SURF 算法通过不同的盒子滤波器模板构建不同的尺度空间,尺度空间分为若干组,每组又包含若干层,将盒子模板从初始的 9×9 逐渐增加,通过对图像进行滤波处理来构建尺度空间。构建尺度空间以后,检测某个特征点是否为极值点需要通过比较该特征点和其上下两层的尺度空间相邻点进行,相邻点个数由该尺度层的滤波器决定。SURF 算法通过该方式确定检测到的特征点,这些特征点既是图像中的极值点也是尺度空间中的极值点。

SURF 算法首先以特征点为中心,再以该特征点所在尺度值的 6 倍为半径构造邻域内点,通过 Haar 小波对该邻域的所有内点分别在 x 轴、y 轴方向上求取响应值,为了使临近特征点的邻域内点具有较高响应值,对响应值进行高斯加权处理。为了确定特征点的主方向,以该特征点为中心用 60°扇形窗口移动扫描整个圆形区域,再计算扫描区域中的每个点在 x 轴、y 轴方向上的响应值累加和 $\sum_{\mathrm{w}} h_x$、$\sum_{\mathrm{w}} h_y$,并计算响应值累加和的模值 m_{w}:

$$m_{\mathrm{w}} = \sum_{\mathrm{w}} h_x + \sum_{\mathrm{w}} h_y \tag{6.16}$$

扫描完成后寻找最大的累加和模值,计算其对应的 x 方向响应累加值与 y 轴方向响应累加值的反正切值,即可得到特征点的主方向。SURF 算法通过上述方式可确定每个特征点的尺度空间信息以及该特征点包含的 64 维特征向量描述子。

6.1.2 SLAM 视觉定位

智能机器人进行自主导航、自主避障是人工智能领域研究的热点,其中利用 SLAM(simultaneous localization and mapping)算法在未知场景中进行位置定位以及地图构建是目前普遍采用的一种方法。SLAM 算法的核心思想就是利用贝叶斯理论和马尔可夫原理对当前创建的地图信息进行位置定位,在利用定位信息的同时更新所创建的地图信息[5]。由于智能机器人凭借自身的传感器进行移动并同时实现地图创建的时候,其无法获取外界场景的环境信息,因此将摄像机作为图像传感器的 SLAM 方法得到广泛研究,该类技术通常称为单目视觉 SLAM 运动定位技术,其在计算机视觉等领域具有巨大研究价值。

以往单目视觉 SLAM 方法的研究通常是利用贝叶斯滤波估计摄像机从初始位置到当前位置的观测数据和控制输入数据的概率密度函数,结合概率密度函数构建摄像机当前的位置以及地图信息,从而实现单目摄像机的地图构建和位置定位。由于该类运动定位方法采用贝叶斯理论进行概率密度函数估计,而传统卡尔曼滤波器只能应用在线性系统,加上单目视觉 SLAM 方法是非线性系统,因此基于扩展的卡尔曼滤波器成为该类方法普遍采用的方案[6]。

单目视觉 SLAM 是通过摄像机在场景中的移动进行地图的构建,其中摄像机的运动状态 x^W 由式(6.17)所示的四个部分构成:摄像机光心在场景中相对于世界坐标系的位置坐标 r^W、当前摄像机坐标系相对于世界坐标系变换的旋转四元素

q^W、摄像机移动的线速度 v^W 和摄像机移动的角速度 ω^W，通过摄像机的运动状态即可得到单目视觉 SLAM 的摄像机运动状态模型为式(6.18)的形式。为了使系统中噪声模型简单化，一般假设摄像机以恒定的速度移动，即摄像机的线加速度 α^W 和角加速度 β^W 都是恒定的，也就是 $\boldsymbol{\Phi}^W = \alpha^W \Delta t$、$\boldsymbol{\Omega}^W = \beta^W \Delta t$。

$$x^W = (r^W, q^W, v^W, \omega^W) \tag{6.17}$$

$$x_{t+1}^W = (r_{t+1}^W, q_{t+1}^W, v_{t+1}^W, \omega_{t+1}^W) = f(x_t^W, \phi) = \begin{bmatrix} r_t^W + (v_{t+1}^W + \boldsymbol{\Phi}^W)\Delta t \\ q_t^W \times q((\omega_t^W + \boldsymbol{\Omega}^W)\Delta t) \\ v_t^W + \boldsymbol{\Phi}^W \\ \omega_t^W + \boldsymbol{\Omega}^W \end{bmatrix} \tag{6.18}$$

摄像机的观测模型是通过摄像机拍摄场景中以特征点为系统观测信息建立的，由于单目视觉 SLAM 基于单个摄像机，因此无法获取场景特征点的深度信息，需要采用特征点的逆深度参数化进行描述，也就是摄像机检测到的特征点到摄像机光心距离的倒数。通过式(6.19)描述摄像机观测到的场景中特征点 $\boldsymbol{y}_i^v$ 的 6 维状态向量，其分别由该特征点首次被摄像机观测到时摄像机光心相对于世界坐标系下的三维坐标 $(x_{ci}^W, y_{ci}^W, z_{ci}^W)$、该特征点在摄像机光心观测向量下相对于世界坐标系的极角 θ_i 和仰角 φ_i、该特征点的逆深度信息 ρ_i 这 6 个参数构成：

$$\boldsymbol{y}_i^v = (x_{ci}^W, y_{ci}^W, z_{ci}^W, \theta_i, \varphi_i, \rho_i) \tag{6.19}$$

当摄像机检测到特征点 P 时，该特征点在摄像机成像平面中的图像坐标为 (p_u, p_v)，此时通过式(6.20)可以得到特征点 P 在世界坐标系下的值为 $\boldsymbol{P}^W = (p_x^W, p_y^W, p_z^W)$，其中 $\boldsymbol{m}(\theta_i, \varphi_i) = (\cos\varphi_i \sin\theta_i - \sin\varphi_i, \cos\varphi_i \cos\theta_i)^{\mathrm{T}}$ 为单位方向向量。

$$(p_x^W, p_y^W, p_z^W)^{\mathrm{T}} = (x_{ci}^W, y_{ci}^W, z_{ci}^W)^{\mathrm{T}} + \frac{1}{\rho_i}\boldsymbol{m}(\theta_i, \varphi_i) \tag{6.20}$$

假设摄像机在移动过程中再一次检测到了该特征点 P，此时该特征点与摄像机之间的距离为 $\boldsymbol{h}^W$ 可由式(6.21)表示，由摄像机坐标系到世界坐标系的转换矩阵 $\boldsymbol{R}^{CW}$ 可得到该特征点在摄像机坐标系的值为 $\boldsymbol{h}^C = (h_x^C, h_y^C, h_z^C)$，则式(6.22)被称为摄像机的观测模型：

$$\boldsymbol{h}^W = (x_{ci}^W, y_{ci}^W, z_{ci}^W)^{\mathrm{T}} + \frac{1}{\rho_i}\boldsymbol{m}(\theta_i, \varphi_i) - r^W \tag{6.21}$$

$$\boldsymbol{h}^C = \boldsymbol{R}^{CW}\left[(x_{ci}^W, y_{ci}^W, z_{ci}^W)^{\mathrm{T}} + \frac{1}{\rho_i}\boldsymbol{m}(\theta_i, \varphi_i) - r^W\right] \tag{6.22}$$

根据摄像机的针孔成像模型可得到特征点 P 在成像平面中的二维坐标和摄像机坐标之间的变换关系。单目视觉 SLAM 根据摄像机的运动状态向量和检测到的特征点状态向量构造成一个全状态向量 $\boldsymbol{X} = (x^W; y_1^v; y_2^v; \cdots; y_n^v)$。符合扩展卡尔曼滤波 SLAM 算法的前提就是能够构造上述的摄像机运动模型和观测模型以及系统的全状态向量,再进行系统的预测、观测和更新处理。为了计算单目视觉 SLAM 系统中摄像机在 $t+1$ 时刻下的位置状态信息,需利用 t 时刻的摄像机位置状态信息和特征点状态信息来进行估计。单目视觉 SLAM 系统通过系统输入初始值,利用累积过程不断地进行更新、预测来实现场景中摄像机的同步位置定位及地图构建。

6.1.3 定标体视觉特性分析

对于视觉系统的标定过程来说,常用的平面标定物由于本身的二维平面特性,当摄像机主光轴与平面标定物所在平面形成的夹角达到一定程度时,将无法有效地摄取到标定图像。因此在多视角视觉系统中,平面标定物将很难保证所有视角都能有效地获取标定图像。因为平面标定图像存在这种遮挡缺陷,所以多视角视觉系统中经常选择球形标记作为标定物,因为球形标记不仅是一种三维定标体,同时还具有二维形态不变的特点,这些特点都赋予了球形标记无自身遮挡的优点,从而使得任意视角对球形标记图像的摄取都能够完整体现其圆形体态。

假设存在一个 n 视角视觉系统,各个视觉单元光心构成的向量为 $(C_1,\cdots,C_m,\cdots,C_n)$,则其主光轴可表示为 $C_1Z_1,\cdots,C_mZ_m,\cdots,C_nZ_n$,成像平面可由向量 $(\alpha_1,\cdots,\alpha_m,\cdots,\alpha_n)$ 表示。图 6.1 为定标体投影特性,其中有一个球心为 O 的球形物体且该球形物体被放置在多视角视觉系统可视范围内的任意位置,当多视角视觉系统同时对该球形物体进行拍摄时,该球形物体在成像平面向量 $(\alpha_1,\cdots,\alpha_m,\cdots,\alpha_n)$ 中任意成像平面上的投影均为一条标准的二次圆形曲线,圆形投影的圆心坐标向量为 $(O_1,\cdots,O_m,\cdots,O_n)$ 。通过以上分析可以直观地看出,虽然各个二次圆形曲线在各自成像平面上的位置、大小均不相同,但都呈现出视角不变的特性。

近年来,随着多视角视觉系统的普及与应用,杆式定标体受到人们广泛关注,一维标定杆就是一根固定有三个或者更多球形特征点的刚性杆,这种使用球形特征点构造定标体的标定方式具有灵活性强、适用范围广、限制度低等优点。通过分析一维标定杆上球形特征点在图像平面上的成像情况,可以得出一维标定杆在标定过程中的识别有效性情况,有利于对运动姿态的临界情况做出准确判断。

在多视角视觉系统中,设 P_a 、P_b 、P_c 分别表示一维标定杆上的球形特征点,α 表示摄像机的成像平面,O 为摄像机的光心,P'_a 、P'_b 、P'_c 则为球形特征点 P_a 、P_b 、P_c 在成像平面上的投影点。从图 6.2 一维标定杆成像中可以看出,在一般情况下,一维标定杆中球形特征点的三维坐标与其在成像平面上的投影点坐标存在以下特征:①成像平面上投影点之间仍能保持空间球形特征点的直线特征,即如果球形特

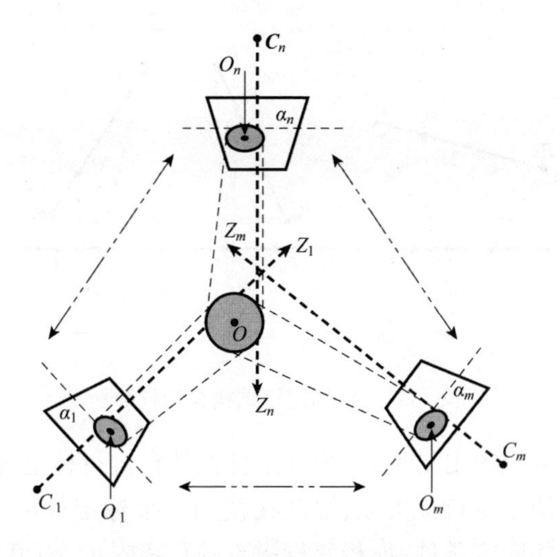

图 6.1　定标体投影特性

征点为一条直线,那么成像平面上的投影点也必定构成一条直线;②成像平面上相邻投影点之间的距离仍能体现空间中相邻球形特征点之间的尺寸比较关系,如果 $\text{distance}(P_a,P_b) > \text{distance}(P_b,P_c)$,那么 $\text{distance}(P'_a,P'_b) > \text{distance}(P'_b,P'_c)$ 成立,但这种比较关系是有条件限制的,当球形特征点的尺寸比较关系不明显时,这种特征保持性将不再成立。

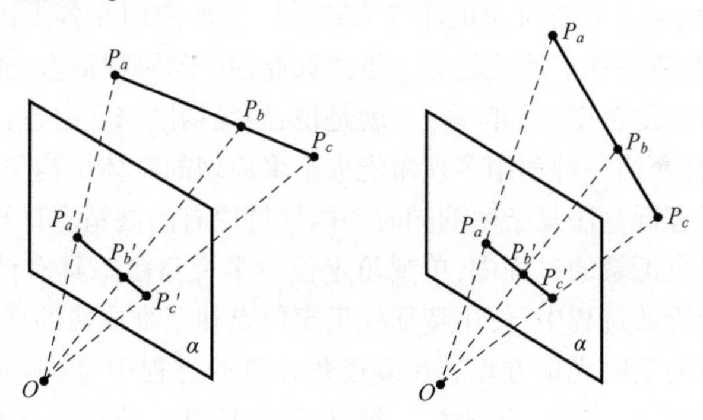

图 6.2　一维标定杆成像

但在一些特殊的临界情况下,无法确定成像平面上投影点与空间球形特征点之间的对应关系。图 6.3 为一维标定杆结构合理性分析,左侧平面分析图为一般情况下成像平面投影点与空间球形特征点间的对应关系,可以准确地得到一对一关系;在中间的平面分析图中,由于倾角过大导致成像平面上个别投影点近乎重合,而出现无法正常识别球形特征点的问题;在右侧的平面分析图中,虽然一维标定杆的倾角依然很大,但并没有出现投影点近乎重合的情况,还是不能准确地识别球形标记点,因为成像平面上的投影点出现对称情况。

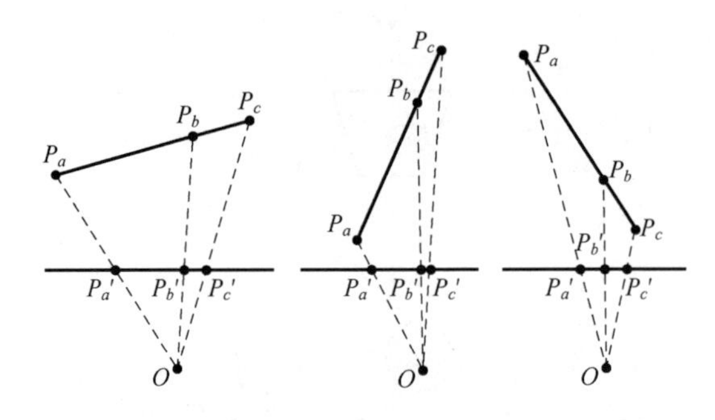

图 6.3　一维标定杆结构合理性分析

通过以上分析可以得出结论，一维标定杆虽然在进行标定时较为灵活，但是在某些临界情况下将使标定特征失效，因此在使用一维标定杆进行标定时需要为特征点的识别附加一些限定条件，如相邻投影点的距离限定、距离比值限定等。

6.2　全场景视觉的刚体位姿跟踪

在视觉传感器跟踪技术中，基于特殊标记的跟踪方式具有计算负载小、精度高、实时性好等优点；基于自然特征的跟踪方式则存在计算负载大、实时性差的问题[7]。正是如此，基于特殊标记的跟踪方式被广泛地应用在各类虚实注册与融合系统中，用户占有率呈现上涨的趋势。虽然如此，基于特殊标记的跟踪方式仍然存在高精度带来算法复杂度高的问题，也就是说，跟踪精度与实时性以反比例关系存在。所以，本节将介绍一种利用多视角光束汇聚原理的刚体结构位姿估计方法，以实现跟踪技术具有低算法复杂度的同时还能保持原有的高精度计算。

在多视角光束汇聚的过程中，单视角定位与多视角跟踪具有计算的相对独立性。在单视角计算的过程中，使用特征标记定位点和三维成像的逆向求解，得出所有标记点相对应的空间光束方程。在多视角计算的过程中，根据空间光束汇聚思想，得到每个标记点的实际三维坐标。最终，利用计算出的实际三维坐标便可以准确地跟踪到刚体结构的运动。

6.2.1　多视角视觉系统标定

摄像机一维靶标标定法最早由文献[8]提出，其通过固定一个靶标特征点，在不同姿态下采集多组图片，然后利用共线约束和射影几何关系求解摄像机的内部参数；其首次解决了一维靶标对摄像机标定的难题，但是该方法需要固定一个顶点，因此普适性受到一定的限制。虽然文献[9-12]对文献[8]在抗噪能力和精度方面进行了相应的改进,但是都需以固定一个顶点为基础。另外,文献[12]对文献[8]进行了本质上的分析,并提出了一维靶标平面移动标定方法,但是该方法适用范围仅受限于平面移动,且标定重投影误差较大。文献[13]则于2007年首次提出了可以通过任意移动一维靶标进行摄像机标定的方法,利用空间分层重建的思想将射影变换、仿射变换、欧式变换进行数学模型的转换;而文献[14-15]则直接将投影空间转换到欧式空间来求解多个摄像机的参数。文献[16-17]提出了利用两个正交的一维靶标进行摄像机标定,该方法虽然能够实现快速的标定,但是需要两个一维靶标正交这个先验知识,由于两个一维靶标的设定要求比较严格,因此不适用于精度较高的多视角视觉系统。

针对目前一维靶标的标定值较二维靶标的标定结果精确度有一定差距,以及一维靶标标定参数求解存在冗余等问题,本节介绍一种基于消失点约束的多视角标定方法。由于视觉单元的光学成像镜头不是理想化平面镜,因此在成像时必然存在畸变现象,而为了减少畸变对成像造成的影响,将利用欧式空间位置约束的几何特性,进行畸变参数的求取。通过靶标特征点的约束以及结合视觉单元成像的射影不变性排除多视角视觉系统中的噪声干扰,并利用空间消失点之间的夹角一致性,以及靶标特征点所构成的直线和消失点的反向射线平行性对视觉单元的参数进行求解。

通常情况下,三维成像模型反映了二维图像坐标与三维世界坐标之间的映射关系,针孔模型被看作摄像机的理想成像模型[8],而这种理想模型的映射关系是线性的。根据摄像机的线性成像模型,得到二维图像坐标与三维世界坐标之间的映射关系:

$$\lambda\begin{bmatrix}u\\v\\1\end{bmatrix}=\begin{bmatrix}f_u&0&c_u\\0&f_v&c_v\\0&0&1\end{bmatrix}[\boldsymbol{R}\quad\boldsymbol{T}]\begin{bmatrix}X\\Y\\Z\\1\end{bmatrix}=\boldsymbol{K}[\boldsymbol{R}\quad\boldsymbol{T}]\begin{bmatrix}X\\Y\\Z\\1\end{bmatrix}\tag{6.23}$$

式中:(u,v) 为图像坐标;(X,Y,Z) 为世界坐标;f_u、f_v 分别为成像平面坐标系 u 轴、v 轴方向的有效焦距;(c_u,c_v) 为摄像机主点坐标;$\boldsymbol{K}$ 为摄像机内参矩阵;$\boldsymbol{R}$、$\boldsymbol{T}$ 分别为描述摄像机坐标系与世界坐标系之间的旋转矩阵与平移向量。

一般来说,摄像机成像模型都存在一定程度的非线性畸变[18-19],考虑径向畸变、切向畸变的非线性畸变方程为

$$\begin{cases}\Delta u=u(k_1r^2+k_2r^4+k_3r^6)+p_1(r^2+2u^2)+2p_2uv\\\Delta v=v(k_1r^2+k_2r^4+k_3r^6)+p_2(r^2+2v^2)+2p_1uv\\r^2=u^2+v^2\end{cases}\tag{6.24}$$

式中:k_1、k_2、k_3 为径向畸变系数;p_1、p_2 为切向畸变系数。

由于三维成像模型引入了非线性畸变,因此需要建立参数优化的目标函数,最小重投影误差的目标函数可由式(6.25)表示为

$$\mathrm{err}_{\min} \Rightarrow (\boldsymbol{K}, k_1, k_2, k_3, p_1, p_2, \boldsymbol{R}, \boldsymbol{T}) \tag{6.25}$$

因为 Levenberg-Marquadt 算法[20-21]为参数优化过程提供了快速的正则化方法,所以选择收敛性较强的 Levenberg-Marquadt 算法求解摄像机内、外参数。

1. 径向畸变参数求解

由于摄像机镜头会引起畸变现象,理论上的标定模型必定产生相应误差,而且传统标定方法[22]中并没有考虑畸变问题,若直接对成像点进行三层重建模型转换,必然产生畸变累积误差,因此必须对成像后的像素点进行理想化校正。

由于摄像机镜头的径向畸变对成像过程干扰较大,切向畸变相对于径向畸变而言对成像过程干扰较小,因此在畸变参数求解过程中仅需进行径向畸变参数的求解。目前,镜头畸变校正方式只是针对单点进行简单修正,没有从多点之间的约束关系上进行考虑。因此采用基于点约束的径向畸变校正方式,并充分结合多点在欧式空间中的位置关系对成像点进行修正,直接决定了摄像机内、外参标定的精度。图6.4为成像畸变校正,因镜头畸变产生的成像点分别为 a_i 、b_i 、c_i 、d_i ,其中 i 表示在第 i 个摄像机的成像平面索引,设点 d_i 到成像点 a_i 、b_i 构成的直线距离为 l_{ab} ,点 d_i 到成像点 c_i 、b_i 构成的直线距离为 l_{cb} ,点 d_i 到成像点 a_i 、c_i 构成的直线距离为 l_{ac} 。由欧式空间的几何约束性质,得到第 i 个摄像机的畸变系数优化方程:

$$\min_{k_{ij}}(\|l_{ac} - l_{ab}\| + \|l_{ac} - l_{cb}\| + \|l_{cb} - l_{ab}\|) \tag{6.26}$$

式中:k_{ij} 为第 i 个摄像机中第 j 个畸变参数的参数值,则结合式(6.24)即可对摄像机的畸变值进行相应修正。

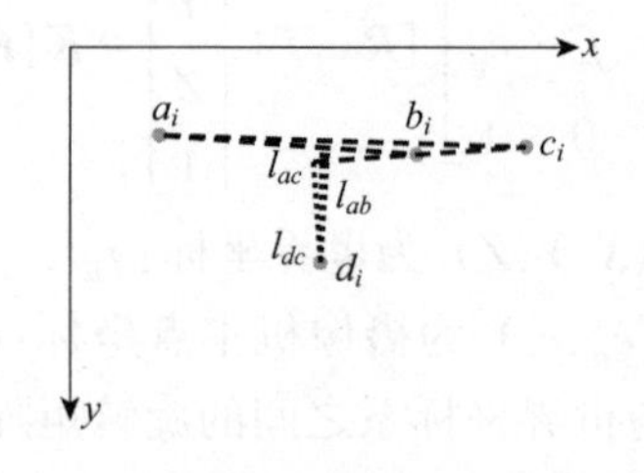

图6.4　成像畸变校正

2. 定标体位置分析

由于在多视角视觉系统中,一维定标体由共线靶标特征点 A 、B 、C 和非共线靶标特征点 D 构成,其中靶标特征点 D 到共线特征点的垂足处于特征点 A 、B 之间。在标定的过程中,需任意移动一维定标体,因此若在某一临界位置无法区分定标体中个别特征点所对应的成像点,则会影响标定精度。

图 6.5 为一维定标体位姿图,当定标体处于该位置状态时,由摄像机的针孔成像模型可得

$$
\begin{cases}
y_a = \dfrac{f(Y_B - d_{BC}\sin\omega)}{Z_B - d_{BC}\cos\omega} \\
y_b = \dfrac{fY_B}{Z_B} \\
y_c = \dfrac{f(Y_B - d_{AB}\sin\omega)}{Z_B + d_{AB}\cos\omega}
\end{cases}
\tag{6.27}
$$

式中:y_a 、y_b 、y_c 分别为定标体特征点 A 、B 、C 在摄像机成像坐标系下的坐标值;Y_B 、Z_B 为定标体特征点 B 在世界坐标系下的坐标值分量;f 为摄像机的物理焦距;d_{AB} 、d_{BC} 为定标体特征点的三维空间距离;ω 为定标体与 Z_W 坐标轴的夹角。当无法区分定标体特征点和成像点时,必然有 $|y_a - y_b| - |y_b - y_c| = 0$,则可得到:

$$
Y_B = \frac{Z_B^2\sin\omega(d_{AB} - d_{BC}) - Z_B\sin2\omega d_{AB}d_{BC}}{2\cos^2\omega d_{AB}d_{BC} + Z_B\cos\omega(d_{AB} - d_{BC})}
\tag{6.28}
$$

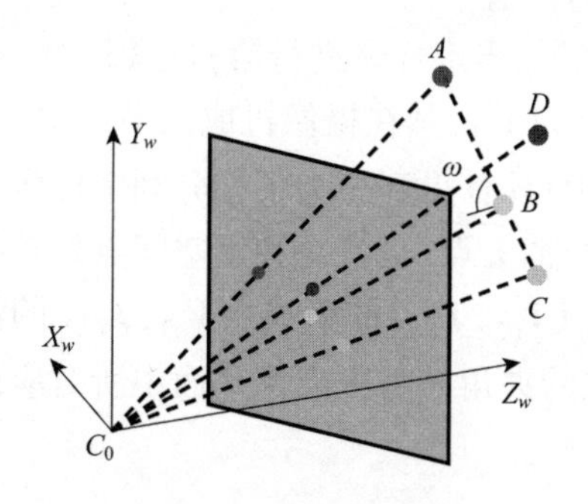

图 6.5 一维定标体位姿图

为了估计出该特殊位置,可令 $Y_B = 0$,则有 $\cos\omega = Z_B \dfrac{d_{AB} - d_{BC}}{2d_{AB}d_{BC}}$,也就是设置 Z_B 和定标体特征点之间的位置,使 $\cos\omega$ 无解时便可避免这一问题的出现。

3. 多视角标定参数求解

在多视角视觉系统中,已知定标体中四个特征点 A 、B 、C 、D 在三维空间中的位置关系,以及经过畸变校正后成像点的相对关系。当定标体在第 j 次移动时,定标体中特征点 A_j 、B_j 、C_j 、D_j 在摄像机中所对应的畸变校正后成像点为 a_j 、b_j 、c_j 、d_j ,由摄像机的线性成像模型可得式(6.29)的形式,其中 $\boldsymbol{H}_i$ 为第 i 个摄像机的单应性矩阵,对应的摄像机内参矩阵为 $\boldsymbol{K}_i$,外参的旋转和平移矩阵分别为 $\boldsymbol{R}_i$ 、$\boldsymbol{T}_i$ 。

$$
\begin{cases}
\boldsymbol{H}_i = \boldsymbol{K}_i [\boldsymbol{R}_i \quad \boldsymbol{T}_i] \\
a_j = \boldsymbol{H}_i A_j \\
b_j = \boldsymbol{H}_i B_j \\
c_j = \boldsymbol{H}_i C_j \\
d_j = \boldsymbol{H}_i D_j
\end{cases} \tag{6.29}
$$

由于摄像机具有射影变换保持交比不变的特性，可以通过点约束的方式消除噪声点对标定的干扰，也就是利用成像点 d_j 到 a_j 、b_j 、c_j 成像点所构成直线 $L_{a_j b_j c_j}$ 的距离交点具有交比不变性排除噪声点的干扰。设在三维空间中的任意共线三点 P_1、P_2、P_3 构成直线对应的消失点为 V_P ，在摄像机中所对应的成像点分别为 p_1、p_2、p_3、v_p ，则利用交比不变性有[22]：

$$
\begin{cases}
\text{Cross}(P_1, P_2, P_3) = \text{Cross}(P_1, P_2, P_3, V_P) = \dfrac{\lambda_1}{\lambda_2} \\
\text{Cross}(p_1, p_2, p_3, v_p) = \dfrac{\lambda_1}{\lambda_2}
\end{cases} \tag{6.30}
$$

式中：λ_1、λ_2 为正交比转换值。

对于第 i 个摄像机来说，当定标体进行第 j 次移动时，定标体特征点 A_j 、B_j 、C_j 构成直线 $L_{A_j B_j C_j}$ 的消失点为 V_{ij1}，其在摄像机成像平面中的消失点为 v_{ij1}，则消失点 v_{ij1} 的计算可通过式(6.30)计算得到。为了充分利用摄像机成像中的射影不变性，通过点约束方式构造多个消失点，也就是利用空间点到直线距离恒定这个特性，可以计算直线 $L_{A_j D_j}$ 的消失点 V_{ij2}，$L_{B_j D_j}$ 的消失点 V_{ij3}，$L_{C_j D_j}$ 的消失点 V_{ij4}。在摄像机成像平面中，任意两条直线的夹角与其在成像平面中所对应两个消失点的夹角一致，因此可以得到：

$$
\begin{cases}
\dfrac{(C_j - A_j)(D_j - A_j)}{\|A_j C_j\| \|A_j D_j\|} = \dfrac{\boldsymbol{V}_{ij1}^{\mathrm{T}} \bar{\omega}_i \boldsymbol{V}_{ij2}}{\sqrt{(\boldsymbol{V}_{ij1}^{\mathrm{T}} \bar{\omega}_i \boldsymbol{V}_{ij1})(\boldsymbol{V}_{ij2}^{\mathrm{T}} \bar{\omega}_i \boldsymbol{V}_{ij2})}} \\
\dfrac{(C_j - A_j)(D_j - B_j)}{\|A_j C_j\| \|B_j D_j\|} = \dfrac{\boldsymbol{V}_{ij1}^{\mathrm{T}} \bar{\omega}_i \boldsymbol{V}_{ij3}}{\sqrt{(\boldsymbol{V}_{ij1}^{\mathrm{T}} \bar{\omega}_i \boldsymbol{V}_{ij1})(\boldsymbol{V}_{ij3}^{\mathrm{T}} \bar{\omega}_i \boldsymbol{V}_{ij3})}} \\
\dfrac{(C_j - A_j)(D_j - C_j)}{\|A_j C_j\| \|C_j D_j\|} = \dfrac{\boldsymbol{V}_{ij1}^{\mathrm{T}} \bar{\omega}_i \boldsymbol{V}_{ij4}}{\sqrt{(\boldsymbol{V}_{ij1}^{\mathrm{T}} \bar{\omega}_i \boldsymbol{V}_{ij1})(\boldsymbol{V}_{ij4}^{\mathrm{T}} \bar{\omega}_i \boldsymbol{V}_{ij4})}}
\end{cases} \tag{6.31}
$$

式中：$\bar{\omega}_i = \boldsymbol{K}_i^{-\mathrm{T}} \boldsymbol{K}_i^{-1}$ 。由于消失点不随着定标体的移动而发生变化，所以其消失点的夹角一直保持恒定[23]，因此在第 t 次的消失点夹角和第 k 次的消失点夹角关系可表示如下：

$$\begin{cases}\dfrac{\boldsymbol{V}_{it1}^{\mathrm{T}}\bar{\boldsymbol{\omega}}_i\boldsymbol{V}_{it2}}{\sqrt{(\boldsymbol{V}_{it1}^{\mathrm{T}}\bar{\boldsymbol{\omega}}_i\boldsymbol{V}_{it1})(\boldsymbol{V}_{it2}^{\mathrm{T}}\bar{\boldsymbol{\omega}}_i\boldsymbol{V}_{it2})}}=\dfrac{\boldsymbol{V}_{ik1}^{\mathrm{T}}\bar{\boldsymbol{\omega}}_i\boldsymbol{V}_{ik2}}{\sqrt{(\boldsymbol{V}_{ik1}^{\mathrm{T}}\bar{\boldsymbol{\omega}}_i\boldsymbol{V}_{ik1})(\boldsymbol{V}_{ik2}^{\mathrm{T}}\bar{\boldsymbol{\omega}}_i\boldsymbol{V}_{ik2})}}\\ \dfrac{\boldsymbol{V}_{it1}^{\mathrm{T}}\bar{\boldsymbol{\omega}}_i\boldsymbol{V}_{it3}}{\sqrt{(\boldsymbol{V}_{it1}^{\mathrm{T}}\bar{\boldsymbol{\omega}}_i\boldsymbol{V}_{it1})(\boldsymbol{V}_{it3}^{\mathrm{T}}\bar{\boldsymbol{\omega}}_i\boldsymbol{V}_{it3})}}=\dfrac{\boldsymbol{V}_{ik1}^{\mathrm{T}}\bar{\boldsymbol{\omega}}_i\boldsymbol{V}_{ik3}}{\sqrt{(\boldsymbol{V}_{ik1}^{\mathrm{T}}\bar{\boldsymbol{\omega}}_i\boldsymbol{V}_{ik1})(\boldsymbol{V}_{ik3}^{\mathrm{T}}\bar{\boldsymbol{\omega}}_i\boldsymbol{V}_{ik3})}}\\ \dfrac{\boldsymbol{V}_{it1}^{\mathrm{T}}\bar{\boldsymbol{\omega}}_i\boldsymbol{V}_{it4}}{\sqrt{(\boldsymbol{V}_{it1}^{\mathrm{T}}\bar{\boldsymbol{\omega}}_i\boldsymbol{V}_{it1})(\boldsymbol{V}_{it4}^{\mathrm{T}}\bar{\boldsymbol{\omega}}_i\boldsymbol{V}_{it4})}}=\dfrac{\boldsymbol{V}_{ik1}^{\mathrm{T}}\bar{\boldsymbol{\omega}}_i\boldsymbol{V}_{ik4}}{\sqrt{(\boldsymbol{V}_{ik1}^{\mathrm{T}}\bar{\boldsymbol{\omega}}_i\boldsymbol{V}_{ik1})(\boldsymbol{V}_{ik4}^{\mathrm{T}}\bar{\boldsymbol{\omega}}_i\boldsymbol{V}_{ik4})}}\end{cases}\tag{6.32}$$

由于定标体中特征点所构成的直线和消失点的反向射线平行[24]，可得到如下关系：

$$\begin{cases}(C_j-A_j)\otimes(\boldsymbol{K}^{-1}V_{ij1})=0\\(D_j-A_j)\otimes(\boldsymbol{K}^{-1}V_{ij2})=0\\(B_j-D_j)\otimes(\boldsymbol{K}^{-1}V_{ij3})=0\\(C_j-D_j)\otimes(\boldsymbol{K}^{-1}V_{ij4})=0\\\|C_j-A_j\|=L_{A_jC_j}\\\|D_j-A_j\|=L_{A_jD_j}\\\|B_j-D_j\|=L_{B_jD_j}\\\|C_j-D_j\|=L_{C_jD_j}\end{cases}\tag{6.33}$$

式中：$A_j=\boldsymbol{H}_i^{-1}a_j$、$B_j=\boldsymbol{H}_i^{-1}b_j$、$C_j=\boldsymbol{H}_i^{-1}c_j$、$D_j=\boldsymbol{H}_i^{-1}d_j$，代入式(6.31)~式(6.33)即可解算出摄像机参数。

在多视角视觉系统中，上述解算出的摄像机参数只是线性求解，通常系统会受到加性噪声的影响，因此需进行摄像机参数的整体非线性优化[25]，通常采用捆绑调整进行非线性优化，将所有摄像机和所有用于标定的三维空间点以及成像点作为变量，使式(6.34)的重投影误差值达到最小：

$$\mathrm{err}_{\min}\Rightarrow\sum_{i=0}^{t}\sum_{j=0}^{k}(\|a_{ij}-\boldsymbol{H}_iA_j\|^2+\|b_{ij}-\boldsymbol{H}_iB_j\|^2+\|c_{ij}-\boldsymbol{H}_iC_j\|^2+\|d_{ij}-\boldsymbol{H}_iD_j\|^2)\tag{6.34}$$

6.2.2 定点信息三维解算

对于实测空间离散点集 $\bigcup_{i=1}^{n}P_i$ 的直线拟合问题来说，符合最佳平方逼近原理的空间直线[26-27]应该满足：$\sum_{i=1}^{n}(\varepsilon_{xi}^2+\varepsilon_{yi}^2+\varepsilon_{zi}^2)=\min$。其中，$\varepsilon_{xi}$、$\varepsilon_{yi}$、$\varepsilon_{zi}$ 分别表示空间离散点 $P_i(x_i,y_i,z_i)$ 在 X、Y、Z 三个坐标轴方向上的误差。假设空间直线方程的射影式可表示如下

$$\begin{cases}x=az+b\\y=cz+d\end{cases}\tag{6.35}$$

式中：a、b、c、d 为空间直线方程的射影参数。空间直线方程的矩阵表示形式为

$$\begin{bmatrix}x\\y\end{bmatrix}=\begin{bmatrix}z&1&0&0\\0&0&1&z\end{bmatrix}[a\quad b\quad c\quad d]^{\mathrm{T}}\tag{6.36}$$

通过空间直线的拟合过程可以得知,空间离散点集和空间直线方程参数中均隐含误差量,根据空间直线方程的矩阵表示形式即可得到空间直线的误差方程：

$$\boldsymbol{V}=\begin{bmatrix}z&1&0&0\\0&0&1&z\end{bmatrix}\begin{bmatrix}\hat{a}&\hat{b}&\hat{c}&\hat{d}\end{bmatrix}^{\mathrm{T}}-\begin{bmatrix}x\\y\end{bmatrix}\tag{6.37}$$

式中：$\hat{a}$、$\hat{b}$、$\hat{c}$、$\hat{d}$ 为包含误差的空间直线方程参数。根据式(6.37)可以得到空间离散点集拟合的空间直线参数 $\begin{bmatrix}\hat{a}&\hat{b}&\hat{c}&\hat{d}\end{bmatrix}$,空间直线的总体误差方程为

$$\boldsymbol{V}=\begin{bmatrix}z_1&1&0&0\\0&0&1&z_1\\\vdots&\vdots&\vdots&\vdots\\z_n&1&0&0\\0&0&1&z_n\end{bmatrix}\begin{bmatrix}\hat{a}&\hat{b}&\hat{c}&\hat{d}\end{bmatrix}^{\mathrm{T}}-\begin{bmatrix}x_1\\y_1\\\vdots\\x_n\\y_n\end{bmatrix}\tag{6.38}$$

总体最小二乘(TLS)是一种顾及实测数据和参数矩阵误差的平差方法,通过使用总体最小二乘 TLS 的迭代算法计算出空间直线方程参数的统计性最优解。

从空间三维直线的无向性角度看,三维成像模型具有一种双向通路的映射特性,即三维坐标的图像坐标映射和图像坐标的三维坐标映射。对于三维坐标的图像坐标映射来说,任意一个三维坐标都能够映射成唯一的图像坐标,也就是说,三维成像模型中成像平面上某一图像坐标可以看作由某一三维坐标指向摄像机光学中心的一条光束与成像平面的交点。对于图像坐标的三维坐标映射来说,每个图像坐标无法确定与之对应的唯一三维坐标。在这种映射关系模式下,图像坐标与三维坐标被绝对化地映射成一条由光学中心向外发射的空间光束,即图像坐标与三维坐标存在一对多的映射关系。

图 6.6 为图像坐标与三维坐标的映射关系,其中,C_i 表示第 i 个摄像机的光学中心,I_o^i 表示第 i 个摄像机成像平面的第 o 个图像坐标,三维坐标系的 XZ 平面设

定为水平面、垂直向上为 Y 轴正方向，P_o^{ij} 表示第 i 个摄像机成像平面上第 o 个图像坐标在空间平面 $Y=j$ 的三维坐标。

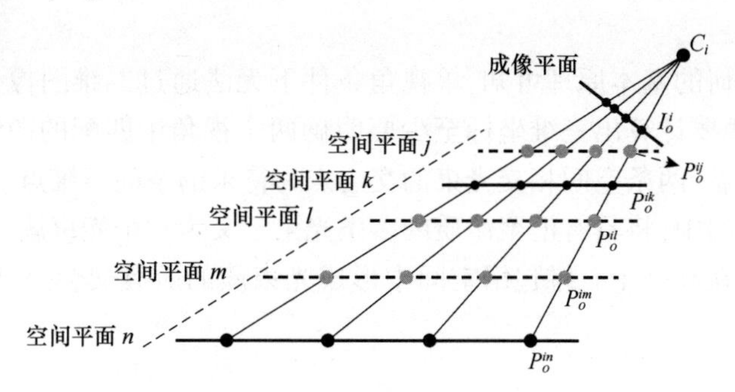

图 6.6　图像坐标与三维坐标的映射关系

假设图像坐标 $I_o^i(x_o, y_o)$ 的三维 Y 轴取值序列为 $Y_{\text{set}} = (j, \cdots, l, \cdots, n)$ ，根据三维成像模型式(6.23)和非线性畸变式(6.24)，可得出空间三维点集与图像坐标间的映射关系为

$$f(x_o, y_o, Y_{\text{set}}) \Rightarrow (X_{\text{set}}, Z_{\text{set}}) \tag{6.39}$$

通过映射关系式(6.39)计算 X 轴和 Z 轴的取值序列 X_{set} 、Z_{set} ，即可得到空间点集为 $\bigcup_{\text{id}x=1}^{\text{cnt}} (x_{\text{id}x}, y_{\text{id}x}, z_{\text{id}x}) = (X_{\text{set}}, Y_{\text{set}}, Z_{\text{set}})$ （id$x$ 为索引序号，cnt 为空间平面个数，set 为类型标识），根据空间光束的总体误差方程解算出空间光束方程的参数为 $\begin{bmatrix}\hat{a} & \hat{b} & \hat{c} & \hat{d}\end{bmatrix}$ ，则空间光束方程的一般式表示为：

注：id$x$ 为索引序号。cnt、set 为类型标识。

$$\begin{cases} x - \hat{a}z - \hat{c} = 0 \\ y - \hat{b}z - \hat{d} = 0 \end{cases} \tag{6.40}$$

引入空间光束内点的评定函数：

$$\Delta_{\text{id}x} = \frac{|(x_{\text{id}x} - \hat{a}z_{\text{id}x} - \hat{c})\boldsymbol{n}_2 - (y_{\text{id}x} - \hat{b}z_{\text{id}x} - \hat{d})\boldsymbol{n}_1|}{|\boldsymbol{n}_1 \times \boldsymbol{n}_2|} \tag{6.41}$$

式中：$\boldsymbol{n}_1 = (1, 0, -\hat{a})$ 、$\boldsymbol{n}_2 = (0, 1, -\hat{b})$ 。借助空间光束内点的评定函数，空间光束拟合的可信度 γ 定义为

$$\gamma = \frac{1}{\max(\Delta_{\text{set}}) - \min(\Delta_{\text{set}})} \tag{6.42}$$

可信度在一定程度上反映了空间光束各内点造成拟合误差的贡献，因此最优解参数 $\begin{bmatrix}\hat{a} & \hat{b} & \hat{c} & \hat{d}\end{bmatrix}$ 取值得到的可信度最大。

6.2.3 刚体结构定位跟踪

由多视几何的基本原理可知,单视角条件下无法通过二维图像坐标计算出三维空间坐标,想要计算出三维坐标至少要明确两个视角中匹配的图像坐标。从光束汇聚的角度看,两条空间相交光束的交会点为待求的空间三维点。

在三维空间中,将具有汇聚潜质的多条光束定义为一个光束簇,正是因此每一个光束簇必定在某一个三维包络空间中形成光束簇的所有交会点,图 6.7 为光束簇汇聚图。

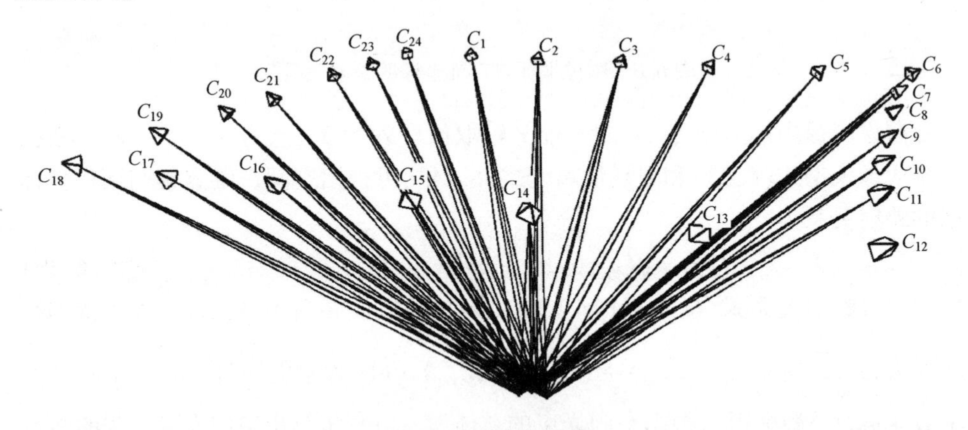

图 6.7 光束簇汇聚

假设两条空间光束的一般方程表示为

$$l_1:\begin{cases} x-\hat{a}_1 z-\hat{c}_1=0 \\ y-\hat{b}_1 z-\hat{d}_1=0 \end{cases},\quad l_i:\begin{cases} x-\hat{a}_i z-\hat{c}_i=0 \\ y-\hat{b}_i z-\hat{d}_i=0 \end{cases} \tag{6.43}$$

则引入两条空间光束 l_i 与 l_1 的相交度量因子为

$$\tau_i=\frac{|(\boldsymbol{m}_1,\boldsymbol{m}_3,\boldsymbol{m}_4)\boldsymbol{m}_2-(\boldsymbol{m}_2,\boldsymbol{m}_3,\boldsymbol{m}_4)\boldsymbol{m}_1|}{|\boldsymbol{M}|} \tag{6.44}$$

式中:$\boldsymbol{m}_1=(1,0,-\hat{a}_1)$;$\boldsymbol{m}_2=(0,1,-\hat{b}_1)$;$\boldsymbol{m}_3=(1,0,-\hat{a}_i)$;$\boldsymbol{m}_4=(0,1,-\hat{b}_i)$;$(\hat{\boldsymbol{m}}_i,\hat{\boldsymbol{m}}_j,\hat{\boldsymbol{m}}_k)$ 表示$\boldsymbol{m}_i$、$\boldsymbol{m}_j$、$\boldsymbol{m}_k$ 的混合积;$\boldsymbol{M}=\begin{vmatrix} 1 & 0 & -\hat{a}_1 & -\hat{c}_1 \\ 0 & 1 & -\hat{b}_1 & -\hat{d}_1 \\ 1 & 0 & -\hat{a}_i & -\hat{c}_i \\ 0 & 1 & -\hat{b}_i & -\hat{d}_i \end{vmatrix}$。根据相交度量因子$\tau_i<0.15$的限定条件,得到属于光束$l_1$的光束簇$L=\{l_1\}\cup\{l_p,\cdots,l_q\}$,并计

算出光束簇 L 中每两条光束的近似交点而构成光束簇的交点集合 $\mathbf{P}_L = \{P_{L1},\cdots,P_{LN}\}$ 。

对于点集 $\mathbf{P}_L$ 来说,引入最佳 $\mathbf{P}_L$ 子集的密集度测定函数为

$$\max\left(\frac{N}{(X_{\max}-X_{\min})(Y_{\max}-Y_{\min})(Z_{\max}-Z_{\min})}\right) \tag{6.45}$$

此时, $\mathbf{P}_L$ 子集 $\mathbf{P}_S$ 的三维点密度最大,从而计算出点集 $\mathbf{P}_L$ 的最优聚类中心坐标为

$$O(x,y,z) = \frac{\sum_{i=1}^{N} P_{Si}}{N} \tag{6.46}$$

由于刚体结构具有内部结构相对不变的性质,因此利用刚体结构中各节点间的相对物理属性来约束刚体结构的定位识别,这样便可以得到当前状态下刚体结构 G_{C} 与初始状态下刚体结构 G_{I} 中各节点的匹配关系:

$$\bigcup_{i=1}^{n} G_{\mathrm{C}i} \rightleftharpoons \bigcup_{i=1}^{n} G_{\mathrm{I}i} \tag{6.47}$$

由于刚体结构具有几何形态不变性,因此刚体结构的空间变换关系可被分解为平移和旋转两种运动的合成,由刚体节点的匹配关系计算二者之间的旋转矩阵和平移向量参数的运算关系为

$$(G_{\mathrm{C}X},G_{\mathrm{C}Y},G_{\mathrm{C}Z})\,\Theta(G_{\mathrm{I}X},G_{\mathrm{I}Y},G_{\mathrm{I}Z}) = [\boldsymbol{R}_{\mathrm{G}} \quad \boldsymbol{T}_{\mathrm{G}}] \tag{6.48}$$

对于刚体结构的平移运动来说,可以简单地由一维向量 (T_{Gx},T_{Gy},T_{Gz}) 表示;但是对于刚体结构的旋转运动来说,直接使用旋转矩阵的旋转角计算方式不仅会使线性化误差产生,还存在计算烦琐、旋转不均匀性及平衡锁定等局限性。由于将一个旋转矩阵应用到实际三维场景的变换当中较为复杂、存在限制性,因此这里将旋转矩阵的表达方式转换为绕轴运动的抽象四元数表示方法,它不仅避免了旋转矩阵表达方式带来的局限性,还具有几何意义明确、计算简单等优势。

利用四元数方式描述三维空间中刚体结构绕任意轴 $\boldsymbol{A}(a_x,a_y,a_z)$ 旋转 α 角度,其四元数 $\boldsymbol{Q}$ 的表示方式为

$$\boldsymbol{Q}(q_w,q_x,q_y,q_z) = \left[\cos\frac{\alpha}{2},\left(\sin\frac{\alpha}{2}\right)a_x,\left(\sin\frac{\alpha}{2}\right)a_y,\left(\sin\frac{\alpha}{2}\right)a_z\right] \tag{6.49}$$

则旋转矩阵的四元数[28]表达方式可写成:

$$\boldsymbol{R}_G = \begin{bmatrix} r_{11} & r_{12} & r_{13} \\ r_{21} & r_{22} & r_{23} \\ r_{31} & r_{32} & r_{33} \end{bmatrix} = \begin{bmatrix} 1-2q_y^2-2q_z^2 & 2q_xq_y+2q_wq_z & 2q_xq_z-2q_wq_y \\ 2q_xq_y-2q_wq_z & 1-2q_x^2-2q_z^2 & 2q_yq_z+2q_wq_x \\ 2q_xq_z+2q_wq_y & 2q_yq_z-2q_wq_x & 1-2q_x^2-2q_y^2 \end{bmatrix} \tag{6.50}$$

使用以上计算方式便可以得到刚体结构的位姿参数。

6.2.4 实验结果及数理分析

为验证所介绍算法的可行性、有效性和鲁棒性,使用多组测试图像展开必要的定性分析与定量分析。将算法的实现过程分为两个阶段:多视角视觉系统标定分析、刚体结构位姿估计。

1. 多视角视觉系统标定分析

为了充分验证本方法的性能,分别通过仿真模拟实验进行数据分析,通过在模拟实验中加入高斯噪声来验证本方法的抗噪性;由于在标定环境中,感光杂点影响着标定精度,因此进行杂点干扰分析对比实验;再进一步通过构建多视角视觉系统,进行实际标定实验以进行数据的分析对比,验证本方法在多视角视觉系统中的有效性。

在仿真实验中,模拟4个摄像机构成一个多视角视觉系统,而这4个摄像机的内部参数均为:焦距f为3500像素,图像分辨率为宽1024像素、高768像素,摄像机的主点坐标为(512,384),摄像机的畸变系数为$k_i = 3 \times 10^7$,$(i = 1,2,3)$。

为了验证基于点约束的径向畸变校正方法,在模型系统中,首先模拟生成无畸变靶标特征点的成像点;然后利用畸变系数对成像点进行模拟摄像机的成像畸变还原;最后利用径向畸变校正方法对畸变后的成像点进行畸变系数求解,$\Delta k_i = 0.0023 \times 10^{-7}$,$(i = 1,2,3)$为解算出的畸变系数误差。通过解算得到的畸变系数对成像图片进行畸变校正后,再进一步对模拟的4个摄像机的参数进行仿真验证,为了验证本方法具有较强的抗高斯噪声干扰特性,在模拟系统中加入方差为0~1像素、均值为0的高斯噪声,其中高斯噪声的步长为0.1像素,从而得到4个模拟摄像机各个参数的相对误差(relative error),图6.8为摄像机标定参数的相对误差,其中c_u、c_v表示的是摄像机主点坐标,f_u、f_v表示的是摄像机的有效焦距值,实验采用类似文献[13]的方式,以模拟摄像机计算出的内参数值与给出的真实值的相对误差来度量抗噪性,通过图6.8可以看出:随着噪声等级从0变化到1,误差曲线是呈线性变化的,而且相对误差值基本保持在3%以下,因此可以看出该方法具有较强的抗噪性。

文献[29]采用基础矩阵求解单应性矩阵后,将单应性矩阵在投影空间和欧式空间之间进行转换,得到摄像机的参数关系式进行标定求解。由于此处多视角视觉标定系统采用的定标体特征点为感光材质,其在摄像机中的成像为高光圆形,因此若标定环境中存在感光杂点,或在摄像机成像中存在类似高光圆形,则文献[29]的方法就无法排除感光杂点对标定系统的影响,也就是当一个感光杂点和定

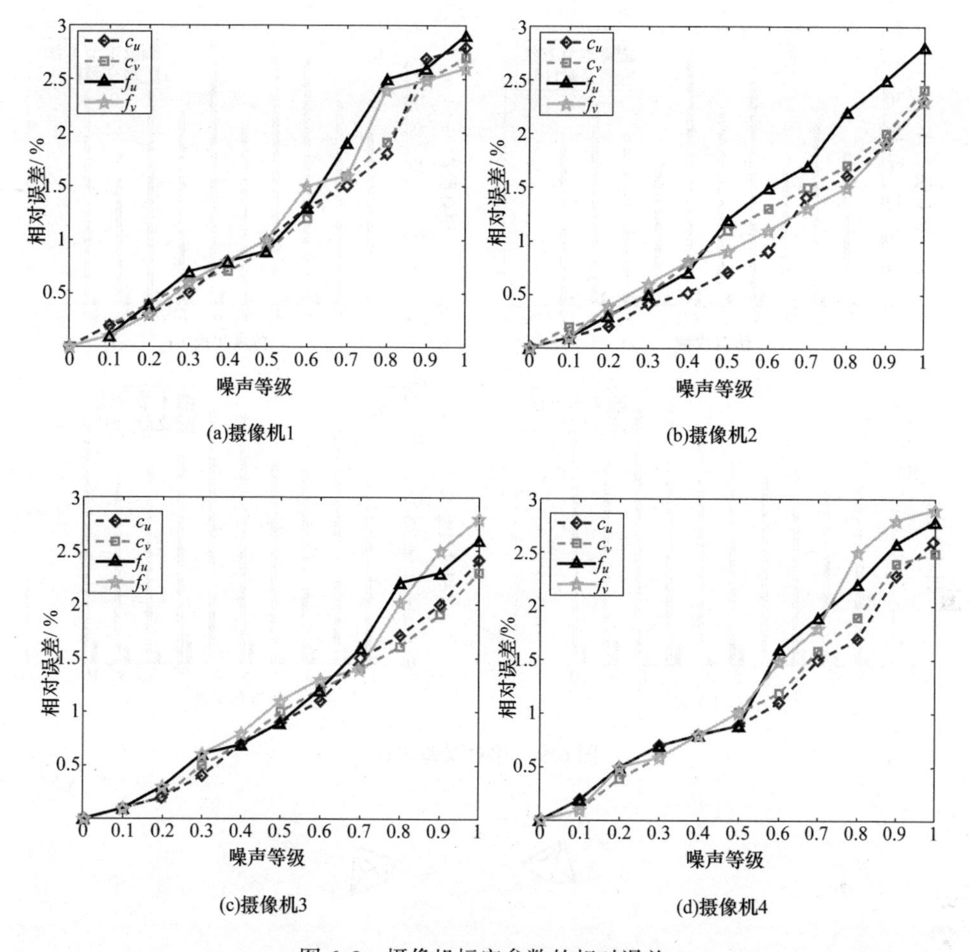

图 6.8　摄像机标定参数的相对误差

标体中的某个特征点位置非常接近时,误差值将进行累积计算,导致标定精度降低。通过 10 次仿真实验,且在每次实验中加入相同的感光杂点,得到相对误差平均值如图 6.9 相对误差比较所示,横坐标表示仿真次数,纵坐标则为多视角视觉系统标定仿真的内参数值与给出的真实值的相对误差。通过图 6.9 可知本方法不会受到感光杂点的干扰,因此可以看出基于点约束的一维定标体标定方法具有较强的抗干扰性。

在多视角视觉系统中,三维数据的计算极大程度地依赖多个摄像机参数的准确性,只有获得正确、可靠的参数值,才能够从根本上保证计算数据的有效性。为了验证本方法在多视角视觉系统环境下的实用性,采用由 OptiTrack 公司生产的 Flex3 型号摄像机,构建一个多视角视觉系统,其由 4 个摄像机构造组成,空间位姿关系如图 6.10 摄像机位姿关系所示。

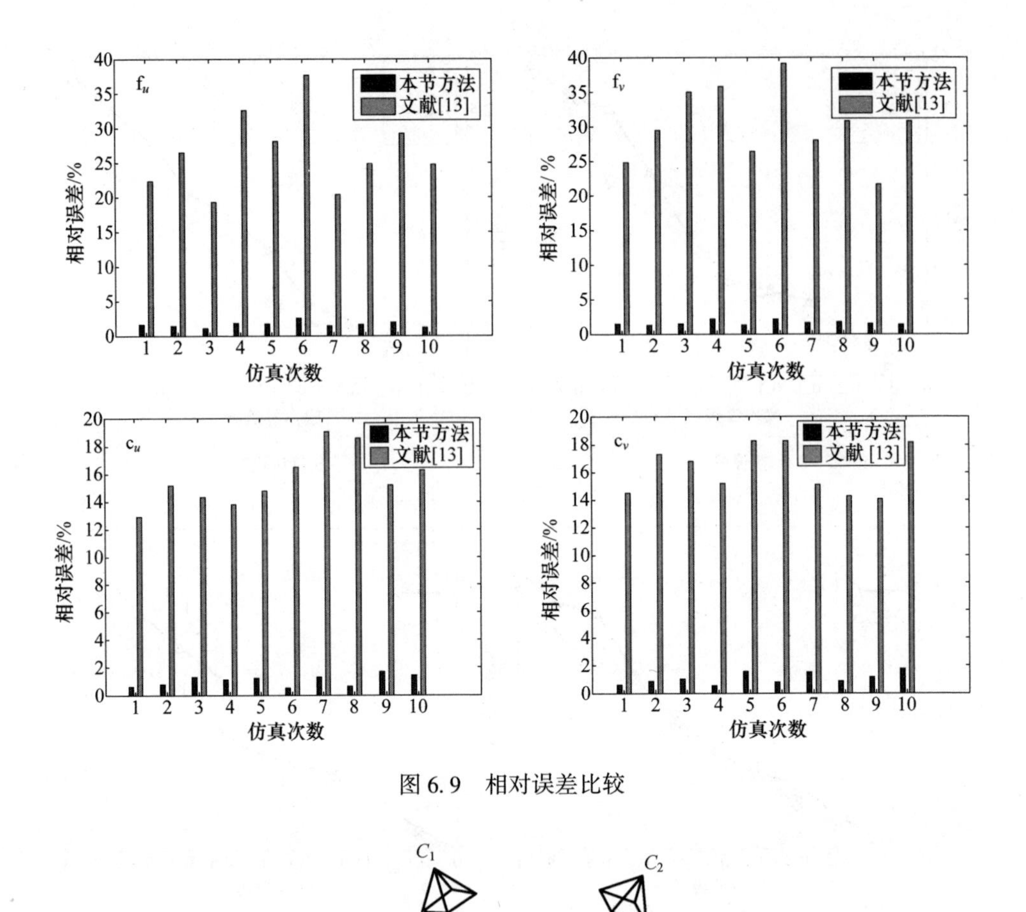

图 6.9　相对误差比较

图 6.10　摄像机位姿关系

其中,Flex3 摄像机的 CCD 分辨率为宽 640 像素、高 480 像素,摄像机的理想焦距为 750 像素。

为了验证本方法的有效性,采用文献[30]的经典二维平面靶标对多视角视觉系统进行标定,由于二维靶标存在遮挡问题,因此通过分步多次进行逐个摄像机的标定;再采用文献[13]经典的一维靶标标定方法和本方法对多视角视觉系统进行标定,三种方法得到的标定结果如表 6.1 所列。

由于二维靶标标定结果具有较高的可靠性,因此将二维靶标标定结果作为理想参数值,将本方法和文献[13]进行比较,可以看出基于消失点约束的多视角标定方法所得参数值非常接近二维靶标的标定方法。表6.2相对误差描述的为本方法标定结果和文献[13]的标定结果与二维靶标标定结果的相对误差值,可以看出本方法的相对误差值较文献[13]的低,因此本方法在多视角视觉系统中具有较强的实用性。

表6.1 三种方法得到的标定结果 单位:像素

视角	标定方法	f_u	f_v	c_u	c_v
摄像机1	本节方法	758.645	759.645	310.685	223.473
	Wang's 1D	775.285	779.117	302.317	204.381
	Zhang's 2D	753.367	752.452	314.984	227.023
摄像机2	本节方法	745.159	744.527	307.473	229.547
	Wang's 1D	741.047	738.687	304.371	217.147
	Zhang's 2D	748.385	749.934	312.021	233.346
摄像机3	本节方法	731.011	730.287	301.274	212.987
	Wang's 1D	726.042	725.169	302.571	206.404
	Zhang's 2D	734.038	738.368	307.487	213.064
摄像机4	本节方法	748.571	747.368	311.258	215.674
	Wang's 1D	740.368	738.217	308.354	210.657
	Zhang's 2D	751.632	753.548	313.396	216.046

表6.2 相对误差 单位:%

视角	标定方法	f_u	f_v	c_u	c_v
摄像机1	本节方法	0.70	0.96	1.36	1.56
	Wang's 1D	2.91	3.54	4.02	9.97
摄像机2	本节方法	0.43	0.72	1.46	1.63
	Wang's 1D	0.98	1.50	2.45	6.94
摄像机3	本节方法	0.41	1.09	2.02	0.04
	Wang's 1D	1.09	1.79	1.60	3.13
摄像机4	本节方法	0.41	0.82	0.68	0.17
	Wang's 1D	1.50	2.03	1.61	2.49

为了进一步验证本方法的精确性和实用性,用三种方法分别对棋盘格的角点坐标和重投影角点坐标进行实际测量比较,提取部分实验数据如表6.3三组实验的测量结果所示。

表 6.3　三组实验的测量结果　　单位:mm

角点坐标	本节方法	Zhang's 2D	Wang's 1D
(465.86,188.56)	(466.57,188.44)	(466.36,188.43)	(467.06,188.72)
(338.34,236.01)	(339.11,236.53)	(338.95,236.41)	(339.64,236.33)
(292.20,150.72)	(293.23,152.42)	(292.74,151.85)	(293.52,154.54)
(296.27,280.81)	(296.94,281.14)	(296.88,281.13)	(297.37,281.24)
(249.96,195.54)	(250.67,195.85)	(250.38,195.74)	(251.36,195.66)
(205.25,153.88)	(205.83,154.03)	(205.59,154.19)	(206.16,154.12)
(212.69,370.17)	(213.14,370.33)	(213.06,370.35)	(213.58,370.31)
(164.46,242.27)	(165.17,242.37)	(164.93,242.36)	(165.26,242.57)
(119.02,157.42)	(119.52,157.50)	(119.71,157.49)	(119.82,157.67)
(126.92,372.98)	(127.14,373.33)	(127.02,373.01)	(127.78,372.42)

统计三种方法角点坐标和重投影角点坐标的平均误差值,其中本方法的平均误差值在 0.622~0.973mm,二维靶标标定方法的平均误差值在 0.314~0.553mm,文献[13]的平均误差值在 1.357~1.682mm。

2. 刚体结构位姿估计

在多视角环境下,三维数据的计算极大程度地依赖多个摄像机内、外参数的准确性,只有获得正确、可靠的参数值,才能够从根本上保证计算数据的有效性。图 6.11 为多个摄像机之间的相对位姿关系,可以清晰地由摄像机空间位姿看出它们的外部参数表现。

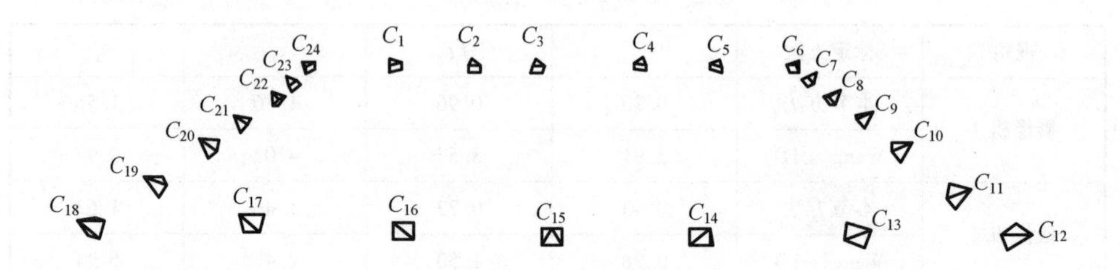

图 6.11　多个摄像机之间的相对位姿关系

图 6.12 为刚体结构的定位与跟踪处理过程,首先通过多个红外摄像机拍摄多个视角的红外图像,然后提取红外图像中反光标记球的三维坐标,接下来对刚体结构进行定位并找到刚体结构的变换关系,最后通过立体虚拟视点的绑定实时观看立体合成画面。

1)反光标记球定位

为了解算空间中反光标记球的三维坐标,需要从多个角度拍摄反光标记球在三维空间中不同姿态的成像,图 6.13 为多个视角红外摄像机拍摄得到的某一时刻

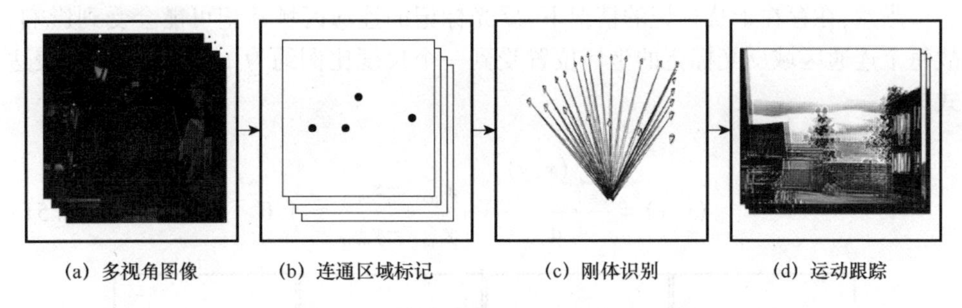

图 6.12　刚体结构定位与跟踪处理过程

各视角红外图像，这些红外图像中包含了各个反光标记球的丰富姿态信息，为反光标记球精确的坐标求解提供了基本保障。

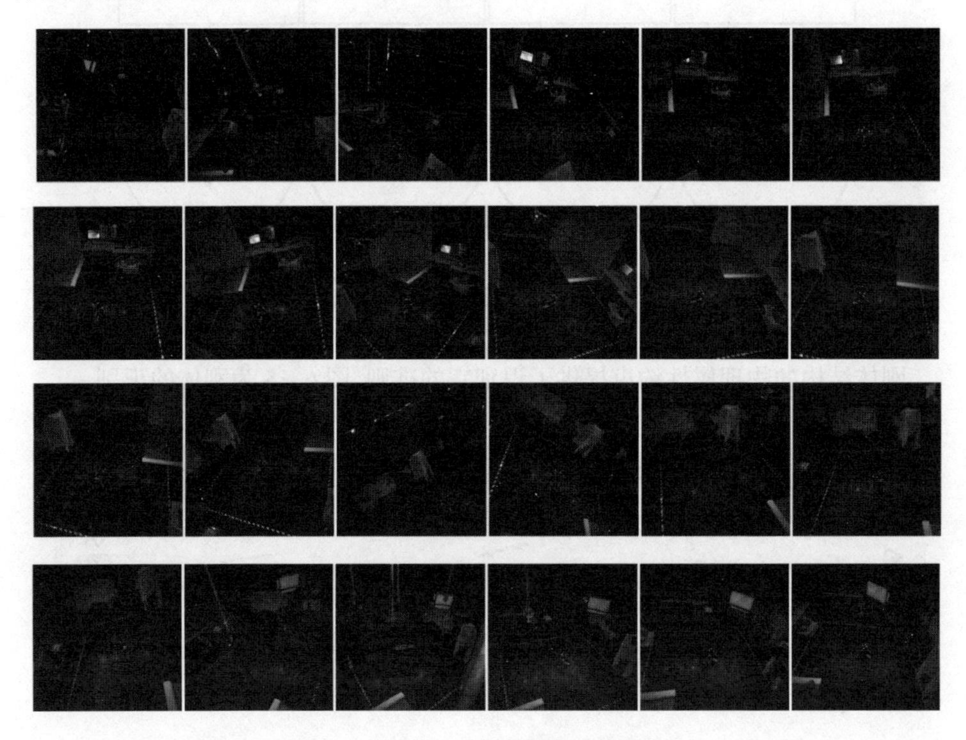

图 6.13　某一时刻各视角红外图像

因为使用的是球形反光标记，所以反光标记从每个角度观看都应该有一致的二维成像表现，即反光标记球具有各向表现的一致性。也正因如此，任意角度的反光标记球在二维红外图像中的连通区域几乎近似圆形。标记连通区域的时候，使用 8 邻域 Two-Pass 方法对二值图像进行两遍扫描操作，并标记出二值图像中的所有连通区域，图 6.14 为连通区域标记图，可以看出二值图像中不同反光标记球的位置被赋予了不同的颜色。

当然,在存在干扰标记的情况下,反光标记的连通区域标记可能会受到影响,故每个连通区域反光标记的坐标位置受到一个尺度比例约为 1.0 的限定,其表达式为

$$(x,y)=\frac{\sum_{i=1}^{n}(x,y)}{n}\leftarrow\frac{x_{\max}-x_{\min}}{y_{\max}-y_{\min}}\approx 1.0 \tag{6.51}$$

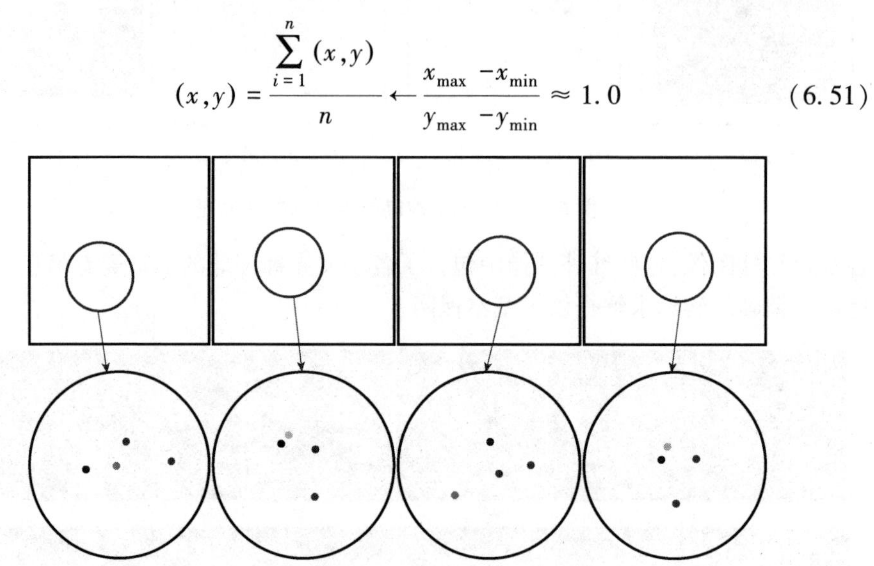

图 6.14 (见彩图)连通区域标记图

2)刚体位姿估计

刚体结构的物理属性约束提供了识别它的准则,图 6.15 为刚体的识别。

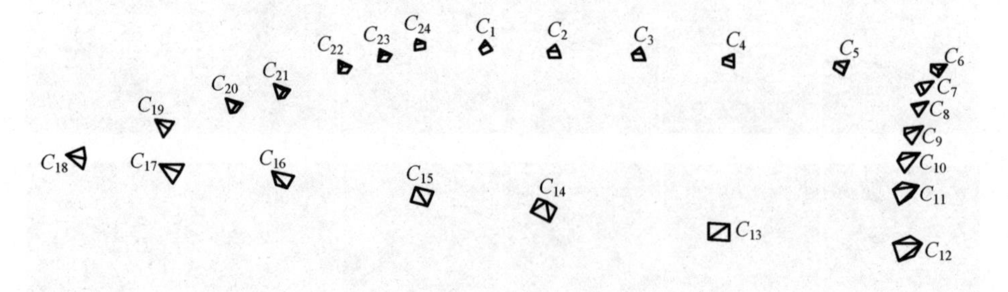

图 6.15 刚体的识别

在表 6.4 刚体物理属性计算误差中,记录了自 1200 帧开始,每次相隔 200 帧的刚体尺寸计算值,通过所有记录数据的均值计算得到:$\text{error}_{\text{mean}}\approx 0.12\text{mm}$。从表 6.4 刚体尺寸计算值中可以看出,刚体的真实物理尺寸值与实际计算数值之间

的误差很小,说明刚体结构的还原程度比较好。

表 6.4　刚体物理属性计算误差

采集帧/帧	最小误差/mm	最大误差/mm	平均误差/mm
1200	0.11	0.32	0.13
1400	0.08	0.26	0.09
1600	0.09	0.30	0.11
1800	0.13	0.29	0.11
2000	0.11	0.28	0.12
2200	0.09	0.33	0.13

利用一个刚体的运动,实现三维虚拟场景中第一人称视角模拟两路虚拟视点的组合运动,完成了立体合成画面的捕捉与呈现,增强了虚拟视点观察三维场景的灵活性和效率。两路视点采用平行式结构放置,并将二者绑定到刚体结构上,两个虚拟视点将跟随刚体做自由运动。左、右两个虚拟视点之间仅存在水平视差,即两个虚拟视点之间的相对关系仅表现为平移向量的不同,二者的相对平移向量为 $(t_x, 0.0, 0.0)$,t_x 决定了立体出屏效果的控制,图 6.16 为立体虚拟视点不同视角下的立体画面输出效果。在三维场景中,将虚拟物体的尺寸调整为与真实尺寸基本一致的状态,当前 t_x 的取值为 65mm,模拟人眼的真实瞳距。

6.3　视觉跟踪相机的动态轨迹迁移

对于增强现实合成显示而言,若真实场景画面是摄像机处于静止状态下拍摄的,则无须对摄像机的运动轨迹进行恢复,直接将三维虚拟景物合成到真实场景画面中即可。但如果真实相机在运动状态下拍摄,则此时拍摄到的真实场景处于不断变化过程中,而三维虚拟景物却不会随着真实相机的运动轨迹进行迁移式动态调整,这样合成的效果无法满足人们基本的视觉要求。因此,需要让三维虚拟景物的画面输出与真实相机的运动轨迹保持一致,而且要使虚拟相机与虚拟景物的相对位置具有合理性,此时则需要将真实相机运动轨迹迁移至虚拟相机,并且使虚拟相机具有自主进行局部运动路径优化的行为能力。虚拟相机的运动路径规划问题实质上是将真实相机的运动轨迹迁移至虚拟场景中控制虚拟相机运动,并对虚拟相机运动轨迹进行局部优化及重定位的规划过程。在本节中,通过引入动态窗口算法,将真实相机运动轨迹作为虚拟相机的全局轨迹路径,再结合改进评价函数对虚拟相机的运动路径进行局部重新规划。

(a) 视角1

(b) 视角2

(c) 视角3

图 6.16　立体虚拟视点不同视角下的立体画面输出效果

6.3.1 帧间相机位姿估计

在估计相机位姿算法流程中，通过判断图像中提取到的特征点数量，分别采用特征点法或直接法来估计相邻两帧图像间相机的位姿状态。在特征点法中，根据相机原理的不同，需要对匹配点对进行不同的处理；在直接法中，根据光度变化的不同，在下一帧图像中寻找与上一帧图像中最相似的像素点，不断地调整相机的位姿变化来估计相机运动。

1. 特征点法估计帧间相机位姿

1）对极约束

当视觉 SLAM 的传感器为单目相机时，我们只能根据图像中的二维信息来估计帧间相机的运动。所以在得到两幅二维图像之间的匹配关系后，采用对极约束的方法恢复相机位姿。

对极约束根据两帧图像 I_{k-1} 和 I_k 之间的匹配关系，恢复两帧图像间相机的运动。在图 6.17 中，我们设第 $k-1$ 帧到第 k 帧相机的运动为旋转矩阵 $\boldsymbol{R}$ 和平移向量 $\boldsymbol{t}$。O_1、O_2 分别为两帧图像对应的相机中心，O_1、O_2 的连线称为基线，O_1、O_2 与空间中的点 P 构成极平面。根据相机针孔成像模型，我们知道像素点 p_1、p_2 之间的关系以及在图像中的像素位置，表达如下：

$$\boldsymbol{p}_1 = \boldsymbol{KP},\ \boldsymbol{p}_2 = \boldsymbol{K}(\boldsymbol{RP} + \boldsymbol{t}) \tag{6.52}$$

式中：$\boldsymbol{K}$ 为相机的内参矩阵。

将式（6.52）中两个像素点的位置进行归一化处理后得到式（6.53），即对极约束。对式（6.53）使用基础矩阵 $\boldsymbol{F}$ 和本质矩阵 $\boldsymbol{E}$ 进行简化，得到：

$$\boldsymbol{p}_2^{\mathrm{T}}\boldsymbol{K}^{-\mathrm{T}}\boldsymbol{tRK}^{-\mathrm{T}}\boldsymbol{p}_1 = 0 \tag{6.53}$$

$$\boldsymbol{E} = \boldsymbol{tR},\ \boldsymbol{F} = \boldsymbol{K}^{-\mathrm{T}}\boldsymbol{EK}^{-\mathrm{T}},\ \boldsymbol{p}_2^{\mathrm{T}}\boldsymbol{Fp}_1 = 0 \tag{6.54}$$

对极约束给出了两帧图像中匹配点 p_1、p_2 在三维空间中的位置关系，将恢复相机运动的问题转化为：根据两帧图像中匹配的像素点位置计算 $\boldsymbol{E}$ 或者 $\boldsymbol{F}$，再根据 $\boldsymbol{E}$ 或者 $\boldsymbol{F}$ 与 $\boldsymbol{R}$ 和 $\boldsymbol{t}$ 之间的关系来求解相机位姿。对于本质矩阵 $\boldsymbol{E}$ 的求解来说，可以采用经典的八点法[31]进行计算；在计算出本质矩阵 $\boldsymbol{E}$ 之后，再采用奇异值分解（SVD）便可得到 $\boldsymbol{R}$ 和 $\boldsymbol{t}$。

2）N 点透视问题（PNP）

在 RGB-D 图像序列中，已知图像的深度信息，即已知特征点的三维（3D）位置信息以及它们的投影点位置，这样便可以采用透视 N 点法求解。常用的求解透视 N 点问题的方法主要包括 P3P[32]、DLT、EPnP[33]、UPnP[34]以及非线性优化等，本节将采用 P3P 方法进行求解，即使用三对 3D-2D 匹配点来求解相机位姿。

如图 6.18 所示，假设有三维空间 3D 点 A、B、C 及其在投影成像平面上的 2D

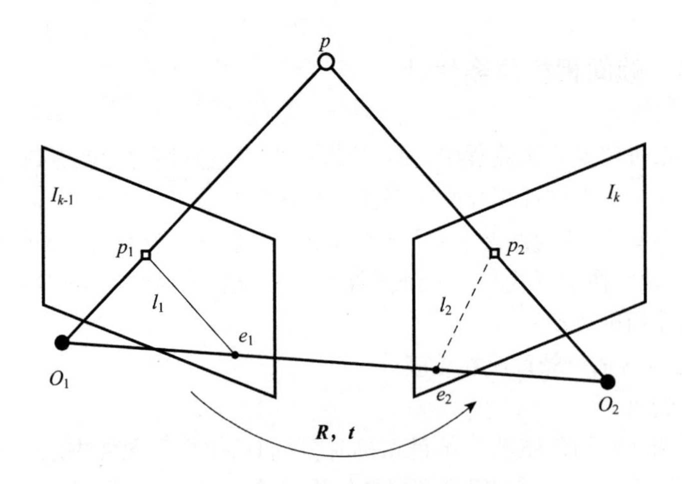

图 6.17　对极约束

点 a 、b 、c , O 为相机光心,则根据图中三角形之间的对应关系,能够求出点 a 、b 、c 在相机坐标系下的深度值,从而使世界坐标系下点 A 、B 、C 也能够转换到相机坐标系之下。此时,3D-2D 问题转化成为 3D-3D 问题,即可采用 ICP 进行求解。

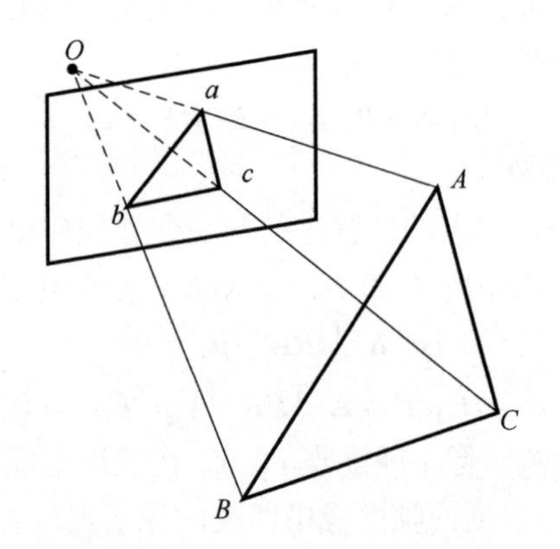

图 6.18　P3P 方法示意图

对于 ICP 问题,将采用 SVD 方法进行求解。假设相邻两帧图像之间已经匹配的特征点集合为 $\mathbf{P}_t=\{p_1,p_2,\cdots,p_n\}$, $\mathbf{P}_{t+1}=\{p'_1,p'_2,\cdots,p'_n\}$,为了使任意点对 p_i 经过相机的旋转平移后能够得到匹配点 p'_i ,则可以求解:

$$\forall i, p_i=\boldsymbol{R}p'_i+\boldsymbol{t} \tag{6.55}$$

首先,定义第 i 对匹配点之间的误差项为 e_i ,然后构建最小二乘问题进行计算,求出能够使误差平方和达到极小值的 $\boldsymbol{R}$、$\boldsymbol{t}$,此时 $\boldsymbol{R}$、$\boldsymbol{t}$ 为相机的位姿变化情况,计算过程表达如下:

$$e_i = p_i - (\boldsymbol{R}p'_i + \boldsymbol{t}), \quad \min_{R,t} J = \frac{1}{2}\sum_{i=1}^{n} \| e_i \|_2^2 \tag{6.56}$$

对式(6.56)进行求解时,先计算两组点的质心位置 p,p',表示如下:

$$p = \frac{1}{n}\sum_{i=1}^{n}(p_i), \quad p' = \frac{1}{n}\sum_{i=1}^{n}(p'_i) \tag{6.57}$$

再计算每个点去除质心后的具体坐标值,表达如下:

$$q_i = p_i - p, \quad q'_i = p'_i - p' \tag{6.58}$$

然后计算旋转矩阵,其计算过程如下:

$$\boldsymbol{R}^* = \arg\min_{R} \frac{1}{2}\sum_{i=1}^{n} \| q_i - \boldsymbol{R}q'_i \|^2 \tag{6.59}$$

随后根据式(6.59)计算得到的旋转矩阵 $\boldsymbol{R}$ 对平移向量 $\boldsymbol{t}^*$ 进行求解,其计算过程如下:

$$\boldsymbol{t}^* = p - \boldsymbol{R}p' \tag{6.60}$$

再求解最优的旋转矩阵 $\boldsymbol{R}$,对于最优解 $\boldsymbol{R}$ 的求解过程来说,我们先定义式(6.61)来表示矩阵:

$$\boldsymbol{W} = \sum_{i=1}^{n} \boldsymbol{q}_i \boldsymbol{q}_i'^{\mathrm{T}} \tag{6.61}$$

式中:$\boldsymbol{W}$ 为一个 3×3 矩阵,对 $\boldsymbol{W}$ 进行奇异值(SVD)分解,便可得到以下形式:

$$\boldsymbol{W} = \boldsymbol{U}\sum \boldsymbol{V}^{\mathrm{T}} \tag{6.62}$$

式中:$\sum$ 为奇异值组成的对角矩阵;$\boldsymbol{U}$ 和 $\boldsymbol{V}$ 为正交矩阵。当 $\boldsymbol{W}$ 满秩时,$\boldsymbol{R}$ 具体可表示为

$$\boldsymbol{R} = \boldsymbol{U}\boldsymbol{V}^{\mathrm{T}} \tag{6.63}$$

求出旋转矩阵 $\boldsymbol{R}$ 之后,根据式(6.60)可求出平移向量 $\boldsymbol{t}$。

3)局部位姿优化算法

在使用特征点法初步估计帧间相机运动时,由于后一帧在前一帧的基础上进行计算,所以随着时间的推移会出现一些累计误差,使后续帧估计出来的相机轨迹精度越来越差。采用光束平差(BA)算法对每次估计出的相机位姿进行优化,减少对后续相机位姿的影响。BA 算法的本质是最小化重投影误差,而重投影误差指的是根据估计出的空间点位置和相机位姿进行二次投影,得到与三维空间点在成像平面投影之间的误差值,通过最小化这种误差值,可确保得到相机在移动方向上的准确性。

在重投影误差计算过程中,相机位姿用 ξ 表示,根据理论基础部分的介绍可知,空间点 $\boldsymbol{P}_i = [X_i, Y_i, Z_i]^{\mathrm{T}}$ 与投影点 $\boldsymbol{U}_i = [u_i, v_i]^{\mathrm{T}}$ 之间的位置关系可表示如下:

$$z_i \begin{bmatrix} u_i \\ v_i \\ 1 \end{bmatrix} = \boldsymbol{K} \cdot \exp(\xi^{\wedge}) \begin{bmatrix} X_i \\ Y_i \\ Z_i \\ 1 \end{bmatrix} = \boldsymbol{K} \cdot \exp(\xi^{\wedge}) \boldsymbol{P}_i \tag{6.64}$$

将求解误差和的计算过程构建成最小二乘问题，使估计误差最小化，从而求出相机位姿的最优解，表达如下：

$$\xi^* = \operatorname{argmin} \frac{1}{2} \sum_{i=1}^{n} \left\| \boldsymbol{U}_i - \frac{1}{z_i} \boldsymbol{K} \cdot \exp(\xi^{\wedge}) \boldsymbol{P}_i \right\|_2^2 \tag{6.65}$$

在式(6.65)中，误差项为第一次投影得到的像素点计算出的空间点位置以及估计出的相机位姿进行二次投影与空间点在成像平面上的投影之间的误差值，重投影误差示意如图 6.19 所示。

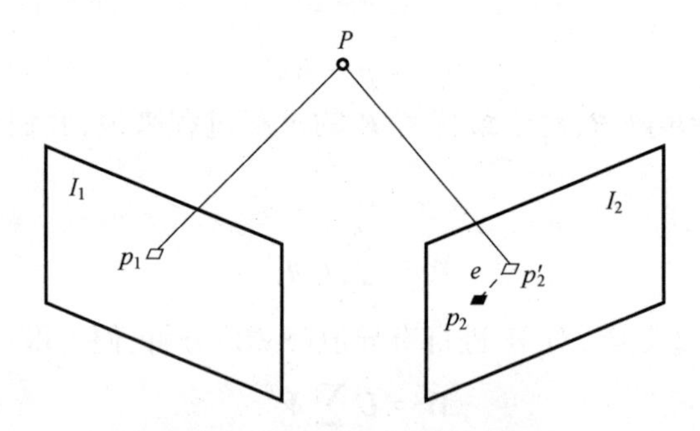

图 6.19　重投影误差示意图

在图 6.19 中，p_1、p_2 为同一空间点 P 分别在 I_1 帧与 I_2 帧中的实际投影点，实际投影点 p_2 与二次投影点 p'_2 之间的误差为 e，因此，可通过调整初步估计出的相机位姿来减小误差值，该过程就是局部位姿的优化过程。

2. 直接法估计帧间相机位姿

基于特征点法估计帧间相机运动的方法，主要依赖从图像中提取到的特征点数量和质量，提取相邻两帧图像中的特征点并进行匹配而筛选匹配点对，该方法计算量大且在特征点少的场景中极易造成跟踪失败。在直接法中则根据图像中像素点的差异来计算特征点在下一帧图像中的位置，通过寻找两帧图像中最相似的两个特征点来调整相机的位姿，只要场景中有明暗变化即可，并且直接法能够有效地解决特征点法中的典型问题。此外，特征点法需要知道相邻两帧图像上特征点之间的对应关系，而直接法是假设一个运动的初始状态，根据当前时刻相机的位姿估计下一时刻特征点在图像中的位置，不同于特征点法需要知道两个特征点之间的对应关系。在假设图像像素点灰度值不变的前提下，最小化两个像素点间的光度误差来优化相机位姿，原理如图 6.20 所示。

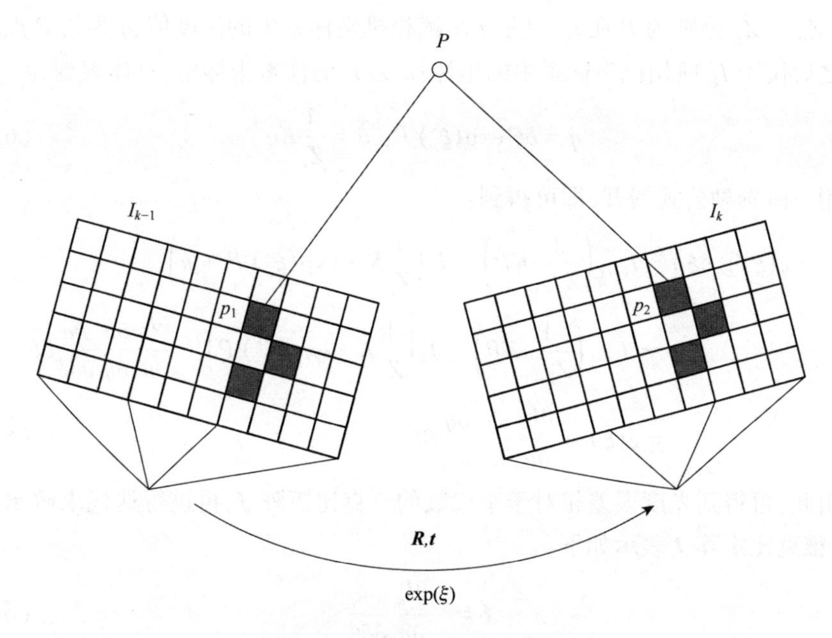

图 6.20　直接法估计相机位姿

灰度不变性假设指的是同一个空间点的灰度值在各个图像中保持不变，在图 6.20 中，直接法的具体表现就是：根据当前的相机位姿，在 I_k 帧中寻找与 p_1 点相对应的 p_2 位置，然后优化相机的位姿找到与 p_1 更相似的 p_2 点。在直接法中，误差项为空间点 P 投影在相邻两帧图像中的亮度误差，它可表示如下：

$$\boldsymbol{e} = I_{k-1}(p_1) - I_k(p_2) \tag{6.66}$$

式中：$\boldsymbol{R}$、$\boldsymbol{t}$ 对应的李代数为 ξ，即相机位姿，其优化目标为式(6.66)光度误差的二范式，此二范式表示为

$$\min_{\xi} J(\xi) = \| \boldsymbol{e} \|^2 \tag{6.67}$$

基于灰度不变性假设，如果空间中存在多个(如 N 个)点 p_i，则优化光度误差的二范式后，相机位姿估计可表示如下：

$$\min_{\xi} J(\xi) = \sum_{i=1}^{N} \boldsymbol{e}_i^T \boldsymbol{e}_i,\ \boldsymbol{e}_i = I_1(p_{1,i}) - I_2(p_{2,i}) \tag{6.68}$$

式中：ξ 为优化变量；$\boldsymbol{e}$ 为误差项，通过不断调整位姿 ξ 的变化情况，使得误差项 $\boldsymbol{e}$ 达到最小。采用李群李代数的扰动模型给 $\exp(\xi)$ 左乘一个小扰动 $\exp(\delta\xi)$ 来调整相机位姿，从而得到：

$$\begin{aligned} e(\xi \oplus \delta\xi) &= I_{k-1}\left(\frac{1}{Z_{k-1}}\boldsymbol{KP}\right) - I_k\left(\frac{1}{Z_k}\boldsymbol{K} \cdot \exp(\delta\xi^\wedge)\exp(\xi^\wedge) P\right) \\ &= I_{k-1}\left(\frac{1}{Z_{k-1}}\boldsymbol{KP}\right) - I_k\left(\frac{1}{Z_k}\boldsymbol{K} \cdot \exp(\xi^\wedge) P + \frac{1}{Z_k}\boldsymbol{K}\delta\xi^\wedge \exp(\xi^\wedge) P\right) \end{aligned} \tag{6.69}$$

式中：Z_{k-1}、Z_k 分别为 P 在 I_{k-1} 帧与 I_k 帧相机坐标系中的深度值；q 为给 P 点增加扰动之后位于 I_k 帧相机坐标系中的坐标；u 为 P 的像素坐标值，具体表现为

$$q = \delta\xi^{\wedge}\exp(\xi^{\wedge})P,\ u = \frac{1}{Z_k}\boldsymbol{K}q \tag{6.70}$$

再利用一阶泰勒公式展开，即可得到：

$$\begin{aligned} e(\xi \oplus \delta\xi) &= I_{k-1}\left(\frac{1}{Z_{k-1}}\boldsymbol{K}P\right) - I_k\left(\frac{1}{Z_k}\boldsymbol{K}\cdot\exp(\xi^{\wedge})P + u\right) \\ &\approx I_{k-1}\left(\frac{1}{Z_{k-1}}\boldsymbol{K}P\right) - I_k\left(\frac{1}{Z_k}\boldsymbol{K}\cdot\exp(\xi^{\wedge})P\right) - \frac{\partial I_k}{\partial u}\frac{\partial u}{\partial q}\frac{\partial q}{\partial\delta\xi}\delta\xi \\ &= e(\xi) - \frac{\partial I_k}{\partial u}\frac{\partial u}{\partial q}\frac{\partial q}{\partial\delta\xi}\delta\xi \end{aligned} \tag{6.71}$$

由此，可得到光度误差相对于李代数的雅克比矩阵 $\boldsymbol{J}$，再进行迭代求解出相机位姿，雅克比矩阵 $\boldsymbol{J}$ 表示如下：

$$\boldsymbol{J} = -\frac{\partial I_k}{\partial u}\frac{\partial u}{\partial\delta\xi} \tag{6.72}$$

虽然直接法不提取图像中的特征点，不受图像特征的限制，在一定程度上弥补了特征点法的缺陷，但它是利用图像中像素点的亮度变化进行计算的，所以会受到环境中亮度的变化和相机曝光度的影响，而且只适用于相机缓慢运动的情况。

6.3.2 虚拟相机动态采样

针对将真实相机运动轨迹迁移至虚拟场景中来控制虚拟相机运动的问题，在已知虚拟相机全局路径的前提下，引入动态窗口算法[35]对虚拟相机进行局部重新规划。根据动态窗口算法的原理，在虚拟相机的轨迹空间中，筛选出最贴合全局路径的运动轨迹。动态窗口算法首先根据机器智能的运动学和动力学特性，确定后续阶段运行时的线速度 v 与角速度 ω 的范围，然后在此范围内对线速度和角速度进行离散采样，并得到速度向量采样集，再对速度向量采样集进行模拟而得到多个机器智能的局部运动轨迹。最后，使用评价函数在轨迹空间中进行筛选，选取最优运动轨迹对应的速度来驱动机器运动。受动态窗口算法的启发，将该算法应用到虚拟相机上，使虚拟相机的 (v,ω) 与真实摄像机的 (v,ω) 保持一致，从而保证了三维虚拟景物在随着真实摄像机运动时，不仅运动轨迹相同而且能达到同步调整的目的。虚拟相机的运动反映在三维虚拟景物的变化上，使虚实融合的效果更能满足人们的视觉要求。

1. 虚拟相机运动模型

在动态窗口算法中,想要模拟出虚拟相机的运动轨迹空间,关键在于确定虚拟相机的运动模型。在采样周期 Δt 的时间间隔内,因为时间短、相机运动速度慢,所以相机的位移较小,故可以近似地将相邻两个速度采样点间相机的运动轨迹看作直线,则虚拟相机的运动轨迹可表达如下:

$$x(t) = x(t - 1) + v_t \Delta t \cos(\theta_{t-1}) \tag{6.73}$$

$$y(t) = y(t - 1) + v_t \Delta t \sin(\theta_{t-1}) \tag{6.74}$$

$$\theta_t = \theta_{t-1} + \omega_t \Delta t \tag{6.75}$$

式中:$x(t)$ 、$x(t-1)$ 分别为虚拟相机在 t 时刻与 $t-1$ 时刻的 x 轴坐标;$y(t)$ 、$y(t-1)$ 分别为虚拟相机在 t 时刻与 $t-1$ 时刻的 y 轴坐标;θ_t 、θ_{t-1} 分别为虚拟相机在 t 时刻和 $t-1$ 时刻与 x 轴的夹角;v_t 为虚拟相机在 t 时刻的线速度;ω_t 为虚拟相机在 t 时刻的角速度;Δt 为采样周期。

2. 虚拟相机运动速度采样

在确定虚拟相机运动模型的基础上,根据速度向量就可以规划出运动轨迹,所以需要明确虚拟相机的速度向量空间,也就是要确定算法中的动态窗口 $\mathbf{V}_r$ 。假定 $\mathbf{V}_s$ 是虚拟相机能达到的线速度与角速度的最大集合,则具体可表示为

$$\mathbf{V}_s = \{(v,\omega) \mid v \in (v_{min}, v_{max}),\ \omega \in (\omega_{min}, \omega_{max})\} \tag{6.76}$$

式中:$\mathbf{V}_s$ 为所能达到的所有速度向量集合;v_{min}、v_{max} 分别为虚拟相机所能达到的最大线速度、最小线速度;ω_{min}、ω_{max} 分别为虚拟相机能达到的最大角速度、最小角速度。

虚拟相机在最大减速度下停止运动,使其碰不到最近障碍物的安全无碰撞区域,运动时将线速度和角速度限制为集合 $\mathbf{V}_a$:

$$\mathbf{V}_a = \left\{(v,\omega) \mid v \leqslant \sqrt{2\mathrm{dist}(v,\omega)\dot{v}_b},\ \omega \leqslant \sqrt{2\mathrm{dist}(v,\omega)\dot{\omega}_b}\right\} \tag{6.77}$$

式中:$\dot{v}_b$ 为虚拟相机的最大线减速度;$\dot{\omega}_b$ 为虚拟相机最大角减速度;$\mathrm{dist}(v,\omega)$ 为速度 (v,ω) 对应轨迹离最近障碍物的距离。

同时,虚拟相机受自身速度限制可达到的速度 $\mathbf{V}_d$ 可表示为

$$\mathbf{V}_d = \{(v,\omega) \mid v \in (v_c - \dot{v}_b\Delta t, v_c + \dot{v}_a\Delta t),\ \omega \in (\omega_c - \dot{\omega}_b\Delta t, \omega_c + \dot{\omega}_a\Delta t)\} \tag{6.78}$$

式中:v_c、ω_c 分别为虚拟相机当前时刻的线速度与角速度;$\dot{v}_a$, $\dot{v}_b$ 分别为虚拟相机的最大线加速度和最大线减速度;$\dot{\omega}_a$、$\dot{\omega}_b$ 分别为虚拟相机的最大角加速度和最大角减速度。

利用虚拟相机最大速度约束、无碰撞可行区域的速度约束以及自身速度限制,可定义动态窗口 $\mathbf{V}_r$:

$$\mathbf{V}_r = \mathbf{V}_s \cap \mathbf{V}_a \cap \mathbf{V}_d \tag{6.79}$$

在定义动态窗口 $\mathbf{V}_r$ 中,将无穷多组的速度限制于指定范围内,再对连续性的速度向量空间进行离散化处理,从而得到多组线速度与角速度 (v,ω) 的采样点,针对每个速度采样点 (v,ω) ,根据虚拟相机的运动模型,即可规划得到虚拟相机在运动周期 t 内的最佳运动轨迹。

3. 运动轨迹评价函数

在采样速度空间中,由于能够得到若干组可行规划轨迹,因此需要使用运动轨迹评价函数对每组运动轨迹进行规划评价。通常只考虑速度、路径角度和障碍物距离三个因素,此时评价函数表示为

$$G(v,\omega) = \sigma(\alpha * \mathrm{heading}(v,\omega) + \beta * \mathrm{dist}(v,\omega) + \gamma * \mathrm{velocity}(v,\omega)) \tag{6.80}$$

式中: $\mathrm{heading}(v,\omega)$ 为方位角评价函数,可由式(6.81)进行表达; $\mathrm{velocity}(v,\omega)$ 为当前轨迹速度大小的评价函数。在已设定采集速度的前提下,它用来评价虚拟相机处于规划轨迹末端时,视线朝向、虚拟相机位置与目标位置之间的角度差异,这使虚拟相机在移动过程中保证其航向角不断地朝向目标点位置,表达如下:

$$\mathrm{heading}(v,\omega) = 180^{\circ} - \theta \tag{6.81}$$

式中: θ 为虚拟相机在预测位置的切线方向与虚拟相机和目标点连线之间的夹角, θ 越小则评价得分越高,也就说明轨迹越优,图 6.21 为方位角评价函数示意图。

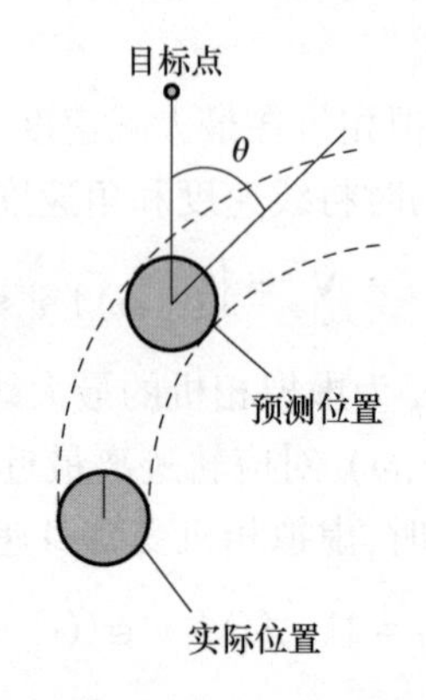

图 6.21 方位角评价函数示意图

在式(6.80)中, $\mathrm{dist}(v,\omega)$ 表示虚拟相机在当前轨迹中与最近障碍物之间的距离,它可通过式(6.82)计算得到。通过惩罚靠近障碍物的采样点,达到丢弃预测轨迹中与障碍物发生碰撞的速度采样点的目的,以确保虚拟相机具备避障能力,从而避免虚拟相机与虚拟场景的三维景物发生碰撞。

$$\mathrm{dist}(v,\omega) = \begin{cases} d(d < L) \\ L(d \geqslant L) \end{cases} \tag{6.82}$$

式中: d 为虚拟相机在预测位置处与周围环境中最近障碍物的距离; L 为设定运动轨迹距离障碍物的阈值。如果 $d > L$ 则表示在该条轨迹上运动不会碰到障碍物,并以固定值 L 作为函数的输出;如果 $d < L$ 则表示在这条轨迹上有发生碰撞的可能,抛弃这条轨迹并以 d 作为函数的输出。在式(6.80)中, $\mathrm{velocity}(v,\omega)$ 用于督促虚拟相机快速到达目标位置。

6.3.3 相机运动轨迹迁移

本节改进动态窗口算法中的评价函数,将真实相机轨迹作为评价函数的全局参考路径,使模拟出的待评价轨迹始终朝向和靠近局部目标点,最终使生成的运动轨迹与全局路径更加贴合,并且能够规避障碍物。改进后的动态窗口算法将真实摄像机的运动轨迹作为虚拟相机的全局参考路径并设置局部目标点,能够保证虚拟相机的运动轨迹贴合真实摄像机的运动轨迹。

1. 改进动态窗口算法

本节算法使用了与传统动态窗口算法相一致的运动模型和速度采样方式,主要差异在于对评价函数的改进,综合考虑了待评价轨迹的方向性、虚拟相机运动的平滑性以及运动过程中的避障能力等指标[36],使用的评价函数可表示为

$$\begin{aligned}\text{Function}(v,\omega) = {} & \alpha\text{Obs}(v,\omega) + \beta\text{Pdist}(v,\omega) \\ & + \gamma\text{Gdist}(v,\omega) + \lambda\text{DirPath}(v,\omega) \\ & + \delta\text{DirGoal}(v,\omega) + \eta\text{SVel}(v,\omega)\end{aligned} \tag{6.83}$$

式中:$\text{Obs}(v,\omega)$ 函数用于计算虚拟相机与障碍物之间的距离,$\text{Pdist}(v,\omega)$ 函数用于计算待评价轨迹与全局路径之间的距离,$\text{Gdist}(v,\omega)$ 函数用于计算待评价轨迹与局部目标点之间的距离,$\text{DirPath}(v,\omega)$ 函数评价虚拟相机运动过程中的全局朝向,$\text{DirGoal}(v,\omega)$ 函数评价虚拟相机相对于局部目标点的朝向,$\text{SVel}(v,\omega)$ 函数评价虚拟相机的运动速度。

1)障碍物距离评价函数

障碍物距离评价函数 $\text{Obs}(v,\omega)$ 用于评价虚拟相机轨迹与三维场景障碍物之间的欧式距离,具体表现为虚拟相机的避障能力,表达如下:

$$\text{Obs}(v,\omega) = \begin{cases} 0 & d > r \\ -1 & d \leqslant r \end{cases} \tag{6.84}$$

式中:d 为虚拟相机在预测位置处与周围环境中最近障碍物的距离;r 为虚拟相机避障半径。如果最近的障碍物在虚拟相机的避障半径外,即 $d > r$ 则表明没有发生碰撞的风险,设置表达式输出为0;否则设置输出为-1,-1 表明发生碰撞的概率较大,同时抛弃这条碰撞概率较大的规划路径。

2)全局路径距离评价函数

全局路径距离评价函数 $\text{Pdist}(v,\omega)$ 用于计算轨迹末端点位置到全局路径的距离,此评价函数可由式(6.85)表示,该距离越小表示越贴合于全局路径。图 6.22 为全局路径距离示意图,此处将真实相机的运动轨迹作为全局路径。

$$\text{Pdist}(v,\omega) = \min\sqrt{(x_{E_p} - x_{N_p})^2 + (y_{E_p} - y_{N_p})^2} \tag{6.85}$$

式(6.85)采用计算两点间距离的方式进行解算,其中,(x_{E_p},y_{E_p}) 表示局部路径末端点位置的坐标值,N_p 为全局路径的离散点集合,(x_{N_p},y_{N_p}) 为 N_p 集合点的坐标值。

3)局部目标距离评价函数

Gdist(v,ω) 用来计算虚拟相机局部路径轨迹末端位置到局部目标点的欧式距离,将全局路径与局部代价地图的交点位置设定为局部目标点,其中:局部代价地图中包含了虚拟相机周围的局部环境信息,它是以虚拟相机为圆点,半径为设定值的圆形范围,图6.23为局部目标距离示意图。

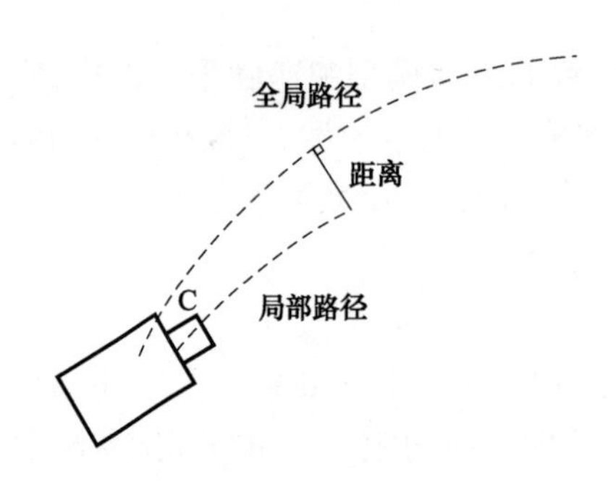

图6.22　全局路径距离示意图

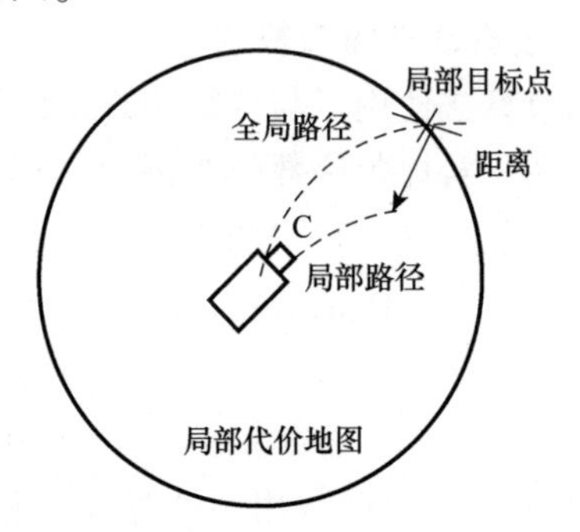

图6.23　局部目标距离示意图

4)路径方向评价函数

路径方向评价函数 DirPath(v,ω) 充分考虑了虚拟相机轨迹末端位置方向对轨迹规划产生的影响,目的是使虚拟相机在运动过程中路径法向量方向始终朝向全局路径,从而避免产生过多的无用运动转向,图6.24为路径方向评价示意图。

5)局部目标方向评价函数

局部目标方向评价函数 DirGoal(v,ω) 考虑了虚拟相机的待评价运动轨迹末端位置的路径法线方向对局部轨迹规划的影响,图6.25为局部目标方向示意图。

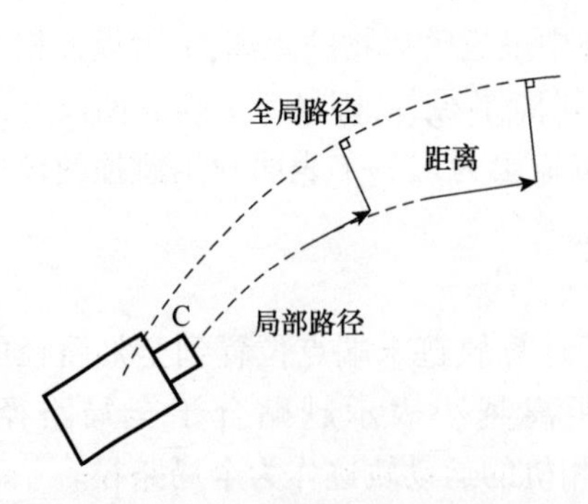

图6.24　路径方向评价示意图

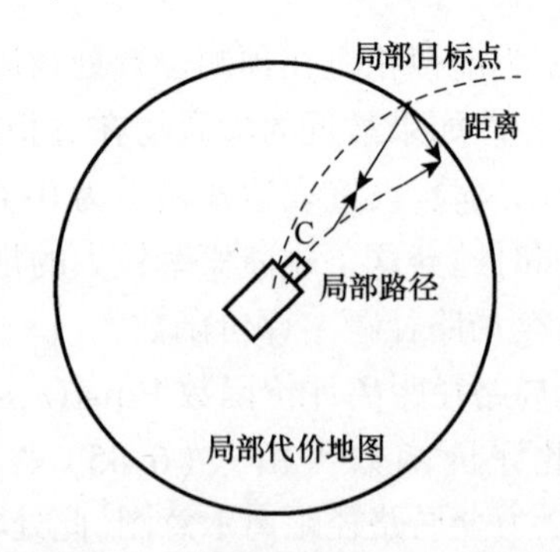

图6.25　局部目标方向示意图

6)平滑速度评价函数

平滑速度评价函数 $\mathrm{SVel}(v,\omega)$ 为了保证虚拟相机能够更加平稳地运动,即在采样周期 Δt 的时间内,速度与加速度的变化越小,虚拟相机的运动更加稳定,表示为

$$\mathrm{SVel}(v,\omega)=a\left|v_c-v_g\right|+b\left|\omega_c-\omega_g\right| \tag{6.86}$$

式中:v_c、ω_c 分别为虚拟相机当前的线速度与角速度;v_g、ω_g 分别为待评价运动轨迹的线速度与角速度;a、b 为各评价子函数系数。

2. 栅格化三维虚拟场景

由于局部路径规划的评价函数中需要考虑虚拟相机与三维虚拟景物之间的碰撞及距离等相对运动关系,因此需要对所有三维虚拟景物进行栅格化处理,以获得各三维虚拟景物的网格包围信息。在已知三维虚拟场景的情况下,采用栅格法对虚拟相机的运动空间环境进行建模。

栅格地图模型是由 Elfes[37] 提出的,该模型将实际环境映射到网格中,通过计算障碍物在栅格中的占有率来表示地图模型,这种方法将环境地图划分成多个大小相同的栅格,对每个栅格赋予不同的状态值以表示栅格点是否存在障碍物,从而规划出一条安全的无碰撞路径。栅格地图模型一般包含两种栅格状态:自由栅格和障碍栅格[38],如图 6.26 所示。

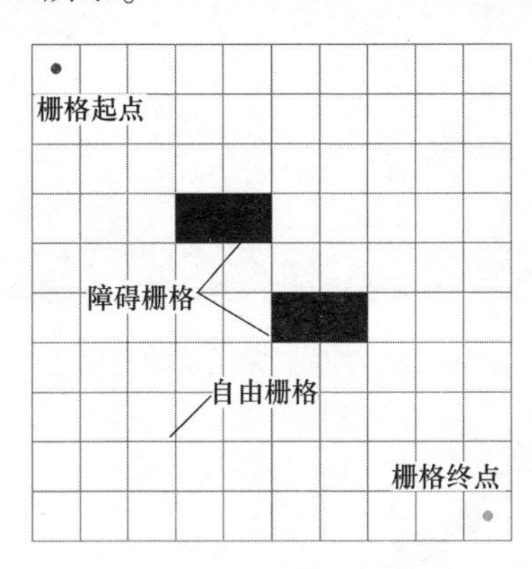

图 6.26 虚拟环境到栅格图的映射

在建立栅格地图时,首先要选取栅格粒的大小,栅格的大小会影响环境的分辨率、环境信息的存储量、虚拟相机运动过程中的决策速度以及对环境的避障能力。在栅格地图中白色栅格表示虚拟相机可以通过的区域,黑色栅格表示虚拟环境的障碍物位置。当前点表示虚拟相机的起始位置,终点表示全局路径终点。图 6.27 和图 6.28 分别为 150 个虚拟景物栅格化和 200 个虚拟景物栅格化的实际结果。

此外,使用评价函数计算点到全局路径曲线的距离时,可以通过遍历虚拟相机周围一定范围内的所有栅格,用遍历到的栅格数量表示该点与全局路径曲线的距离大小,如图 6.29 所示。

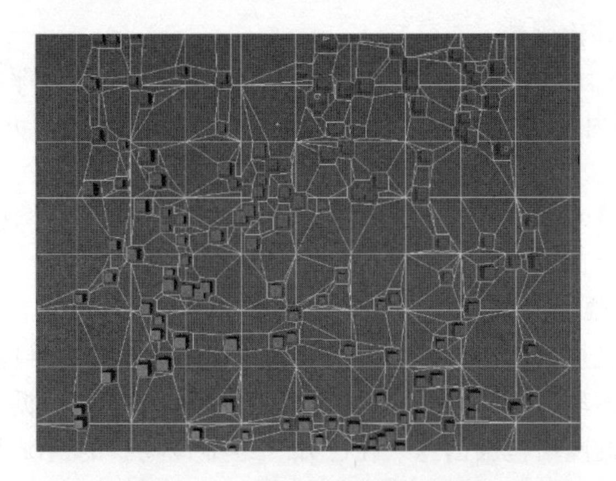

图 6.27　150 个虚拟景物栅格化

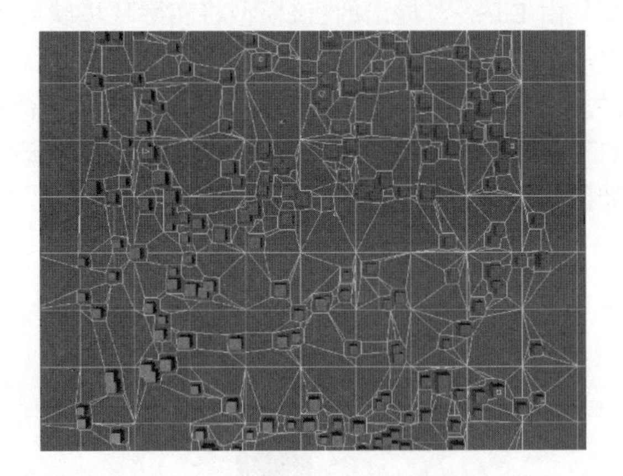

图 6.28　200 个虚拟景物栅格化

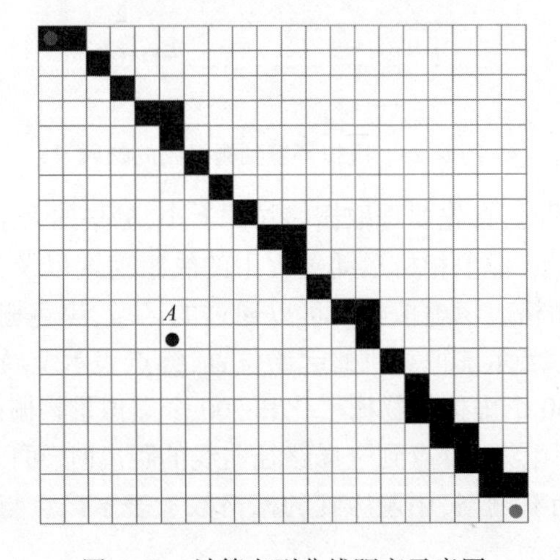

图 6.29　计算点到曲线距离示意图

6.3.4 实验结果及数理分析

1. 实验环境

本节 SLAM 系统在 Ubuntu 16.04 系统中执行，运行内存为 16GB，CPU 为 Intel Xeon E5-2609，显卡为 NVIDIA 1080，并且系统装有 OpenCV、Eigen、Sophus、g2o 等开源库，利用 Unity3D 进行虚拟场景搭建。

为了能够直观地评估获取到的相机运动估计值与标准值之间的误差，本节将采用 TUM 数据集对获取到的相机运动轨迹精度进行评估。TUM 数据集是由德国慕尼黑工业大学提供的专门用于估计相机位置信息的数据集，可作为单目 SLAM 和 RGB-D SLAM 的实验数据，其中包含了多个图像序列，拍摄的 RGB 图尺寸均为 640 像素×480 像素，深度图尺寸为 640 像素×480 像素的单通道图，该数据集以四元数的形式给出了利用运动捕捉系统测量出的精准相机运动轨迹，可以与 SLAM 系统获取到的相机运动轨迹进行对比分析，估计出的相机运动轨迹同样以四元数形式存储。

在 TUM 数据集格式中，timestamp 表示时间戳；t_x、t_y、t_z(float) 是 $\boldsymbol{T}$ 矩阵的数值，它们表示摄像机光心在世界坐标系下的原点位置姿态；q_x、q_y、q_z、q_w 是相机位姿的四元数表示方法，表示以四元数形式给出的相机光心在世界坐标系下原点的方向信息。某帧图像对应的参数值如表 6.5 所列，RGB-D 相机的内参数值如表 6.6 所列，其中：f_x、f_y 为焦距，c_x、c_y 表示原点偏移量，k_1、k_2、k_3 为径向畸变系数，p_1、p_2 为切向畸变系数。

表 6.5 TUM 数据集格式

参数	数值
timestamp	1305031449.7996
t_x	1.2334
t_y	−0.1770
t_z	1.6941
q_x	0.7907
q_y	0.4393
q_z	−0.1770
q_w	−0.3879

表 6.6　相机内参数

参数	数值
f_x	517.306
f_y	516.469
c_x	318.643
c_y	255.313
k_1	0.262
k_2	-0.953
k_3	1.163
p_1	0.005
p_2	0.002

2. 视觉轨迹迁移实验

为了验证视觉轨迹迁移方法的可用性，利用 Unity 3D 搭建三维虚拟场景，并且在场景中加入障碍物和参照物，如桌子、电视机、沙发、箱子、卡通人物等，图 6.30 为实验创建的三维场景。

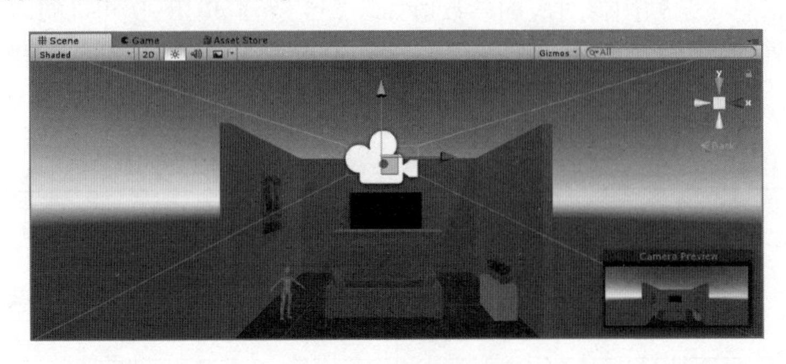

图 6.30　三维场景

图 6.31 为增强现实（AR）场景效果图，三组图中每组的左侧是真实场景的图像变化情况，右侧是 Unity 3D 搭建的虚拟场景变化情况，从而显示不同时刻虚拟相机位姿与真实相机位姿的一致性情况。

从图 6.31 的 AR 场景与真实场景对比图中可以看出，在虚拟场景中物体的变化情况与真实图像序列的变化一致，并且在运动过程中未出现虚拟相机卡在物体后面或是穿透物体的情况，即有效地避免了虚拟相机与三维虚拟场景的景物发生碰撞。

(a) 第一组对比图

(b) 第二组对比图

(c) 第三组对比图

图 6. 31　增强现实场景效果图

对于增强现实场景而言,需要在真实场景画面中找到三维虚拟模型的摆放位置,再将虚拟物体注册到三维环境中,如图 6. 32 所示。

图 6. 33 给出了 $t_1 \sim t_6$ 不同时刻的 AR 场景效果图,随着真实场景画面的移动,三维虚拟物体也在进行相应的动态调整。

从图 6. 33 的 AR 场景可以看出,在不同时刻,随着真实场景画面的不断变化,融合到真实场景中的虚拟景物也在进行相应的调整。这表明了虚拟景物与真实场景画面的运动一致性。在相机运动的大部分时刻,虚拟相机能够随着真实相机的轨迹运动,且运动轨迹较为贴合,能够有效地解决 AR 合成显示中虚实景物的相对运动关系。

图 6.32　虚拟物体的三维环境注册效果

(a) t_1时刻　(b) t_2时刻　(c) t_3时刻

(d) t_4时刻　(e) t_5时刻　(f) t_6时刻

图 6.33　AR 场景效果图

6.4 本章小结

本章首先介绍了跟踪注册与位姿估计相关的技术理论,为虚实跟踪注册与位姿估计方法实现提供了理论基础和方法依据,其中包括特征提取及描述符匹配、SLAM 视觉定位和定标体视觉特性三个方面的内容。

针对虚实跟踪注册与位姿估计方法中存在的注册精度低、抗干扰性弱等问题,本章介绍了一种全场景视觉的刚体位姿跟踪方法,该方法由定点光束重建、刚体结构定位及跟踪两个步骤构成。基于刚体运动分析的位姿估计方法使用刚体结构来做虚拟景物的跟踪注册,使注册过程更加灵活、结果更加精准。通过刚体位姿估计的验证实验可以看出,利用刚体结构模拟立体虚拟观察视点能够精准地控制第一人称视角变化,在漫游过程中的用户体验明显高于传统的视觉交互方式。

为使三维虚拟景物的画面输出与真实相机的运动轨迹保持一致性,本章通过引入动态窗口算法,将真实相机运动轨迹作为虚拟相机的全局轨迹路径,再结合改进评价函数对虚拟相机的运动路径进行局部重新规划。通过在虚拟现实(VR)场景和 AR 场景中进行演示实验可知,虚拟景物与真实场景画面的运动一致,在相机运动的大部分时刻中,虚拟相机能够随着真实相机的轨迹相应运动,并且运动轨迹较为贴合,能够有效地解决合成显示中虚实景物的相对运动关系问题。

参考文献

[1] Carmigniani J, Furht B, Anisetti M, et al. Augmented reality technologies, systems and applications[J]. Multimedia Tools and Applications, 2010, 51(1): 341-377.

[2] Oskiper T, Chiu H P, Zhu Z W, et al. Stable vision-aided navigation for large-area augmented reality[J]. Proceedings of the 2011 IEEE Virtual Reality Conference, 2011: 63-70.

[3] Lowe D G. Distinctive image features from scale-invariant key-points[J]. International Journal of Computer Vision, 2004, 60(2): 91-110.

[4] Bay H, Tuytelaars T, Gool L V. SURF: speeded up robust features[J]. Proceedings of the 9th European Conference on Computer Vision & Image Understanding, 2006, 110(3): 404-417.

[5] Endres F, Hess J, Engelhard N, et al. An evaluation of the RGB-D SLAM system[C]//IEEE International Conference on Robotics and Automation. Piscataway. USA: IEEE, 2012: 1691-1696.

[6] Roussillon C, Gonzalez A, Sola J, et al. RT-SLAM: a generic and real-time visual SLAM implementation

[C]//Computer Vision Systems-8th International Conference, ICVS 2011. Berlin Heidelberg: Springer, 2011: 31-40.

[7] 罗斌，王涌天，沈浩，等．增强现实混合跟踪技术综述[J]．自动化学报，2013，39(8)：1185-1201.

[8] Zhang Z Z. Camera calibration with one-dimensional objects[J]. IEEE Transactions on Pattern Analysis and Machine Intelligence, 2002, 2353(7): 161-174.

[9] Franca J A D, Stemmer M R, France M B D M, et al. Revisiting Zhang's 1D calibration algorithm[J]. Pattern Recognition, 2010, 43(3): 1180-1187.

[10] Wang L, Duan F, Lu K. An adaptively weighted algorithm for camera calibration with 1D objects[J]. Neurocomputing, 2015, 149: 1552-1559.

[11] 王亮，段福庆，吕科．基于HEIV模型的摄像机一维标定[J]．自动化学报，2014，40(4)：643-652.

[12] Wu F C, Hu Z Y, Zhu H J. Camera calibration with moving one-dimensional objects[J]. Pattern Recognition, 2005, 38(5): 755-765.

[13] 王亮，吴福朝．基于一维标定物的多摄像机标定[J]．自动化学报，2007，33(3)：225-231.

[14] 付仲良，周凡，谢艳芳，等．基于像对基础矩阵的多像一维标定方法[J]．光学学报，2013，33(6)：207-214.

[15] Franca J A D, Stemmer M R, Franca M B D M, et al. A new robust algorithmic for multi-camera calibration with a 1D object under general motions without prior knowledge of any camera intrinsic parameter[J]. Pattern Recognition, 2012, 45(10): 3636-3647.

[16] Isao M, Hiroyuki A, Hideki K. Simple camera calibration from a single image using five points on two orthogonal 1D objects[J]. IEEE Transactions on Image Processing, 2010, 19(6): 1528-1538.

[17] 薛俊鹏，苏显渝．基于两个正交一维物体的单幅图像相机标定[J]．光学学报，2012，32(1)：145-151.

[18] Taufiqur R, Nicholas K. An efficient camera calibration technique offering robustness and accuracy over a wide range of lens distortion[J]. IEEE Transactions on Image Processing, 2012, 21(2): 626-637.

[19] 汪贵平，王会峰，刘盼芝，等．特征平行直线的成像畸变现场校正[J]．光子学报，2014，43(1)：87-91.

[20] Shawash J, Selviah D R. Real-time nonlinear parameter estimation using the levenberg-marquardt algorithm on field programmable gate arrays[J]. IEEE Transactions on Industrial Electronics, 2013, 60(1): 170-176.

[21] Plasencia M, Pedersen A, Arnaldsson A, et al. Geothermal model calibration using a global minimization algorithm based on finding saddle points and minima of the objective function[J]. Computers & Geosciences, 2014, 65(7): 110-117.

[22] 陈天飞，赵吉宾，吴翔．基于共面靶标的线结构光传感器标定新方法[J]．光学学报，2015，35(1)：172-180.

[23] 邓小明，吴福朝，段福庆，等．基于一维标定物的反射折射摄像机标定方法[J]．计算机学报，2007，30(5)：737-747.

[24] 洪磊，田啟良，嵇保健．基于单应性矩阵的线结构光参量标定法[J]．光子学报，2015，10(23)：1-5.

[25] Zhang Z Y. A flexible new technique for camera calibration[J]. IEEE Transactions on Pattern Analysis and Machine Intelligence, 2000, 22(11): 1330-1334.

[26] 姚宜斌，黄书华，孔建，等．空间直线拟合的整体最小二乘算法[J]．武汉大学学报(信息科学版)，2014，39(5)：571-574.

[27] Shen Y, Li B, Chen Y. An iterative solution of weighted total least-squares adjustment[J]. Journal of Ge-

odesy, 2011, 85(4): 229-238.

[28] Bird J, Arden D. Indoor navigation with foot-mounted strapdown inertial navigation and magnetic sensors merging opportunities for localization and tracking[J]. IEEE Wireless Communications, 2011, 18(2): 28-35.

[29] Franca J A D, Stemmer M R, Franca M B D M, et al. A new robust algorithmic for multi-camera calibration with a 1D object under general motions without prior knowledge of any camera intrinsic parameter[J]. Pattern Recognition, 2012, 45(10): 3636-3647.

[30] Zhang Z Y. A flexible new technique for camera calibration[J]. IEEE Transactions on Pattern Analysis and Machine Intelligence, 2000, 22(11): 1330-1334.

[31] Hartley R I. In defense of the eight-point algorithm[J]. IEEE Transactions on Pattern Analysis and Machine Intelligence, 1997, 19(6): 580-593.

[32] Gao X S, Hou X R, Tang J L, et al. Complete solution classification for the perspective-three-point problem[J]. IEEE Transactions on Pattern Analysis and Machine Intelligence, 2003, 25(8): 930-943.

[33] Vincent L, Francesc M, Pascal F. EPnP: an accurate O(n) solution to the PnP problem[J]. International Journal of Computer Vision, 2009, 81(2): 155-166.

[34] Adrian P, Juan A, Francesc M. Exhaustive linearization for robust camera pose and focal length estimation [J]. IEEE Transactions on Pattern Analysis and Machine Intelligence, 2013, 35(10): 2387-2400.

[35] Fox D, Burgard W, Thrun S. The dynamic window approach to collision avoidance[J]. IEEE Robotics and Automation Magazine, 2002, 4(1): 23-33.

[36] 李宁. 面向家庭环境的移动机器人局部路径规划算法研究[D]. 哈尔滨: 哈尔滨工业大学, 2018.

[37] Elfes A. Sonar-based real-world mapping and navigation[J]. IEEE Journal on Robotics and Automation, 1987, 3(3): 249-265.

[38] 陈晓娥, 苏理. 一种基于环境栅格地图的多机器人路径规划方法[J]. 机械科学与技术, 2009, 28(10): 1335-1339.

第7章 虚实景物遮挡与视焦融合平滑

在虚实遮挡一致性处理过程中,真实景物与虚拟景物的空间一致性关系将直接影响虚实融合画面的真实感绘制效果,故虚实融合的遮挡一致性处理对数字影视画面的无缝合成起到至关重要的作用。在虚拟景物与真实景物相结合的虚实融合场景中,如何使参与者完全沉浸其中,使虚拟场景中的虚拟物体与真实场景中的真实物体在视点观测角度上完全符合人的视觉模式,是增强现实技术重点解决的问题之一。

近年来,随着增强现实技术的迅速发展,对虚实遮挡处理的精度要求越来越高。然而判断虚拟景物在真实场景中的空间位置与真实景物合成后是否存在遮挡关系,则需要将虚拟景物和真实景物同时转换到相同的空间坐标系下进行比较才能确定。从虚实融合几何一致性的角度来看,虚拟景物与真实景物在三维空间中遮挡关系的正确与否直接影响着虚实融合效果的好坏。目前解决虚实遮挡一致性处理问题普遍采用的方法包括对真实景物进行三维模型重建的虚实遮挡方法、利用立体视觉生成真实场景深度图的虚实遮挡方法。为了降低虚实遮挡一致性处理过程的复杂度、提升虚实遮挡一致性处理方法的普适性,本章详述了层次化深度分割的虚实遮挡一致性处理方法,该虚实遮挡处理方法将从对真实场景进行深度信息聚类的角度进行分层纹理构建,以实现真实景物与虚拟景物的动态遮挡渲染。

在相机采集影像的过程中,聚焦范围之外的景物成像会有散焦模糊的效果,而注册在真实场景中的虚拟物体通常比较清晰,因此虚拟物体与真实场景的融合画面可能会出现视焦混乱的现象。本章将介绍一种分层弥散模糊度的视焦平滑一致性方法,该方法不依赖注册区域的参照物就可以计算不同位置的散焦程度,根据所估计的模糊度对虚拟物体进行模糊渲染,从而实现虚实融合场景的视焦一致性。

7.1 前背景视焦处理

本节针对虚实景物遮挡与视焦融合平滑处理过程的相关基本理论及技术原理进行介绍,主要包括数据聚类分析、弥散圆成像机理以及模糊参数估计等。通过数据聚类分析,可实现对无法判别的数据进行样本集训练从而找到这些数据本质上存在的特征,为进一步的数据分析做铺垫,本章主要利用数据聚类方法对虚实遮挡一致性处理中的深度数据进行聚类。在弥散圆成像机理中,弥散圆半径代表目标在成像平面中的散焦程度,散焦程度越大,目标的成像越模糊。根据弥散变量相同或相似等情况,即可判断其对应的散焦模糊程度一致或基本一致,该理论是散焦模糊一致性处理的基础理论。同时,模糊参数估计理论将被用于建立模糊度关于弥散变量的函数关系,即弥散关系式,通过此关系就能求解任意目标注册位置的模糊度。

7.1.1 数据聚类分析

聚类分析法常用于数据挖掘,被视作其基础算法之一。聚类分析算法是对集中数据依据不同的类型进行分组处理,并取相同类型的对象形成簇,从而完成聚类,因此也可将其简略地理解为面向数据的检索方法,达到发现类似或同一属性数据的目的。也就是说,同类型间的数据差别不大,不同类型的差距很大。

由于训练集在"自主学习"中的识别依据是无法预测的,因此需要对无法判别的数据进行样本集训练,从而找到这些数据本质上存在的特征,为进一步的数据分析打好基础,聚类分析便是这类处理过程中比较实用的方法之一。

形式化地说,假定样本 $D=\{x_1,x_2,\cdots,x_m\}$ 中存在 m 个初始化数据,设 n 维标识是每组的实际数据 $x_i=\{x_{i1},x_{i2},\cdots,x_{in}\}$,则可利用聚类分析实现由 k 个不存在交集的簇 $\{C_l \mid l=1,2,\cdots,k\}$ 构建数据集 D ,且满足 $C_{l'}\underset{l'\neq l}{\cap}C_l=\varphi$ 和 $D=\bigcup_{l=1}^{k}C_l$ 。同时,对于符合条件 $x_j\in C_{\lambda j}$ 的样本 x_j ,用 $\lambda\in\{1,2,\cdots,k\}$ 来代表其"簇标记"。最后,可得出向量 $\boldsymbol{\lambda}=(\lambda_1,\lambda_2,\cdots,\lambda_m)$ 作为聚类分析的数据结果,其中:簇标记中存在 m 个元素。在聚类分析中,要想实现一种简便的类别划分是非常不容易的,其原因在于这些分类中往往存在交叉的部分,这样就形成了聚类分析中常常出现的多种分类问题。对于这种情况,有些方法会给出比较有规律的范围划分。这里主要介绍以下几种聚类分析计算方法。

1. 原型聚类

原型聚类也称"基于原型的聚类",此类算法假设聚类结构能够通过一组原型来刻画数据,故在现实聚类任务中极为常见。通常情况下,此类算法先对原型进行初始化,然后对原型进行迭代更新求解。下面主要介绍 K-means 算法,给定样本集 $D=\{x_1,x_2,\cdots,x_m\}$,K-means 算法将聚类所得簇划分为 $C=\{C_1,C_2,\cdots,C_k\}$,并使簇内数据的平方误差达到最小,K-means 算法流程如图 7.1 所示。

$$E = \sum_{i=1}^{k} \sum_{x \in C_i} \| x - \boldsymbol{\mu}_i \|_2^2 \tag{7.1}$$

式中:簇 C_i 的均值向量可表示为$\boldsymbol{\mu}_i = \frac{1}{|C_i|}\sum_{x \in C_i} x$ 。可以看出,式(7.1)描述了簇内部数据同簇均值向量间的关联度, E 值的大小决定了簇内数据样本的关联度高低,其值越大表明关联度越强。

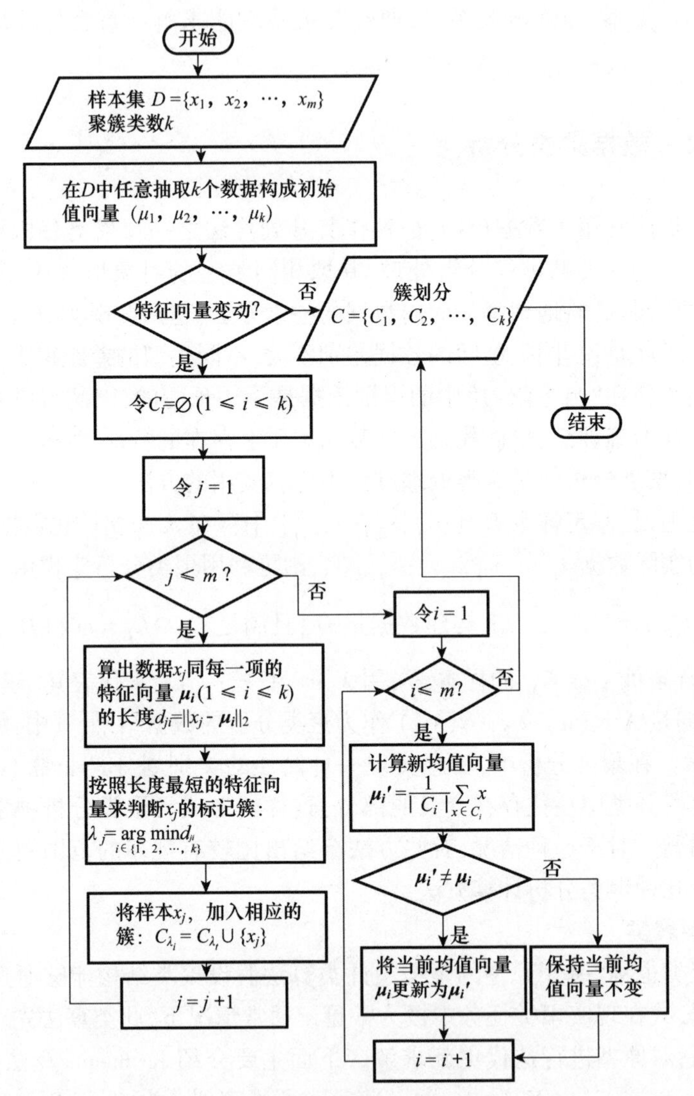

图 7.1 K-means 算法流程

2. 密度聚类

假设聚类模型可以由样本数据的契合程度判断得出，则密度聚类判断数据样本间的串联性质主要依据数据间的密度程度，同时，以可连接样本为基础持续对聚类簇进行扩展，最后得到聚类结果。

密度聚类算法存在很多种，而基于密度的聚类算法（DBSCAN）是其中比较有代表性的算法之一，该算法主要通过模型"邻域"参数 $(\varepsilon, \mathrm{Min}Pts)$ 对样本数据的关联度进行描述（图 7.2）。

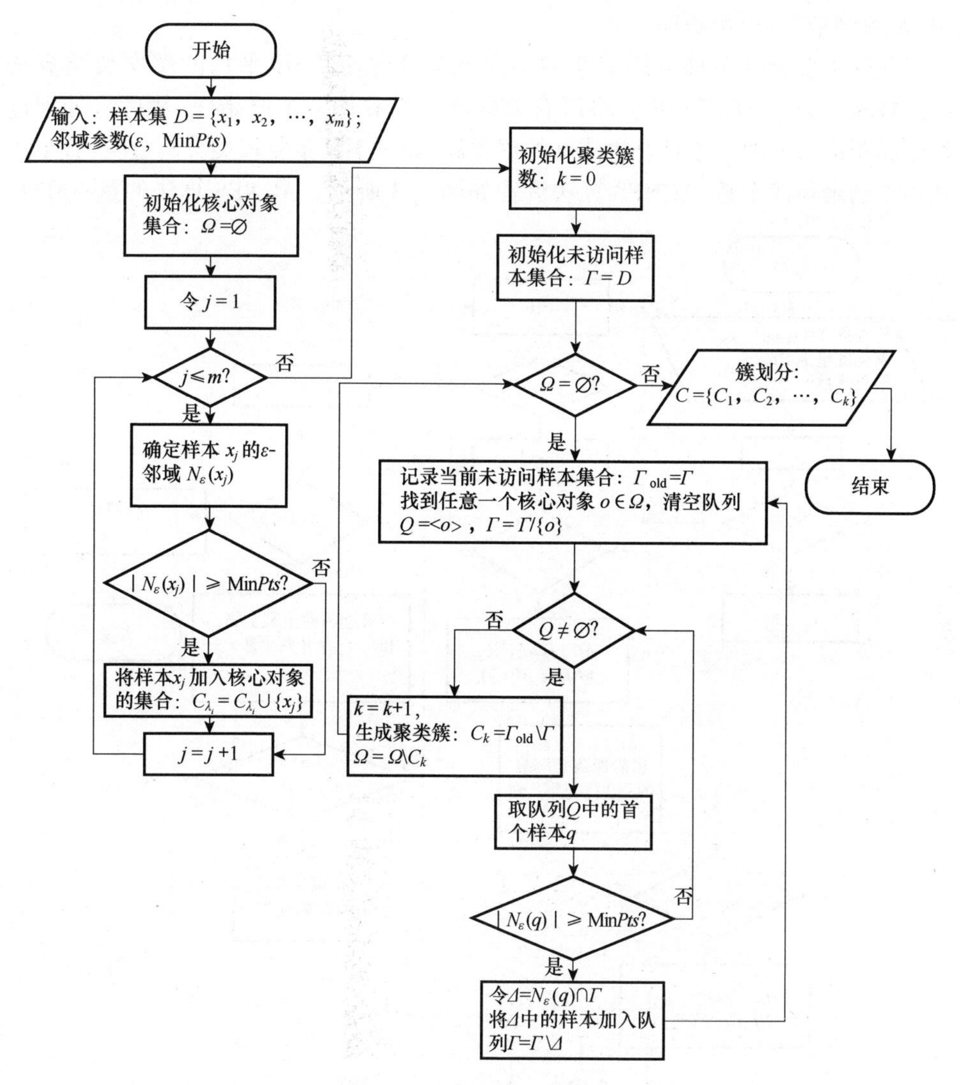

图 7.2　DBSCAN 算法流程

此处将详细描述 DBSCAN 算法,首先从样本集中随机选取一个对象作为核心对象,由此出发确定相应的聚类簇;然后根据给定的领域参数 (ε,MinPts) 找出所有核心对象;再以任意核心对象为出发点,找出密度可达的样本来生成聚类簇,直到所有核心对象均被访问过。

3. 层次聚类

层次聚类主要是尝试区分不同层面的数据集并对其进行分类,从而进一步构成树状聚类模型。这种分层方法不仅可以利用“从散到聚”的合并策略,也可以利用“从聚到散”的分解策略。

此处主要介绍一种分解策略的层次聚类算法:基于组平均的层次聚类算法(AGNES)算法。AGNES 算法将所有数据样本都看作一个原始簇,然后将处理过程中相距最短的两个簇结合生成新的聚类簇,通过不断重复该类分解过程,直至达到预设的聚类簇个数,AGNES 算法流程如图 7.3 所示。AGNES 算法的重点在于

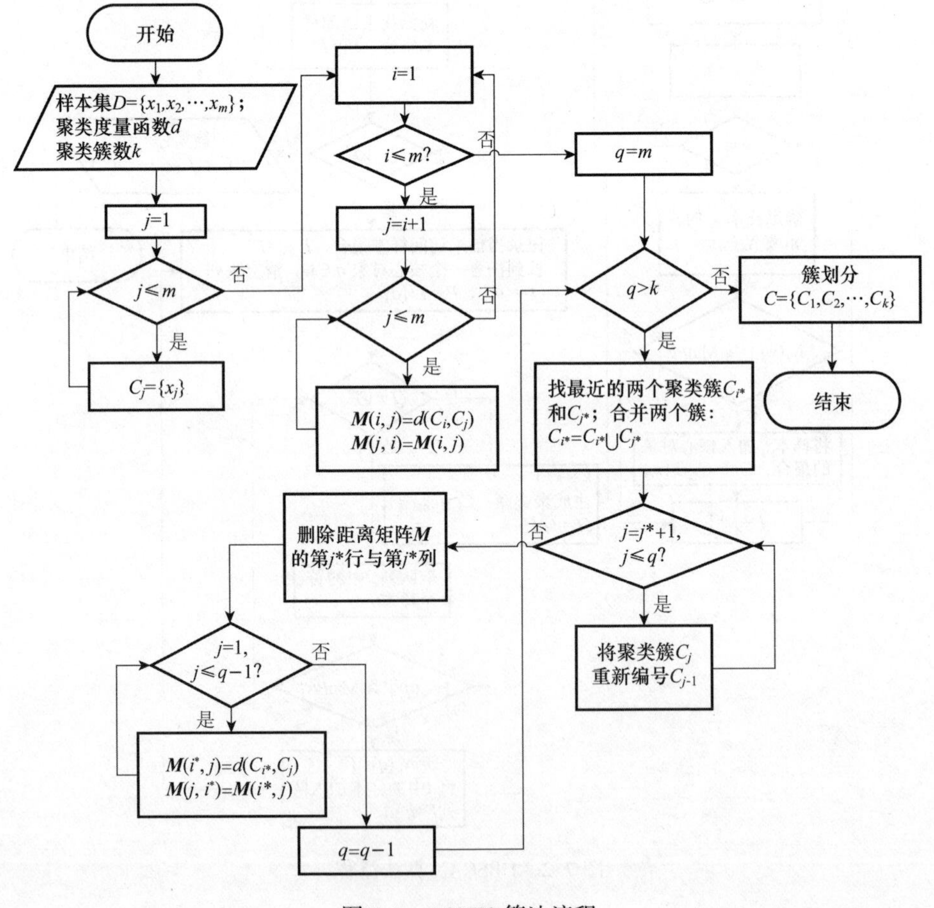

图 7.3 AGNES 算法流程

簇间距离的计算,而每个簇实际都被看作一个样本集合,因此只需采用关于集合的某种距离进行分类。例如,给定聚类簇 C_i 与 C_j ,则可通过下面的表达式计算它们之间的分类距离。

最小距离:

$$d_{\min}(C_i, C_j) = \min_{x \in C_i, z \in C_j} \text{dist}(x, z) \tag{7.2}$$

最大距离:

$$d_{\max}(C_i, C_j) = \max_{x \in C_i, z \in C_j} \text{dist}(x, z) \tag{7.3}$$

平均距离:

$$d_{\text{avg}}(C_i, C_j) = \frac{1}{|C_i||C_j|}\sum_{x \in C_i}\sum_{z \in C_j} \text{dist}(x, z) \tag{7.4}$$

显然,最小距离由两个簇的最近样本决定,即最大距离由两个簇的最远样本决定,而平均距离则由两个簇的所有样本共同决定。当聚类簇距离通过 $d_{\min}$ 、$d_{\max}$ 或 d_{avg} 计算后,AGNES 算法就被相应地称为单链接算法、全链接算法或均链接算法。

7.1.2 弥散圆成像机理

薄凸透镜成像公式如下:

$$\frac{1}{f} = \frac{1}{u} + \frac{1}{v} \tag{7.5}$$

式中:f 为相机镜头的焦距;u 为物距,v 为相距。

图 7.4 显示了弥散圆形成原理,由三角形相似原理可得:

$$\frac{D_{\text{COC}}}{D} = \frac{|v - v_f|}{v} \tag{7.6}$$

式中:D_{COC} 为弥散圆直径;D 为相机镜头直径;v_f 为成像平面与镜头的距离。

结合式(7.5)、式(7.6)可以推导出相机镜头弥散圆的直径表示式(7.7),同时,弥散圆半径可由式(7.8)表示:

$$D_{\text{COC}} = \frac{Df}{d_f - f} \cdot \frac{|d_f - d|}{d} \tag{7.7}$$

$$R_{\text{COC}} = \frac{Df}{2(d_f - f)} \cdot \frac{|d_f - d|}{d} \tag{7.8}$$

式中:d_f 为聚焦深度,d 为物体深度(物距 u),根据式(7.8)即可描绘图 7.5 的函数曲线。

根据函数关系图可知,当物体无限远离观测点或无限接近观测点时,它与聚焦

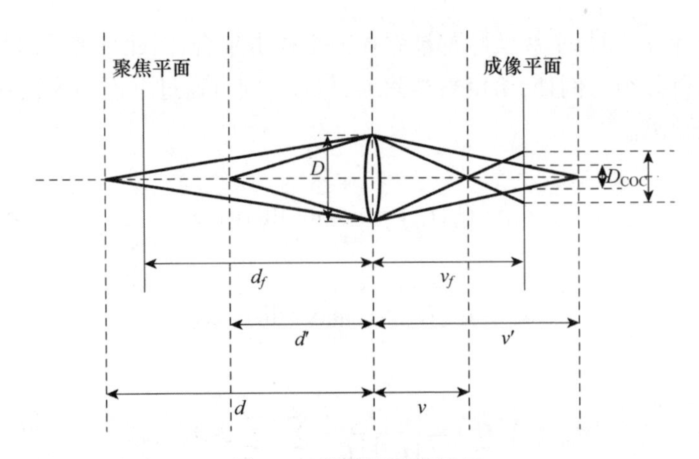

图 7.4　弥散圆形成原理

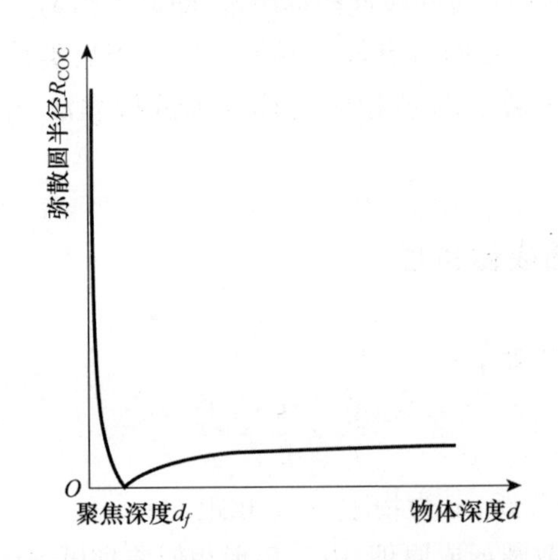

图 7.5　弥散圆半径与物体深度关系

平面之间的距离就越远,所形成的弥散圆半径越大则成像越模糊;当物体越接近聚焦平面时,所形成的弥散圆半径越小则成像越清晰。除了镜头本身的属性,影响物体成像模糊程度的因素还有很多,物体与聚焦平面之间的距离就是最重要的因素之一。因此,我们可以对这一因素如何影响物体成像的模糊程度展开研究和讨论,并尽可能将两者之间的关系通过数理分析方式以具体的数学符号表示出来,以便解决虚拟物体与景深场景之间的视焦一致性问题。

本节将计算弥散圆半径所用的式(7.8)简化为式(7.9),其中:将 C_{COC} 定义为弥散常量,V_{COC} 定义为弥散变量。

$$R_{\mathrm{COC}} = C_{\mathrm{COC}} \cdot |V_{\mathrm{COC}}| \tag{7.9}$$

$$C_{\mathrm{COC}} = \frac{Df}{2(d_f - f)} \tag{7.10}$$

$$V_{\mathrm{COC}} = \frac{d_f - d}{d} \tag{7.11}$$

在某个具有真实聚焦的场景中,相机镜头直径 D 、焦距 f 、聚焦深度 d_f 都可以看作一个定值,并且镜头在成像时聚焦深度大于镜头焦距,故由这三个参数计算而来的 C_{COC} 必定是一个大于 0 的常数,因此,弥散圆半径 R_{COC} 由弥散变量 V_{COC} 决定,使图像中每个像素点的弥散变量均可以通过对应的深度信息(物距 d)求得。弥散圆半径代表了目标在成像平面上的散焦程度,即散焦程度越大则目标所成的像越模糊。弥散变量相同的目标成像时会形成相同大小的弥散圆,这样可以认为其对应的散焦模糊程度一致;弥散变量相似的目标成像时弥散圆半径相近,即可认为其对应的散焦模糊程度基本一致。因此,可以按照一定的方法,根据弥散变量对图像进行分层处理,本章将这些层称为模糊层,并假定同一层的散焦模糊程度相同。

7.1.3 模糊参数估计

通常情况下,通过建立图像退化模型即可对图像或图像部分区域进行模糊渲染,常用的图像退化模型如图 7.6 所示。

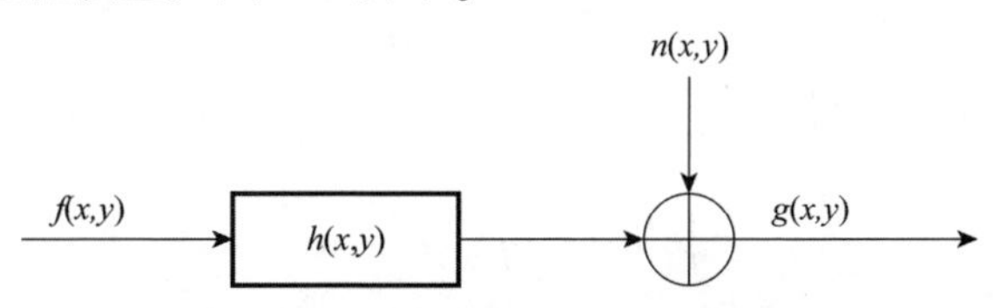

图 7.6 点扩散函数(PSF)图像退化模型

图像退化公式表达如下:

$$g(x,y) = f(x,y) \otimes h(x,y) + n(x,y) \tag{7.12}$$

式中:$g(x,y)$ 为添加了模糊效果的图像;$f(x,y)$ 为清晰图像;$\otimes$ 为卷积符号;$h(x,y)$ 为点扩散函数(PSF);$n(x,y)$ 为干扰噪声。

在真实场景中,造成图像退化的主要原因包括运动模糊、散焦模糊等。当前存在很多估计图像退化函数中模糊参数的处理方法,但大多应用于图像还原、修复或相机重聚焦等领域[1-4]。为了解决虚实融合图像的视焦一致性问题,最关键的步骤是估计目标注册位置的散焦模糊程度。

在光学测量系统和成像系统中,综合考虑众多的影响因素,散焦模糊的点扩散函数通常被认为趋向高斯退化函数分布,其具体如公式(7.13)所示。显然,如果得到了图像或目标位置的高斯函数标准差 σ ,即可求得其对应的点扩散函数及模糊核,本章又将这个标准差 σ 称为模糊度。

$$h(x,y)=\frac{1}{2\pi\sigma^2}e^{-\frac{x^2+y^2}{2\sigma^2}} \tag{7.13}$$

一维线扩散函数(LSF)是由点扩散函数在直线方向上进行积分而来的,所以LSF也是高斯型函数,并且与点扩散函数的标准差相同。在多类图像中,边缘区域是灰度值具有显著变化的像素点集合,因为阶跃型边缘灰度值的变化梯度曲线为高斯型曲线,故本章将该高斯曲线的标准差作为此处的LSF标准差。

清晰图像的阶跃型边缘可表达如下:

$$p(x)=Au(x)+B \tag{7.14}$$

式中:A 为边缘对比度;B 为边缘基准值;$u(x)$ 为单位阶跃边缘。

设 $q(x)$ 为模糊图像的对应边缘,则在忽略噪声干扰的情况下,$q(x)$ 可以看作 $p(x)$ 与PSF卷积得出的结果,表达如下:

$$q(x)=p(x)\otimes h(x)=(Au(x)+B)\otimes h(x) \tag{7.15}$$

对 $q(x)$ 进行一阶求导可得

$$q'=\frac{A}{\sqrt{2\pi\sigma}}e^{-\frac{x^2}{2\sigma^2}} \tag{7.16}$$

$$q'_{\max}=\frac{A}{\sqrt{2\pi\sigma}} \tag{7.17}$$

对式(7.17)进行积分可得

$$\int q'\mathrm{d}x=\int q'_{\max}e^{-\frac{x^2}{2\sigma^2}}\mathrm{d}x \tag{7.18}$$

$$\frac{1}{q'_{\max}}\int q'\mathrm{d}x=\int e^{-\frac{x^2}{2\sigma^2}}\mathrm{d}x=\sqrt{2\pi}\sigma,\sigma=\frac{\int q'\mathrm{d}x}{\sqrt{2\pi}q'_{\max}} \tag{7.19}$$

因此,在已经获得场景深度信息的前提下,本章将真实景深场景中有效边缘的LSF标准差 σ 作为该边缘附近区域的模糊度,然后建立起模糊度 σ 关于弥散变量 V_{COC} 的函数关系(称为弥散关系式),再利用弥散关系求解任意目标注册位置的模糊度信息。

7.2 层次化深度分割的虚实遮挡一致性

由于在虚实遮挡一致性处理过程中,对真实场景进行三维建模过于复杂且实时性较差,而获取场景的深度图则相对来说较为容易且能够达到实时性要求,故本节介绍了一种基于层次化深度分割的虚实遮挡一致性处理方法,该方法通过层次化纹理图像的实时渲染来实现虚实融合的层次叠加。

图 7.7 为基于层次化深度分割的虚实遮挡一致性处理过程,首先根据原始图像对应的深度信息进行深度数据聚类,得到多个层次上的数据聚类结果,其中:双目视觉标定得到的参数可将深度信息图像还原为真实场景深度;然后结合使用深度数据聚类结果和原始彩色纹理图像得到对应层次的层次化纹理贴图;接下来可将层次化纹理贴图以纹理贴图的方式渲染到三维场景中;最后实现当前视点下的虚实遮挡渲染。

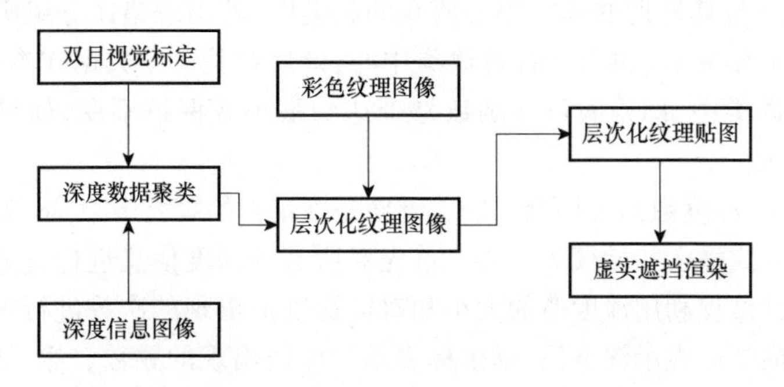

图 7.7　基于层次化深度分割的虚实遮挡一致性处理过程

7.2.1　深度数据分层聚类

数据聚类是将样本对象集合分成相似对象的过程,样本对象可以是物理的属性也可以是抽象的属性,通过利用样本对象之间的潜在关系进行簇类划分。由于任意两个簇类样本对象之间的距离都会大于单个簇类里任意两个样本对象间的距离,其也可以用相似性进行度量不同簇类,也就是在同一个簇类里的样本信息会存在一定相似性,而在不同簇类里的样本信息不会存在相似性,因此数据聚类一般采用该方式对样本对象进行簇类划分。聚类分析方法可以广泛地应用于市场分析、模式识别、图像处理等多个领域,解决着同样的问题:形成不同类别的组,再把每个个体分配到合适的组中,其具体的数学描述如下:

设一个样本对象集合为 $U = \{u_1, u_2, \cdots, u_n\}$,其中, u_i 表示第 i 个样本对象;当样本对象集合的聚类划分成 K 个簇类 $C_k = \{u_{k1}, u_{k2}, \cdots, u_{kw}\}$ $(k = 1,2,\cdots,K)$ 时,K 个簇类满足 $C_k \subseteq U$、$\sum_{k=1}^{K} C_k = U$。用 $\mathrm{similarity}(u_{k_ap}, u_{k_bq})$ 表示不同样本对象之间的相似性,其中: u_{k_ap} 中第一个下角标 k_a 表示样本对象所归属的簇类,第二个下角标 p 表示该簇类中的某个样本对象。对于任意的两个簇类其直接有 $\forall C_a, C_b \subseteq U$ 则 $C_a \neq C_b, C_a \cap C_b = \varnothing$ 的关系,聚类的相似性函数 similarity 满足:

$$\mathop{\text{Min}}_{\forall u_{ai}\in C_a,\forall u_{bj}\in C_b}(\text{similarity}(u_{ai},u_{bj})) > \mathop{\text{Max}}_{\forall u_{ax}\in C_a,\forall u_{ay}\in C_a}(\text{similarity}(u_{ax},u_{ay})) \tag{7.20}$$

为了实现深度数据分层聚类,首先以随机选取的方式选取 K 个样本分别作为初始的簇类中心,初始聚类中心的集合为 $C = \{c_1, c_2, \cdots, c_K\}$;然后根据欧几里得公式,计算其余样本到每个簇类中心的距离,样本与哪个簇类中心最近,就将样本划分到与其最近的簇类中心所在的簇类中;若出现错误分组则重新调整,待所有样本调整完后,再重新计算簇类中心;最后检验每个数据样本是否都被分配到正确的簇类中,即检验目标函数是否达到最小或保持不变,如果是,则深度数据聚类结束。

可以看出,深度数据分层聚类的关键便是确定初始簇类中心,本节采用深度信息直方图的方式确定初始簇类中心。首先对所有的深度信息进行直方图统计,其中直方图统计过程利用深度值的大小和对应深度值出现的次数进行统计,也就是用直方图的横坐标表示深度值,纵坐标表示深度值出现的频数。然后将深度信息直方图中的若干波峰位置作为初始簇类中心,初始簇类中心位置选取的好坏直接决定了深度数据分层的效果,因此采用一种逐项阈值比较的方式进行选择。设深度信息直方图中检测到的所有波峰位置为 $W = \{w_1, w_2, \cdots, w_n\}$;由于深度数据分层个数 L 是可以直接设定的,其也代表了初始簇类中心选取的个数。由于深度数据分层后具有不同的深度层次感,因此阈值 δ 的设定根据深度层次感进行设定。若相邻波峰位置之间的距离小于 δ ,则合并这两个波峰于一个波峰位置,其利用波峰中深度值出现的频数进行选择合并。

设确定的初始簇类中心位置为 $c_1, c_2, \cdots, c_K$,即可对所有的深度信息进行聚类分析,具体过程为:对每个深度样本数据 d_i 进行归类,寻找与其具有最相似类别的簇类中心并归入该类。为了便于归类,采用欧式距离作为相似性判断准则,即迭代寻找深度样本数据 d_i 与各簇类中心的最近距离,有

$$J(C_i) = \sum_{d_i \in C_i} \| d_i - u_j \|^2 \tag{7.21}$$

初次归类划分完成以后,利用归类的深度样本信息与簇类中心之间的总距离平方和最小对簇类中心进行更新,即使式(7.22)达到最小,其中当 $d_s \in C_s$ 时 $\lambda_{ts} = 1$,否则 $\lambda_{ts} = 0$。由于聚类算法在将各个深度样本信息进行归类的过程中,总的距离平方和会逐渐减小,直至式(7.22)达到收敛状态,聚类结束:

$$J(C) = \sum_{t=1}^{T} J(C_i) = \sum_{t=1}^{T} \sum_{s=1}^{K} \lambda_{ts} \| d_s - u_t \|^2 \tag{7.22}$$

深度数据分层聚类结束,即完成了深度数据信息在空间中的层次划分,每个深度数据在空间中都有自身所属层次感的归类。

7.2.2 分层纹理贴图优化

对于简单的虚实融合遮挡来说,虚拟景物总是被放置于真实景物图像之前,虚拟景物永远都不会被真实景物遮挡。而在通常情况下,不仅虚拟景物可以遮挡真实景物,而且真实景物也可以遮挡虚拟景物。三维虚拟环境中正确的遮挡关系能够给参与者产生身临其境的视觉效果,而错误的遮挡则会使虚拟物体和真实物体在空间产生层次感的错位现象,导致参与者视觉混乱。因此为了更好地体现真实物体和虚拟物体之间的遮挡逼真程度,采用对真实景物的深度信息进行纹理贴图的方法。

纹理贴图技术解决了传统几何构造三维模型方式难度大的问题,从而简化了传统方式的三维建模过程,但无法体现三维模型的几何形状细节。通过纹理贴图技术可以展现出三维景物模型在虚拟环境中更多的色彩纹理信息,使计算机能够更加逼真地对三维景物进行立体化凸显。纹理贴图直观上可理解为真实景物的彩色信息和透明度信息,可利用一定映射方式将其对应在相应的空间位置上。在三维虚拟渲染环境中,为了提高贴图映射效率,采用了一种分层纹理贴图优化处理方式对三维场景进行快速贴图处理。

深度数据分层聚类后,得到了前、后多个层次上的深度信息聚类结果,然后根据原始纹理图像和深度数据聚类结果便可以得到三维虚拟环境渲染所需的分层纹理贴图。由于产生了多个空间层次感场景图像,因此在进行分层纹理贴图时,为了避免无用区域贴图导致实时纹理贴图处理效率低等情况,将对有效区域进行优化处理。首先将分层纹理图像的颜色值进行数字化存储,构建一个 $n \times m$ 的二维数组,该二维数组除了有效区域像素值不为零,其余区域像素值皆为零。提取二维数组中非零值的空间坐标,构建一个最小矩形包围盒使其包含全部的有效区域。

摄像机拍摄的场景图像在三维虚拟渲染环境空间坐标系下是一个二维平面 β ,其大小和分层纹理图像存在一定的缩放关系,为了将最小矩形包围盒中有效区域的纹理信息贴图到该二维平面上,需要对其进行位置映射。设分层纹理图像平面 α 和二维平面 β 之间的基准点对为 $(\alpha_A, \beta_{A'})$,纹理图像平面 α 和二维平面 β 之间的宽、高缩放比例关系分别为 l 、k 。其中,最小矩形包围盒中有效区域的顶点坐标 $P_a = (P_{ah}, P_{av})$ 相对于基准点 α_A 垂直方向和水平方向距离分别为 d_v 、d_h ,则有效区域顶点将映射为平面 β 的坐标 $P'_a = (P'_{ah}, P'_{av})$ (式(7.23))。通过缩放比例关系 l 、k 可求解最小矩形包围盒长、宽映射到平面 β 中的长、宽:

$$
\begin{cases} P'_{av} = \beta_{Av'} + d_v \times l \\ P'_{ah} = \beta_{Ah'} + d_h \times k \end{cases} \tag{7.23}
$$

利用顶点坐标 P'_a 结合最小矩形包围盒在平面 β 中映射的长、宽，即可得到分层有效区域在平面 β 中的有效贴图区域。通过分层纹理贴图优化，可快速地对分层图像进行实时分层纹理贴图处理。

7.2.3 虚实遮挡一致性渲染

视点状态刻画了视点的位移变化和转动变化信息。在三维虚拟场景的纹理图像渲染过程中，纹理渲染平面会随着视点的运动变化而做出适当反应，即纹理渲染平面与视点之间存在一种指向性关系。当三维场景中虚拟视点产生运动变化，即纹理渲染平面发生位置变化时，三维虚拟场景中的渲染平面和三维虚拟场景中的虚拟景物之间的遮挡关系也会发生改变，因此需要动态调整渲染平面的位姿信息。

为了提高虚拟场景的实时渲染逼真效果，同时避免场景中错误的虚实遮挡关系，一般采用深度缓存描述场景中纹理渲染平面的深度值和视点位置关系。三维虚拟场景中的深度信息值可以定义为：以视点为基础坐标系下沿着视轴方向（也就是 Z 轴方向）距离坐标原点的大小，该视点一般为虚拟摄像机，而深度缓存则保存着深度信息值，使视点在虚拟场景中具有深度感知的功能。

深度缓存一般也称深度缓存区，该缓存区中保存着摄像机视点拍摄图像在渲染平面中的深度信息。在三维场景渲染物体的时候，一般通过提取缓存区中的数据并进行比较选取有效的像素点信息。一般深度缓存的精度是通过该缓存区保存像素点的位数来度量，即保存的位数越小则该深度缓存精度越低，一般采用 24 位（bit）进行深度数据保存。

而观察视点和纹理渲染平面之间的运动关系可用一个 7 维向量表示，该向量由三个平移分量和四个旋转分量构成。用平移分量刻画纹理渲染平面在场景中随着摄像机视点移动的三维空间位置，而旋转分量则用来描述纹理渲染平面在三维虚拟场景中的偏转。通过 7 维向量可实时地对摄像机视点和渲染平面进行绑定处理，结合分层纹理贴图优化方法可快速地将纹理信息贴图到渲染平面上，实现虚实遮挡一致性渲染的效果。

7.2.4 实验结果及数理分析

为了验证基于层次化深度分割的虚实遮挡一致性处理方法的可行性和有效性，本节将分别从纹理贴图的分层聚类和虚实遮挡一致性处理两个方面对该方法各阶段的具体处理效果进行详细说明，在实验过程中所使用的验证图像均来自标准测试数据集。

在图 7.8 分层纹理贴图聚类（实验效果一）中，图 7.8(a)为来自标准测试数据集的真实景物纹理图像，图 7.8(f)则是图 7.8(a)所对应深度信息的可视化直方图表示。根据图 7.8(a)对应视差深度的直方图统计信息，并结合使用深度数据分层聚类方法对深度直方图统计数据进行层次划分。

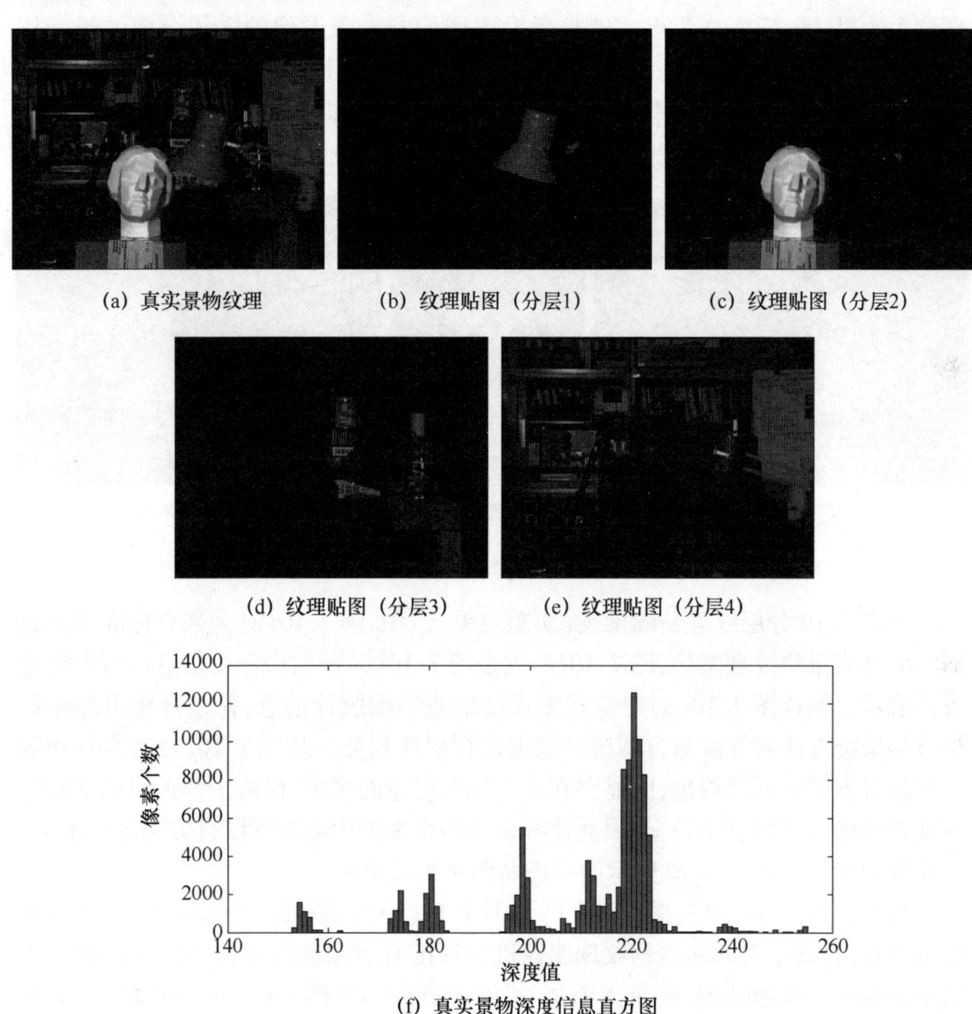

(a) 真实景物纹理　(b) 纹理贴图（分层1）　(c) 纹理贴图（分层2）

(d) 纹理贴图（分层3）　(e) 纹理贴图（分层4）

(f) 真实景物深度信息直方图

图 7.8　分层纹理贴图聚类（实验效果一）

从图 7.8(f)真实景物深度信息直方图中可以看出，明显存在六组深度信息的聚类，但由于邻近组别之间的深度差可能会出现过小情况，因此选择使用四个聚类中心对深度直方图进行聚类，将真实景物纹理图像划分为台灯纹理贴图、石膏像纹理贴图、桌体纹理贴图和书柜墙纹理贴图四个部分，从而得到图 7.8(b)～(e)所示的纹理贴图聚类结果。从图 7.8(b)纹理贴图(分层 1)至图 7.8(e)纹理贴图(分层 4)的划分结果可以看出，通过对真实景物纹理图像进行深度直方图统计聚类可以得到符合真实景深的分层纹理贴图，从而为图 7.9 虚实遮挡一致性处理(实验效果一)提供有力支撑。

图 7.9(a)为虚实融合的遮挡叠加处理结果，图 7.9(b)为虚实遮挡叠加的局部放大效果，图 7.9(c)为虚实遮挡后左眼图像与右眼图像的立体合成效果。从图 7.9(b)虚实遮挡局部放大效果中可以看出，虚拟人物模型被石膏像所遮挡，虚拟人物模型对真实景物的书柜墙进行了遮挡，并且虚拟人物与真实景物的遮挡过渡较为平滑，得到了较为理想的虚实遮挡一致性处理效果。

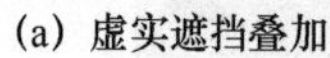

(a) 虚实遮挡叠加　(b) 虚实遮挡局部放大　(c) 虚实遮挡左右眼立体合成

图 7.9　虚实遮挡一致性处理(实验效果一)

在图 7.10 分层纹理贴图聚类(实验效果二)中，图 7.10(a)为来自标准测试数据集的真实景物纹理图像，图 7.10(f)则是图 7.10(a)所对应深度信息的可视化直方图表示。根据图 7.10(a)对应视差深度的直方图统计信息，并结合使用深度数据分层聚类方法对深度直方图统计数据进行层次划分。从图 7.10(f)真实景物深度信息直方图中可以看出，明显存在五组深度信息的聚类，但由于邻近组别之间的深度差可能会出现过小情况，因此选择使用四个聚类中心对深度直方图进行聚类，从而得到图 7.10(b)～(e)所示的纹理贴图聚类结果。

从图 7.10(b)纹理贴图(分层 1)至图 7.10(e)纹理贴图(分层 4)的划分结果中可以看出，通过对真实景物纹理图像进行深度直方图统计聚类可以得到符合真实景深的分层纹理贴图，从而为图 7.11 虚实遮挡一致性处理(实验效果二)提供有力支撑。

图 7.11(a)为虚实融合的遮挡叠加处理结果，图 7.11(b)为虚实遮挡叠加的局部放大效果，图 7.11(c)为虚实遮挡后左眼图像与右眼图像的立体合成效果。从图 7.11(b)虚实遮挡局部放大效果中可以看出，虚拟人物模型被绿色玩偶和白色软布所遮挡，虚拟人物模型对真实景物的蓝色画板进行了遮挡，并且虚

(a) 真实景物纹理　　(b) 纹理贴图（分层1）　　(c) 纹理贴图（分层2）

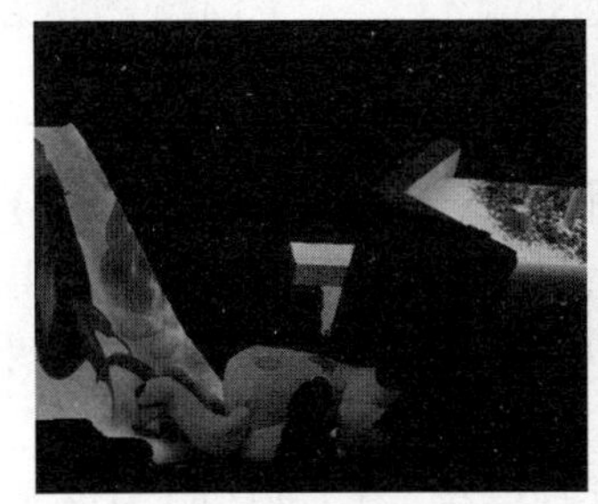

(d) 纹理贴图（分层3）　　(e) 纹理贴图（分层4）

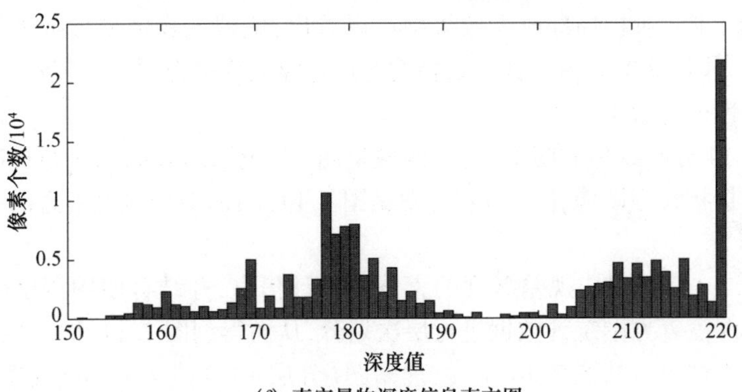

(f) 真实景物深度信息直方图

图 7.10　分层纹理贴图聚类(实验效果二)

拟人物与真实景物的遮挡过渡较为平滑,得到了较为理想的虚实遮挡一致性处理效果。

在图 7.12 分层纹理贴图聚类(实验效果三)中,图 7.12(a)为来自标准测试数据集的真实景物纹理图像,图 7.12(f)则是图 7.12(a)所对应深度信息的可视化直方图表示。根据图 7.12(a)对应视差深度的直方图统计信息,并结合使用深度数据分层聚类方法对深度直方图统计数据进行层次划分,从而得到图 7.12(b)~(e)所示的纹理贴图聚类结果。

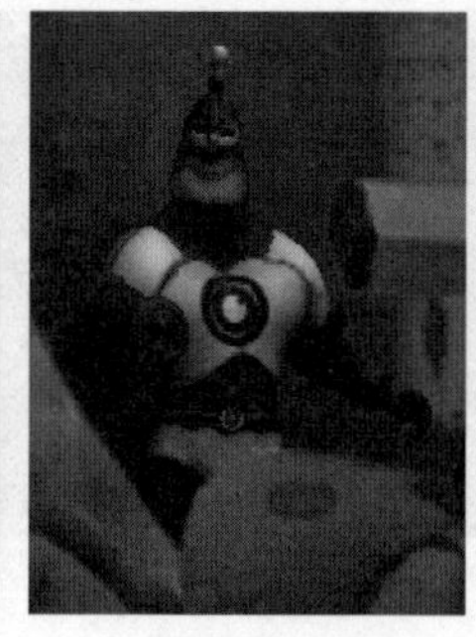

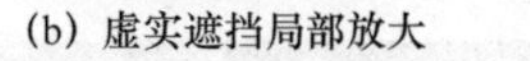

(a) 虚实遮挡叠加　　(b) 虚实遮挡局部放大　　(c) 虚实遮挡左右眼立体合成

图 7.11　(见彩图)虚实遮挡一致性处理(实验效果二)

从图 7.12(b)纹理贴图(分层 1)至图 7.12(e)纹理贴图(分层 4)的划分结果可以看出,通过对真实景物纹理图像进行深度直方图统计聚类可以得到符合真实景深的分层纹理贴图,从而为图 7.13 虚实遮挡一致性处理(实验效果三)提供有力支撑。

图 7.13(a)为虚实融合的遮挡叠加处理结果,图 7.13(b)为虚实遮挡叠加的局部放大效果,图 7.13(c)为虚实遮挡后左眼图像与右眼图像的立体合成效果。从图 7.13(b)虚实遮挡局部放大效果中可以看出,虚拟人物模型被纸箱和玩偶的右脚所遮挡,并且虚拟人物与真实景物的遮挡过渡较为平滑,得到了较为理想的虚实遮挡一致性处理效果。

在图 7.14 分层纹理贴图聚类(实验效果四)中,图 7.14(a)为来自标准测试数据集的真实景物纹理图像,图 7.14(f)则是图 7.14(a)所对应深度信息的可视化直方图表示。

根据图 7.14(a)对应视差深度的直方图统计信息,并结合使用深度数据分层聚类方法对深度直方图统计数据进行层次划分,从而得到图 7.14(b)~(e)所示的纹理贴图聚类结果。从图 7.14(b)纹理贴图(分层 1)至图 7.14(e)纹理贴图(分层 4)的划分结果可以看出,通过对真实景物纹理图像进行深度直方图统计聚类可以得到符合真实景深的分层纹理贴图,从而为图 7.15 虚实遮挡一致性处理(实验效果四)提供有力支撑。

图 7.15(a)为虚实融合的遮挡叠加处理结果,图 7.15(b)为虚实遮挡叠加的局部放大效果,图 7.15(c)为虚实遮挡后左眼图像与右眼图像的立体合成效果。从图 7.15(b)虚实遮挡局部放大效果中可以看出,将虚拟人物模型与画笔进行遮挡时,虚拟人物的右手对画笔进行了遮挡,同时画笔也对虚拟人物的上半身进行了遮挡,并且虚拟人物与真实景物的遮挡过渡较为平滑,得到了较为理想的虚实遮挡一致性处理效果。

(a) 真实景物纹理

(b) 纹理贴图（分层1）

(c) 纹理贴图（分层2）

(d) 纹理贴图（分层3）

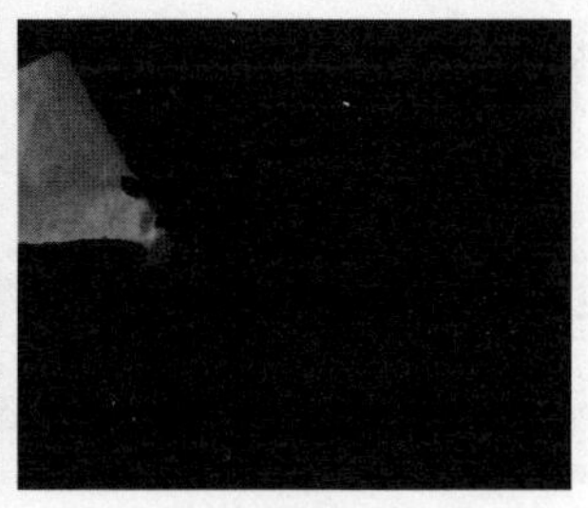

(e) 纹理贴图（分层4）

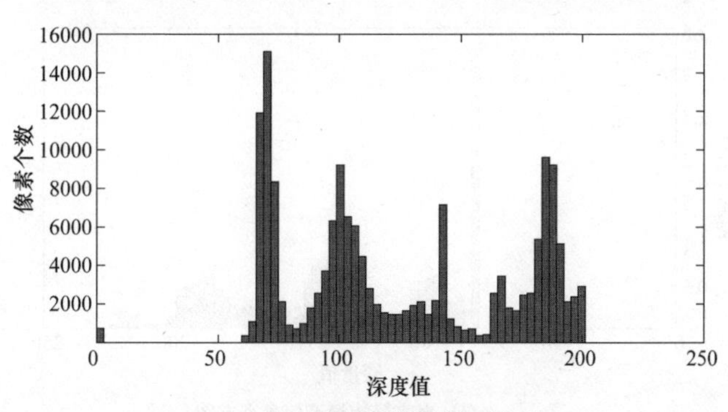

(f) 真实景物深度信息直方图

图 7.12　分层纹理贴图聚类(实验效果三)

(a) 虚实遮挡叠加

(b) 虚实遮挡局部放大

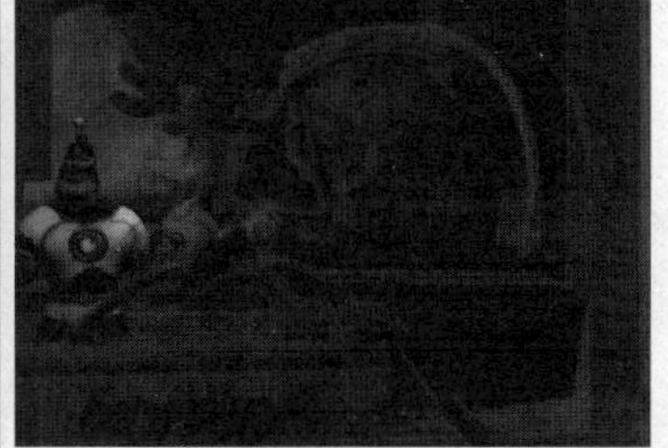

(c) 虚实遮挡左右眼立体合成

图 7.13　虚实遮挡一致性处理(实验效果三)

(a) 真实景物纹理

(b) 纹理贴图（分层1）

(c) 纹理贴图（分层2）

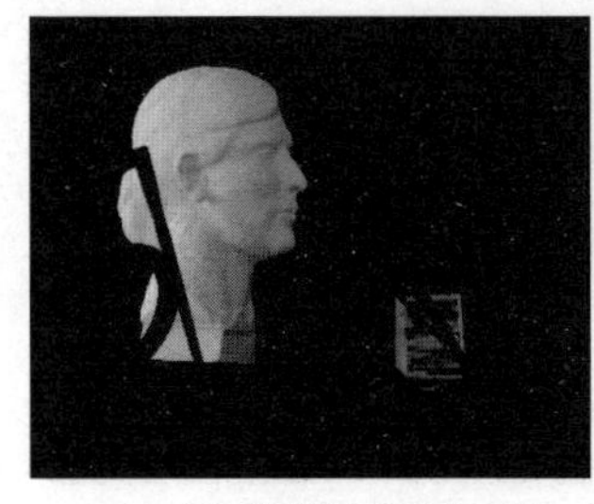

(d) 纹理贴图（分层3）

(e) 纹理贴图（分层4）

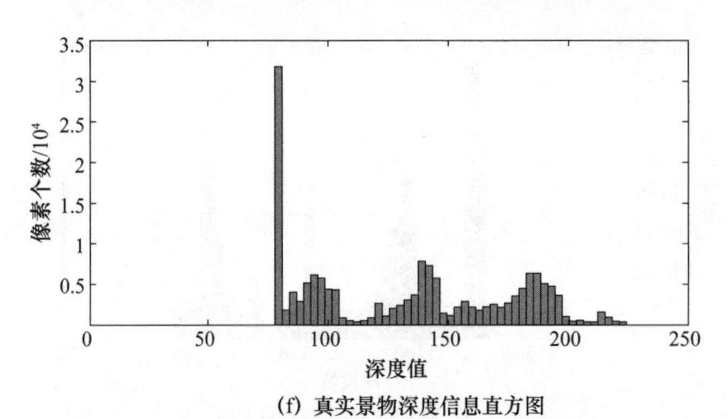

(f) 真实景物深度信息直方图

图 7.14　分层纹理贴图聚类(实验效果四)

(a) 虚实遮挡叠加

(b) 虚实遮挡局部放大

(c) 虚实遮挡左右眼立体合成

图 7.15　虚实遮挡一致性处理(实验效果四)

通过以上四组实验的虚实遮挡一致性处理效果可以看出,基于层次化深度分割的虚实遮挡一致性处理方法能够较好地实现虚拟景物与真实景物之间的遮挡处理,达到了预期的虚实遮挡效果,验证了该方法的可行性和有效性。

为了进一步说明本节方法较其他现有方法更具优势,本节将从是否支持场景变化、视点运动是否受限、是否需要先验条件和实时性四个方面进行比较。从表 7.1 与其他现有方法比较中可以看出,基于层次化深度分割的虚实遮挡一致性处理方法不仅支持无先验条件的动态场景虚实遮挡,而且支持任意视点运动下的实时性虚实遮挡处理。

表 7.1　本节方法与其他现有方法比较

遮挡方法	场景变化	视点运动	先验条件	实时性
Breen 等[5]	静态	受限	固定场景	非实时
Berger[6]	静态	受限	无	实时
Ong 等[7]	动态	受限	真实景物模型	实时
Lepetit 和 Berger[8]	动态	受限	真实景物轮廓	实时
Schmidt 等[9]	静态	受限	无	实时
Hayashi 等[10]	静态	受限	特定标识	实时
Fortin 和 Hebert[11]	动态	任意	特定标识	实时
本节方法	动态	任意	无	实时

7.3　分层弥散模糊度的视焦平滑一致性

在增强现实系统中,摄像机捕获真实场景时会受到外界环境或人为因素等影响而造成真实图像失真,或为了引导用户强调重要元素而人为地添加模糊效果,视焦一致性处理指的是通过一定方法使 AR 融合场景的虚拟物体与真实物体具有一致模糊效果。

当前对于虚实融合场景视焦一致性问题的研究大致分为两种:一种是当捕获的真实场景存在运动模糊现象时,对虚拟物体添加运动模糊效果;另一种是当捕获的真实场景存在散焦模糊现象时,对虚拟物体进行景深渲染处理。

本节将主要介绍散焦模糊现象中,如何利用弥散关系式实现视焦平滑一致性的理论方法、实验结果及数理分析,本节方法研究主要从弥散模糊层度量划分、散焦场景弥散关系、高斯核模糊度渲染方面展开。

7.3.1 弥散模糊层度量划分

1. 计算有效边缘模糊度

根据 LSF 标准差 σ 的公式推导过程,可通过以下步骤估计出图像某一竖直边缘附近区域的模糊度。

(1)将模糊彩色图转换成灰度图,并且根据式(7.24)计算水平方向的梯度 G_x :

$$G_x(f(x,y)) = \frac{f(x+1,y) - f(x-1,y)}{2} \tag{7.24}$$

式中:$f(x+1,y) - f(x-1,y)$ 为像素点 (x,y) 水平方向中相邻两个像素点灰度值之差。

(2)利用 sobel 算子提取灰度图的竖直边缘,并且剔除边缘长度小于 L 的边缘;

(3)为每条边缘选择梯度图中对应合适位置的感兴趣区域,并且绘制感兴趣区域内每行的梯度曲线,再对感兴趣区域内所有梯度曲线进行均值拟合,从而得到梯度均值曲线,用于判断该曲线是否服从高斯分布。如果服从高斯分布,则可根据式(7.19)计算其标准差 σ^v 。

在实际处理过程中,上述求解 LSF 标准差 σ 的方法不仅适用于估计图像有效竖直边缘附近区域的模糊度,也适用于估计图像有效水平边缘附近区域的模糊度。因此,估计图像某一水平边缘 LSF 标准差的步骤与估计竖直边缘 LSF 标准差的方法相似,分为以下三步。

(1)将模糊彩色图转换成灰度图,根据式(7.25)计算竖直方向的梯度 G_y :

$$G_y(f(x,y)) = \frac{f(x,y+1) - f(x,y-1)}{2} \tag{7.25}$$

式中:$f(x,y+1) - f(x,y-1)$ 为像素点 (x,y) 竖直方向上相邻两个像素点灰度值之差。

(2)利用 sobel 算子提取灰度图的水平边缘,并且剔除边缘长度小于 L 的边缘;

(3)为每条边缘选择梯度图中对应合适位置的感兴趣区域,并且绘制感兴趣区域内每列的梯度曲线,再对感兴趣区域内所有梯度曲线进行均值拟合,从而得到一条梯度均值曲线,用来判断该曲线是否服从高斯分布。如果服从高斯分布,则可根据式(7.19)计算其标准差 σ^t。

2. 基于弥散变量划分模糊层

因为聚焦平面前后物体的弥散圆半径变化趋势存在明显差异,所以不能简单

地通过 V_{COC} 取整方式对彩色景深图像进行分层;否则,当 $d > d_f$ 时, $[V_{COC}]$ 恒等于0,也就是说位于聚焦平面之后的物体均会被分到与聚焦平面相同的模糊层里。同时,若 d 与 d_f 处于同一数量级,并且 $d < d_f$ 时,根据 V_{COC} 取整分层所区分出的层次较少,甚至容易把模糊程度差别较大的区域划分至同一层中,而这与利用模糊层区分不同深度物体散焦模糊程度的初衷相背。因此,本节划分模糊层的方法如下。

对于聚焦平面前的点而言, $d \leqslant d_f$,根据10倍的 V_{COC} 取整对有景深效果的彩色图像进行分层;对于聚焦平面后的点而言,则 $d > d_f$,根据 $\frac{1}{V_{COC}}$ 取整对有景深效果的彩色图像进行分层。根据这种处理方式,散焦场景的每个像素点都将会被划分到对应的第 i 层,所提取到的有效边缘都会被包含于相应的模糊层中。对于 i 有

$$i = \begin{cases} [10 * V_{COC}] & (d \leqslant d_f) \\ [\frac{1}{V_{COC}}] & (d > d_f) \end{cases} \tag{7.26}$$

7.3.2 散焦场景弥散关系

由散焦现象形成原理可知,弥散圆半径越大则成像越模糊,也就是说模糊度 $\sigma \propto R_{COC}$,且有 $R_{COC} = C_{COC} \cdot |V_{COC}|$, C_{COC} 恒为正数,所以 $\sigma \propto |V_{COC}|$ 。本节将通过如下步骤建立模糊度与弥散变量的关系。

(1)根据式(7.27)计算该层所有竖直边缘的LSF标准差均值,利用式(7.28)计算该层所有水平边缘的LSF标准差均值:

$$\bar{\sigma}^v = \frac{1}{m}\sum_{j=1}^{m} \sigma_j^v \tag{7.27}$$

$$\bar{\sigma}^t = \frac{1}{n}\sum_{k=1}^{n} \sigma_k^t \tag{7.28}$$

式中: σ_j^v 为该层某一竖直边缘的LSF标准差; m 为该层竖直边缘的数量; σ_k^t 为该层某一水平边缘的LSF标准差; n 为该层水平边缘的数量。如果该层仅有竖直边缘,则该层模糊度 $\sigma = \bar{\sigma}^v$;如果该层仅有水平边缘,则该层模糊度 $\sigma = \bar{\sigma}^t$;如果该层既有竖直边缘又有水平边缘,则该层模糊度 $\sigma = \sqrt{\bar{\sigma}^v \bar{\sigma}^t}$ 。

(2)对于分层后第 i 层所对应的 V_{COC} 数值来说,则可以通过下式计算得到:

$$V_{COC} = \begin{cases} \frac{i}{10} & (i \geqslant 0) \\ \frac{1}{i} & (i < 0) \end{cases} \tag{7.29}$$

(3)将所得的模糊度 σ 及对应的弥散变量 V_{COC} 拟合为具体的函数关系,从而根据它决定解算系数,选择模糊度 σ 与弥散变量 V_{COC} 之间相关度最高的函数,作为该场景中模糊度关于弥散变量的函数关系式,本节将此函数关系式称为弥散关系式。

当虚拟物体注册到该场景中时,对于任意注册深度 d ,均可通过 $V_{\mathrm{COC}} = \dfrac{d_f - d}{d}$ 求出其对应的弥散变量,再代入该场景的弥散关系式,即可得出目标注册位置的模糊度。同时,当相机位姿和聚焦状态未发生改变时,无论场景中的物体如何移动,其场景的弥散关系均视为不变;当相机位姿或聚焦状态任意因素发生变化时,需要重新建立新场景的模糊关系。

7.3.3 高斯核模糊度渲染

由于高斯分布函数在 $[\mu - 3\sigma, \mu + 3\sigma]$ 区间内曲线面积约为 99.73%,也就是说产生散焦模糊现象时,该区间内的像素点对中心像素点的影响较为明显,而该区间之外的像素点对中心像素点的影响几乎可以忽略不计,因此,本节将高斯模糊核的半径定为 3σ, 其直径为 6σ。 在图 7.16 中,高斯模糊核的尺寸通常是正奇数,故需将 6σ 调整为一个最接近 6σ 的正奇数,可以通过下式调整高斯模糊核的尺寸:

$$\mathrm{ksize} = \begin{cases} \lfloor 6\sigma \rfloor & (\lfloor 6\sigma \rfloor = 2k + 1, k \in Z^+) \\ \lfloor 6\sigma \rfloor + 1 & (\lfloor 6\sigma \rfloor = 2k, k \in Z^+) \\ 3 & (\lfloor 6\sigma \rfloor < 3) \end{cases} \tag{7.30}$$

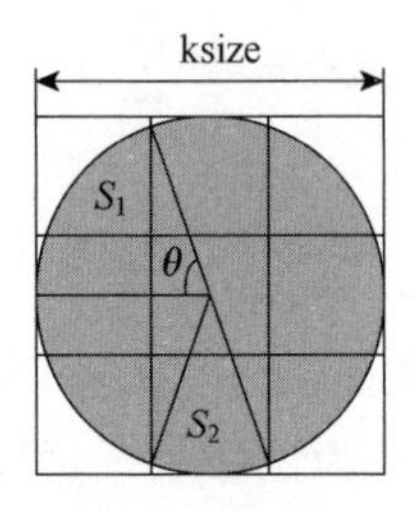

图 7.16 3×3 正方形区域的内接圆

在边长为 ksize 的正方形区域内画一个半径为 ksize/2 的内接圆,计算该内接圆在正方形区域中每个 1×1 方块内所占的面积,从而得到一个面积权重矩阵 $\boldsymbol{w}_{\mathrm{size}}$。根据式(7.31)可计算 ksize×ksize 的高斯模板矩阵,再对该矩阵按 $g(1,1)$ 的值进行归一化处理,将矩阵中每个系数除以 $g(1,1)$,则可得到高斯权重矩阵 $\boldsymbol{g}_{\mathrm{size}}$,其中,$r = \lfloor \dfrac{\mathrm{ksize}}{2} \rfloor$。

$$g(x,y)=\frac{1}{2\pi\sigma^2}e^{-\frac{(x-r)^2+(y-r)^2}{2\sigma^2}} \tag{7.31}$$

根据式(7.32)求出相应的模糊权重矩阵 $\boldsymbol{h}_{\text{size}}$，并且对该矩阵进行归一化处理，使矩阵内所有元素的和为1，则得到模糊核 $\boldsymbol{h}$：

$$\boldsymbol{h}_{\text{size}}=\boldsymbol{w}_{\text{size}}\times\boldsymbol{g}_{\text{size}} \tag{7.32}$$

最后，使用模糊核 $\boldsymbol{h}$ 分别对 RGB 通道进行卷积处理。也就是说，每个通道的中心像素值均由其周围像素及本身的值按模糊核对应位置的权值加权相加而得出，此过程可表示为

$$I'(x,y)=\sum_{i,j\in\boldsymbol{h}}k_{i,j}I(x+i,y+j) \tag{7.33}$$

式中：$I'(x,y)$ 为某一通道 (x,y) 的像素终值；$I(x+i,y+j)$ 为该通道以 (x,y) 为中心、ksize×ksize 范围内所有像素的原值；$k_{i,j}$ 为对应权值。

7.3.4 实验结果及数理分析

1. 模糊度估计与模糊渲染方案验证

借助第二版 LIVE 图像质量评价数据库的 gblur 分组图片验证本节中模糊度估计与视焦一致渲染方案的可行性，其中：gblur 分组包含 29 类参考图片，并且每个类型都有 6 张不同高斯核标准差的模糊图像。

验证过程需要先估计 gblur 分组中每张图片的模糊度，再根据估计出来的模糊度对每个类型参考图片中标准差为 0 的图片进行视焦一致渲染，最后通过均方误差(MSE)、峰值信噪比(PSNR)、结构相似度(SSIM)三个评价指标对渲染结果进行分析，并与其他方法做对比，以此判断分层弥散模糊度中视焦平滑一致性方法的准确性及可行性。

$$\text{MSE}=\frac{1}{mn}\sum_{i=0}^{m-1}\sum_{j=0}^{n-1}[f'(i,j)-f(i,j)]^2 \tag{7.34}$$

$$\text{PSNR}=10\lg\left(\frac{\text{MAX}^2}{\text{MSE}}\right) \tag{7.35}$$

$$\text{SSIM}(X,Y)=I(X,Y)^{\alpha}C(X,Y)^{\beta}S(X,Y)^{\gamma} \tag{7.36}$$

$$I(X,Y)=\frac{2\mu_X\mu_Y+c_1}{\mu_X^2+\mu_Y^2+c_1} \tag{7.37}$$

$$C(X,Y)=\frac{2\sigma_X\sigma_Y+c_2}{\sigma_X^2+\sigma_Y^2+c_2} \tag{7.38}$$

$$S(X,Y)=\frac{2\sigma_{XY}+c_3}{\sigma_X^2+\sigma_Y^2+c_3} \tag{7.39}$$

由于 gblur 分组的每张图片都对应一个恒定的高斯核标准差,故以图片 img6 为例,逐步展示模糊度估计以及视焦一致渲染过程(图 7.17)。

首先,将图片 img6 转换成灰度图,然后分别生成水平梯度图和竖直梯度图,再通过 sobel 边缘检测分别提取出竖直边缘和水平边缘,并且剔除长度小于 L 的边缘,此过程将 L 设定为 10。

其次,为每条边缘选择梯度图对应合适位置的感兴趣区域,再绘制感兴趣区域内每行或每列的梯度曲线,同时对感兴趣区域内所有梯度曲线进行均值拟合,得到一条梯度均值曲线,用来判断该曲线是否服从高斯分布。如果服从高斯分布,则根据式(7.19)可计算该边缘的 LSF 标准差。

最后,根据 $\bar{\sigma}^v = \frac{1}{m}\sum_{j=1}^{m}\sigma_j^v$ 计算图中所有竖直边缘的 LSF 标准差均值,从而经计算得到图片 img6 的 $\bar{\sigma}^v = 1.7835$。根据 $\bar{\sigma}^t = \frac{1}{n}\sum_{k=1}^{n}\sigma_k^t$ 计算图中所有水平边缘的 LSF 标准差均值,经计算得到图片 img6 的 $\bar{\sigma}^t = 1.7543$。根据 $\sigma = \sqrt{\bar{\sigma}^v\bar{\sigma}^t}$ 求出图片 img6 的估计模糊度为 1.7688,而该图片的真实模糊度 $\sigma_{真}$ 为 1.765595,则其相对误差 $\frac{|\sigma - \sigma_{真}|}{\sigma_{真}} = 0.001837$,可以发现本节方法对 img6 模糊度的估计结果较为准确。

由于每条边缘选取的感兴趣区域所圈定的梯度图范围有限,因此,当图像模糊程度比较大时,其边缘梯度曲线则比较平缓。感兴趣区域圈定范围的大小会影响梯度曲线是否服从高斯分布的判定,从而影响 LSF 标准差估计。如果选择太大的感兴趣区域,则容易将其他边缘圈入其中,同样也会影响最终的估计结果。通过对 gblur 中所有图像真实模糊度与估计模糊度的相对误差值进行统计筛查可知,本节方法对于在[0.447884, 2.166638]区间内的模糊度估计结果比较准确。

当估计出图像的模糊度后,分别使用本节的模糊渲染方法以及传统高斯滤波法 GaussianBlur 对其相应的清晰图像(标准差为 0)进行模糊处理,从而得出两种方法的渲染结果。对比渲染结果图像与原始模糊图像,分别记录两种方法的均方误差、峰值信噪比、结构相似度。

对同一张图像进行模糊处理时,要保证两种方法使用的模糊度以及模糊核尺寸是相同的。图 7.18(a)为图片 img6 对应的清晰图像,也就是说该图像模糊度为 0,图 7.18(b)为模糊度为 1.765595 的标准模糊图像,图 7.18(c)和(d)分别为本节方法和 GaussianBlur 渲染结果图像。可以看出,本节方法的渲染结果图像更接近标准的模糊图像,而 GaussianBlur 渲染结果图像明显比本节的渲染结果图像以及标准图像更加模糊。

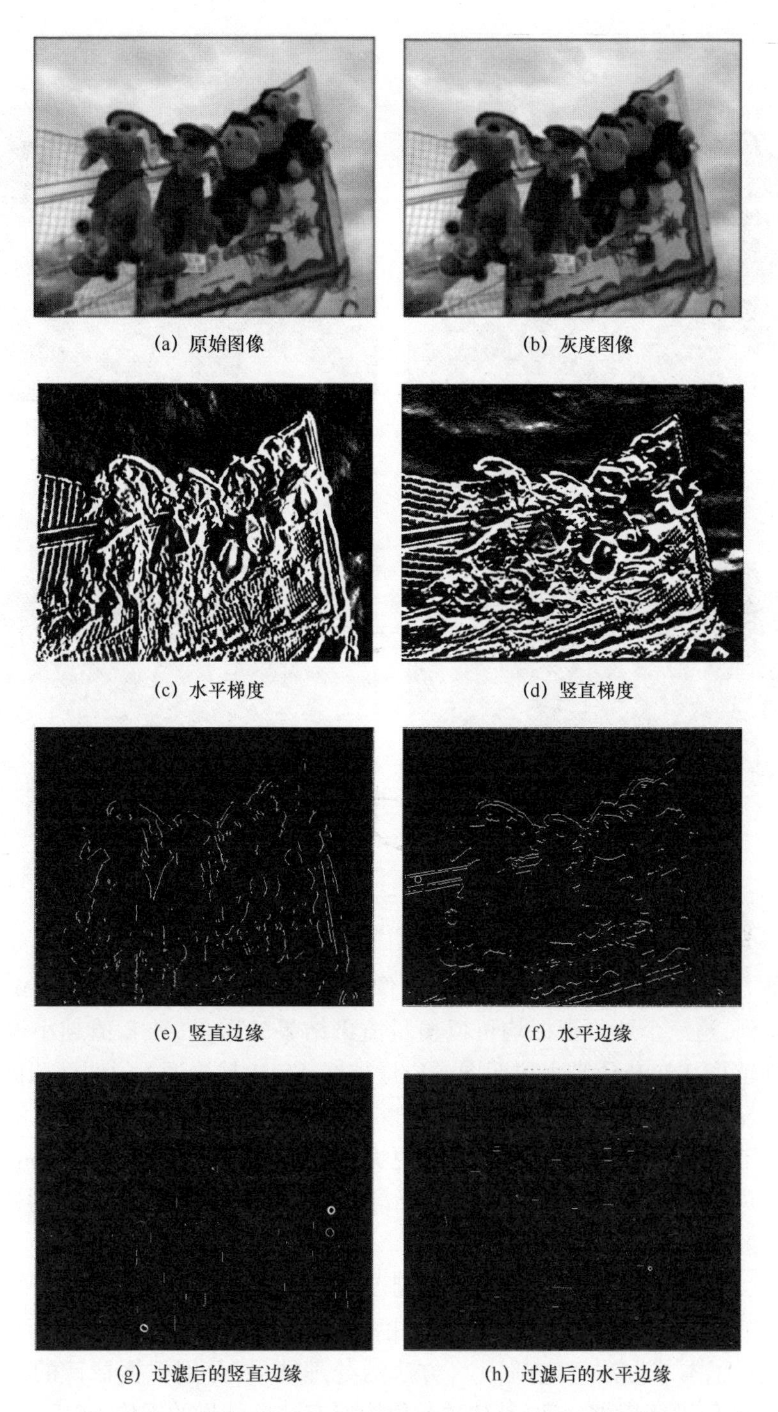

(a) 原始图像　　(b) 灰度图像

(c) 水平梯度　　(d) 竖直梯度

(e) 竖直边缘　　(f) 水平边缘

(g) 过滤后的竖直边缘　　(h) 过滤后的水平边缘

图 7.17　图片 img6 的竖直边缘和水平边缘提取结果

(a) 图片img6对应的清晰图像

(b) 模糊度为1.765595的标准模糊图像

(c) 本节方法渲染结果图像

(d) GaussianBlur渲染结果图像

图 7.18　本文方法及 GaussianBlur 渲染结果图像对比

本节方法及 GaussianBlur 的部分图像渲染结果的 MSE、PSNR、SSIM 对比如表 7.2 所列,这三个评价指标均可以衡量渲染结果的质量,MSE 值越小说明两张图像差别越小,PSNR 值越大说明图像质量越好,SSIM 越接近 1 说明两张图像相似度越高。显然,在表 7.2 中,与 GaussianBlur 渲染结果相比,通过本节方法得到的大部分渲染结果图像 MSE 更小、PSNR 更大、SSIM 更接近 1。相对于 GaussianBlur 而言,本节方法得到的模糊图像更接近标准的模糊图像,也就是说本节的视焦一致渲染方法效果更好。

文献[12]同样也对图像进行了模糊度估计,并且提出了模糊处理的具体方式,该方法与本节方法的实验结果对比如图 7.19 和表 7.3、表 7.4 所示。表 7.3 最后一行显示了本节方法和文献[12]方法的处理结果,分别根据估计的模糊度对 gblur 清晰图像进行模糊处理,其相关数值为所有渲染结果的平均 MSE、平均 PSNR 以及平均 SSIM。

表 7.2　本节方法及 GaussianBlur 的部分图片渲染结果的 MSE、PSNR、SSIM 对比

图像	本节方法			GaussianBlur		
	MSE	PSNR	SSIM	MSE	PSNR	SSIM
img3	22.542851	34.600715	0.993223	25.113839	34.131673	0.992085
img4	1.972399	45.180856	0.997128	34.321432	32.775150	0.973611
img6	87.814619	28.695135	0.972898	105.815996	27.885290	0.954724
img7	12.760054	37.072279	0.986041	56.791812	30.587946	0.939476
img8	10.212512	38.039478	0.994756	100.594498	28.105061	0.924469
img13	18.216501	35.526154	0.990716	105.830479	27.884696	0.921835
img14	32.141335	33.060164	0.985945	116.994092	27.449164	0.910474
img18	10.291505	38.006015	0.988976	86.512065	28.760037	0.927701
img19	16.077057	36.068738	0.983983	23.199214	34.476071	0.975908
img20	21.168021	34.874001	0.984820	65.383863	29.976098	0.951410

(a) 图片img59对应的清晰图像

(b) 模糊度为1.278615的标准模糊图像

(c) 本节方法渲染结果图像

(d) 文献[12]方法渲染结果图像

图 7.19　本节方法及文献[12]方法渲染结果图像对比

图片 img59 的真实模糊度为 1.278615，使用本节方法估计图片 img59 的模糊度为 1.380369，二者误差为 0.079581，而使用文献[12]方法估计图片 img59 的模糊度为 1.485145，其相对误差为 0.161526。从图 7.19 中可以看出，本节方法的渲染结果图像更接近标准的模糊图像，而文献[12]方法的渲染结果图像明显比本节方法的渲染结果图像以及标准图像更模糊。

另外，对比本节方法及文献[12]方法对 gblur 分组图片进行模糊度估计以及渲染处理可以发现，本节方法对多数图像的模糊度估计结果更接近标准图像的真实模糊度，而且相对误差整体更小。对于大部分渲染结果图像来说，它们的 MSE 更小、PSNR 更大、SSIM 更接近 1，说明本节视焦一致渲染方法更好，得出的模糊效果图更加真实。

表 7.3 本节方法及文献[12]方法的部分图像模糊度估计结果对比

图像	$\sigma_{真}$	本节方法		文献[12]方法	
		σ	相对误差	σ	相对误差
img21	0.906218	0.962021	0.061578	1.014532	0.119523
img23	0.562467	0.608509	0.081857	0.675190	0.200408
img28	0.677051	0.732618	0.082072	0.947707	0.399757
img29	0.791634	0.783646	0.010091	0.781743	0.012494
img30	1.708303	1.634694	0.043089	1.535128	0.101373
img44	0.677051	0.664877	0.017981	0.724331	0.069832
img45	0.562467	0.608570	0.081966	0.486539	0.134991
img50	1.020802	0.979211	0.040743	0.947355	0.071950
img59	1.278615	1.380369	0.079581	1.485145	0.161526
img60	0.619759	0.634922	0.024466	0.614647	0.008248

表 7.4 本节方法及文献[12]方法的部分图像渲染结果 MSE、PSNR、SSIM 对比

图像	本节方法			文献[12]方法		
	MSE	PSNR	SSIM	MSE	PSNR	SSIM
img21	21.16802	34.87400	0.984820	42.97665	31.798477	0.979145
img23	4.659343	41.44755	0.993980	11.64824	37.468200	0.988261
img28	3.941472	42.17422	0.992254	7.284317	39.506915	0.989576

续表

图像	本节方法			文献[12]方法		
	MSE	PSNR	SSIM	MSE	PSNR	SSIM
img29	6.915195	39.73275	0.988165	6.885060	39.751726	0.988199
img30	56.35380	30.62157	0.979551	55.19530	30.711783	0.979933
img44	7.728624	39.24978	0.995740	18.22300	35.524603	0.991378
img45	4.193147	41.90540	0.995413	11.63133	37.474507	0.990839
img50	16.81648	35.87345	0.982556	16.82778	35.870534	0.982476
img59	70.57358	29.64438	0.977399	81.98900	28.993248	0.972210
img60	4.009368	42.10004	0.993344	4.108128	41.994364	0.993271
mean	38.88883	34.71760	0.976087	42.82397	33.996015	0.972356

2. 弥散关系式建立及目标位置模糊度计算

图 7.20(a)为真实场景的景深彩色图像,该场景聚焦于马克杯上,其聚焦深度 d_f 为 2195mm。此处以图 7.20(a)所示的真实场景为例,介绍本节中虚拟物体目标注册位置模糊度的计算方法,首先将该图像转换成灰度图,并且分别计算生成水平梯度图和竖直梯度图,然后通过 sobel 边缘检测分别提取出竖直边缘和水平边缘,再过滤掉过短的边缘线条。

为每条边缘选择梯度图中对应合适位置的感兴趣区域,然后绘制感兴趣区域内每行或每列的梯度曲线,再对感兴趣区域内所有梯度曲线进行均值拟合,从而得到一条梯度均值曲线,用来判断该曲线是否服从高斯分布。如果服从高斯分布,则根据式(7.19)计算该边缘的 LSF 标准差,并将图 7.20(a)中所有满足条件的边缘作为有效边缘,该图所有有效边缘属性如表 7.5 所列,其中,边缘类型为 1 时表示该边缘是竖直边缘,边缘类型为 2 时表示该边缘是水平边缘。

与图 7.20(a)对齐的深度图像如图 7.21 所示,该场景所有有效边缘的深度值均可在深度图像的对应位置读出。

此时计算每条边缘的弥散变量 V_{COC},并且根据弥散模糊层度量划分方法将每条边缘划分到相应的模糊层中,也就是说:位于聚焦深度 d_f 之前的边缘,即 $d < d_f$,将其划分到 $[10 * V_{COC}]$ 层中(例如,对于边缘 3 来说,其起始点所对应的深度为 1579mm,经计算该边缘 V_{COC} 数值的 10 倍为 3.9012,则将其划分到 3 层中);位于聚焦深度 d_f 之后的边缘,即 $d > d_f$,划分到 $\frac{1}{V_{COC}}$ 层中(例如,对于边缘 16 来说,其起始点所对应的深度为 3155mm,经计算该边缘的 V_{COC} 数值的倒数为-3.2865,

则将其划分到-3 层中)。

表 7.5　图 7.20(a)的所有有效边缘属性

边缘序号	起始行坐标	起始列坐标	边缘长度/像素	LSF 标准差/像素	边缘类型
1	422	88	21	2. 198761	1
2	400	89	18	2. 158014	1
3	403	110	41	1. 164618	1
4	259	174	10	0. 705410	1
5	282	304	11	0. 746351	1
6	238	307	16	0. 654870	1
7	225	409	13	0. 889086	1
8	264	458	13	1. 027712	1
9	210	408	95	0. 554000	2
10	214	382	11	0. 370955	2
11	219	385	49	0. 719376	2
12	224	358	14	0. 317985	2
13	224	319	19	0. 512793	2
14	225	368	10	0. 184618	2
15	229	360	25	0. 269731	2
16	238	408	100	0. 540809	2
17	242	399	13	0. 367285	2
18	246	342	30	0. 198166	2
19	247	407	65	0. 364863	2
20	252	363	24	0. 400118	2
21	257	347	19	1. 024381	2
22	259	343	20	0. 146442	2
23	260	321	18	0. 032916	2

续表

边缘序号	起始行坐标	起始列坐标	边缘长度/像素	LSF 标准差/像素	边缘类型
24	261	408	18	0. 424494	2
25	271	409	57	0. 115708	2
26	277	355	38	0. 584814	2
27	280	590	15	1. 289160	2
28	280	345	16	0. 081205	2
29	282	614	12	0. 832595	2
30	282	387	32	0. 340173	2
31	284	639	12	0. 646965	2
32	284	374	36	0. 512150	2
33	285	411	24	0. 268669	2
34	286	662	11	0. 699643	2
35	286	374	70	0. 418476	2
36	287	675	13	0. 793401	2
37	288	685	10	0. 463147	2
38	288	600	12	0. 187642	2
39	288	316	11	0. 548699	2
40	289	413	27	0. 225240	2
41	289	385	11	0. 079035	2
42	291	612	42	0. 528369	2
43	293	456	41	0. 779531	2
44	293	348	45	0. 378597	2
45	294	358	10	0. 648652	2
46	357	332	29	2. 154036	2
47	358	408	58	1. 944887	2
48	358	342	10	1. 944612	2

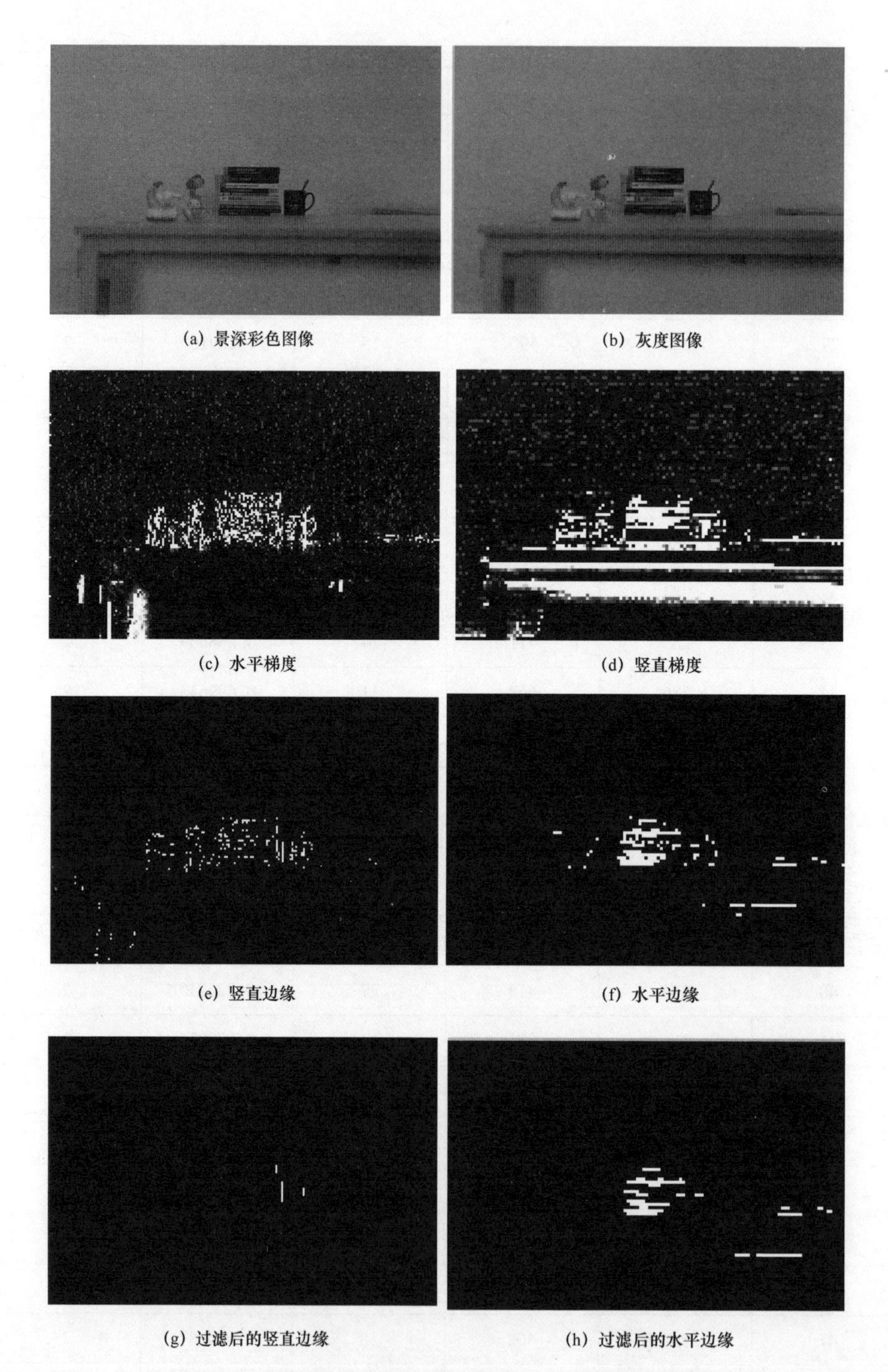

(a) 景深彩色图像　(b) 灰度图像

(c) 水平梯度　(d) 竖直梯度

(e) 竖直边缘　(f) 水平边缘

(g) 过滤后的竖直边缘　(h) 过滤后的水平边缘

图 7.20　景深彩色图像的竖直边缘和水平边缘提取结果

图 7.21　与图 7.20(a)对齐的深度图像

根据 $\bar{\sigma}^v = \frac{1}{m}\sum_{j=1}^{m}\sigma_j^v$ 计算某层所有竖直边缘的 LSF 标准差均值,并且根据 $\bar{\sigma}^t = \frac{1}{n}\sum_{k=1}^{n}\sigma_k^t$ 计算某层所有水平边缘的 LSF 标准差均值,如果在某层中既有竖直边缘又有水平边缘,则该层的模糊度为 $\sigma = \sqrt{\bar{\sigma}^v\bar{\sigma}^t}$;如果某层仅有竖直边缘,则该层的模糊度为 $\bar{\sigma}^v$;如果某层仅有水平边缘,则该层的模糊度为 $\bar{\sigma}^t$ 。将模糊层的数值按式(7.29)折算成弥散变量 V_{COC} ,即可得到如表 7.6 所列的各分层结果。

表 7.6　分层及对应的弥散变量、模糊度

分层序数	对应弥散变量	模糊度
4	0.4	2.178388
3	0.3	1.531710
-3	-0.3333	0.727773
0	0	0.503092
-100	-0.01	0.749454
-275	-0.0036	0.268669
-85	-0.0118	0.225240

假设模糊度 σ 与对应弥散变量的绝对值 $|V_{\mathrm{COC}}|$ 之间服从线性函数关系,同时,选择误差最小的线性函数作为该图像场景模糊度关于弥散变量的线性函数关

系，则经统计分析表明，式(7.40)为图7.19(a)所示场景中模糊度 σ 关于弥散变量绝对值 $|V_{COC}|$ 的线性函数关系式，其中：决定系数为0.6767，有

$$\sigma = 3.2264 * |V_{COC}| + 0.3955 \tag{7.40}$$

假设模糊度 σ 与对应弥散变量的绝对值 $|V_{COC}|$ 之间服从指数函数关系，同时，选择误差最小的指数函数作为该图像场景模糊度关于弥散变量的指数函数关系，则统计分析表明，式(7.41)为图7.19(a)所示场景中模糊度 σ 关于弥散变量绝对值 $|V_{COC}|$ 的指数函数关系式，其中，决定系数为0.7219，有

$$\sigma = 0.3776e^{3.7063|V_{COC}|} \tag{7.41}$$

假设模糊度 σ 与对应的弥散变量 V_{COC} 之间服从二次函数关系，同时，选择误差最小的二次函数作为该图像场景模糊度关于弥散变量的二次函数关系，则经统计分析可知，式(7.42)为图7.19(a)所示场景中模糊度 σ 关于弥散变量 V_{COC} 的二次函数关系式，其中，决定系数为0.9433。

$$\sigma = 7.0609V_{COC}^2 + 1.5056V_{COC} + 0.4456 \tag{7.42}$$

经过比较可知，二次函数关系式(7.42)的决定系数最接近1，说明式(7.42)中模糊度 σ 与弥散变量 V_{COC} 之间的相关程度最高。

在得出各个函数关系式之后，即可计算出任意目标注册深度的模糊度。当虚拟物体的目标注册深度 d 为1700mm时，计算其对应的弥散变量 V_{COC} 为0.2912，依次代入式(7.40)、式(7.41)以及式(7.42)，求得该虚拟物体目标注册位置的模糊度 σ 分别为1.335、4.0521和1.4827。然后，根据估计得到的模糊度，利用高斯核模糊度渲染方法对虚拟物体进行模糊处理，渲染结果以及在真实场景中对应的表现如图7.22所示。

根据不同函数关系式计算得到的目标注册位置的模糊度存在明显差异，进行视焦一致性渲染后，从模糊虚拟物体与景深场景的融合表现可以看出，与附近真实物体对比，模糊度为1.335的虚拟物体纹理比较清晰；模糊度为4.0521的虚拟物体过于模糊，其模型表面纹理已经无法辨认；而模糊度为1.4827的虚拟物体视觉效果相对而言，更接近它附近的真实物体。也就是说，根据二次函数关系式计算得出的 σ 值更接近真实场景中该注册位置的模糊度。

另外，与其他两个函数关系式相比，二次函数关系式(7.42)的决定系数最接近1，说明式(7.42)中模糊度 σ 与弥散变量 V_{COC} 之间的相关程度最高。因此，式(7.42)可作为图7.20(a)所示景深场景的弥散关系式。同时可以认定，当相机位姿和聚焦状态未发生改变时，无论场景中的物体如何移动，场景的弥散关系始终保持不变；当相机位姿或聚焦状态任一个因素发生变化时，需要重新建立新场景的模糊关系。

(a) 未进行视焦一致性渲染的虚拟物体

(b) 清晰的虚拟物体与真实场景

(c) 模糊度为1.335的虚拟物体

(d) 模糊度为1.335的虚拟物体与真实场景

(e) 模糊度为4.0521的虚拟物体

(f) 模糊度为4.0521的虚拟物体与真实场景

(g) 模糊度为1.4827的虚拟物体

(h) 模糊度为1.4827的虚拟物体与真实场景

图 7.22　注册深度为 1700mm 的视焦一致性渲染结果

7.4 本章小结

本章针对虚实遮挡一致性处理方法中存在的建模复杂度高、场景变化限制性强、实时性差等问题,介绍了一种基于层次化深度分割的虚实遮挡一致性处理方法;该方法由深度数据分层聚类、分层纹理贴图优化和虚实遮挡一致性渲染三个步骤构成。基于层次化分割的虚实遮挡一致性处理方法实现了对真实景物重构模型的动态分层,从而在判断虚拟景物与真实景物遮挡关系时更具自我调节的特性,同时也降低了处理过程的时间复杂度。由实验结果及数理分析可知,利用该方法得到的虚实融合效果对虚实遮挡一致性的处理较好,取得了较为理想的虚实遮挡效果,完全符合人类视觉的感知模式。

本章详细介绍了分层弥散模糊度的视焦平滑一致性方法,该方法首先利用每个边缘的深度信息来计算对应的弥散变量 V_{COC},再基于 V_{COC} 进行图像分层、估计每层的模糊度,并且进一步求解该景深场景的弥散关系式,然后利用这一关系来估计虚拟物体任意注册位置的模糊度 σ,最后通过引入多半径圆采样作为加权的高斯滤波核,对虚拟物体进行视焦一致性渲染。通过实验分析可知,当相机位姿和聚焦状态未发生改变时,无论场景中的物体如何移动,场景的弥散关系都保持不变;当相机位姿或聚焦状态任一个因素发生变化时,需要重新建立新场景的模糊关系。

参考文献

[1] Shi M, Gong X. Parameters identification via cepstrum analysis for mix blurred image [C]//Proceeding of the 2017 International Conference on Communications, Signal Processing, and Systems. Harbin: Lecture Notes in Electrical Engineering, Springer, 2017: 1515-1521.

[2] Gajjar R, Zaveri T. Defocus Blur parameter estimation using polynomial expression and signature based methods[C]//2017 4th International Conference on Signal Processing and Integrated Networks (SPIN). [出版地不详]: IEEE, 2017.

[3] Kumar H, Gupta S, Venkatesh K S. Simultaneous estimation of defocus and motion blurs from single image using equivalent gaussian representation[J]. IEEE Transactions on Circuits and Systems for Video Technology, 2019, 30(10): 3571-3583.

[4] Qin F, Li C, Cao L, et al. Blind image restoration with defocus blur by estimating point spread function in frequency domain[C]//2021 5th International Conference on Advances in Image Processing (ICAIP). Chengdu: ACM, 2021:62-67.

[5] Breen D E, Whitaker R T, Eric R, et al. Interactive occlusion and automatic object placement for augmented

reality[J]. Computer and Graphics Forum, 1996, 15(3): 11-22.

[6] Berger M O. Resolving occlusion in augmented reality: a contour based approach without 3D reconstruction [C]//Proceedings of Computer Vision and Pattern Recognition. San Juan: IEEE Computer Society, 1997: 91-96.

[7] Ong K C, Teh H C, Tan T S. Resolving occlusion in image sequence made easy[J]. The Visual Computer, 1998, 14(4): 153-165.

[8] Lepetit V, Berger M O. A Semi-automatic method for resolving occlusion in augmented reality[C]//IEEE Conference on Computer Vision and Pattern Recognition. Hilton Head: IEEE, 2000:2225-2230.

[9] Schmidt J, Niemann H, Vogt S. Dense disparity maps in real-time with an application to augmented reality [C]//Proceedings of Sixth IEEE Workshop on Applications of Computer Vision. Orlando: IEEE Computer Society, 2002:225-230.

[10] Hayashi K, Kato H K, Nishida S. Occlusion detection of real objects using contour based stereo matching [C]//Proceedings of International Conference on Augmented Tele existence. Christchurch: ACM, 2005: 180-186.

[11] Fortin P, Hebert P. Handling occlusions in real-time augmented reality: Dealing with Movable Real and Virtual Objects[C]//Proceedings of the 3rd Canadian Conference on Computer and Robot Vision. Quebec: IEEE Computer Society, 2006:54.

[12] 韩成，张超，白利娟，等. 基于线扩展函数标准差的虚实融合模糊一致性处理方法[P]. 201810500760.7. 2018-11-16.

第8章 虚拟视点图像生成与空洞区域修复

在计算机视觉迅猛发展的大环境背景下，虚拟视点绘制技术受到了极大的关注。传统三维电视系统在视频传输过程中往往会产生同一时刻数据量过大的问题，这将导致实时传输与显示失败，但是虚拟视点绘制技术可以一定程度地解决这类问题。虚拟视点绘制技术是多维度影视系统的一项至关重要的技术，其利用相机内外参数与参考相机的图像信息，经过视点投影、空洞修复等步骤得到其他视点的观看图像。

在虚拟视点图像生成和对复杂三维模型进行数字化处理的过程中，往往会出现大量类型多样的空洞区域。如何进行有效的空洞区域修复，将直接影响输出图像的质量以及增强现实过程带来的感官体验效果。

本章将围绕虚拟视点图像生成技术与空洞区域修复技术，首先对相关理论和技术原理进行介绍，然后分别详述了最佳优先级匹配的图像空洞修复、生成对抗网络的视点图像空洞修复两种方法。前者主要是从寻找优先级最高像素、寻找最佳匹配块的角度进行空洞区域修复；后者主要是从边缘修复、纹理修复、细节修复的过程进行空洞区域修复。

8.1 虚拟视点图像生成原理

本节将对虚拟视点图像生成与空洞区域修复过程中所涉及的相关理论及技术原理进行介绍，首先介绍图像绘制技术中较为基础的坐标系空间变换理论，包括世界坐标系、像素坐标系、图像坐标系和摄像机坐标系之间的相互转化关系和内在联系等；然后对基于深度图的图像绘制（depth image based rendering，DIBR）技术进行分析，DIBR 技术核心是通过深度信息构建当前视点的三维信息，进而利用映射变换得到其他视点的三维信息，该技术广泛应用于 3D 电影或裸眼 3D 等领域；最后在图像修复方面，本节将介绍 Criminisi 图像修复算法，以及该算法对空洞区域进行修复的主要流程。

8.1.1 坐标系空间变换

利用深度信息合成新虚拟视点图就是将二维信息向三维图像转换，它对深度图和 RGB 图像进行对应映射和图像变换，从而得到另一个视点图像[1]。深度图像的生成、虚拟视点图像的生成都离不开坐标系转化，为了描述相机、成像设备、图像、物体之间的相对关系，分别建立以下几个坐标系：世界坐标系、像素坐标系、图像坐标系和摄像机坐标系[2]，再通过坐标转化合理地进行新视点图像生成（图 8.1）。

1. 图像坐标系和像素坐标系

图像坐标系显示了图像内像素的信息，它包含像素和物理两种坐标系。如图 8.2 所示，其中：$u-v$ 表示像素坐标系，此坐标系的原点为 O_1，因为像素坐标系和常用的物理单位并不是同一个表达体系，所以需要新建物理坐标系 $x-y$；新的物理坐标系以相机光轴和成像面的交点为原点 O'，x 轴与 u 轴的夹角为零，y 轴与 v 轴的夹角为零。

在 $u-v$ 坐标系下，任意一点 A 的坐标为（a_u，a_v），像素点可以看成从原点向 x 轴、y 轴分别移动 $\mathrm{d}x$ 和 $\mathrm{d}y$ 个单位而得到的，则两个坐标的换算关系式如下：

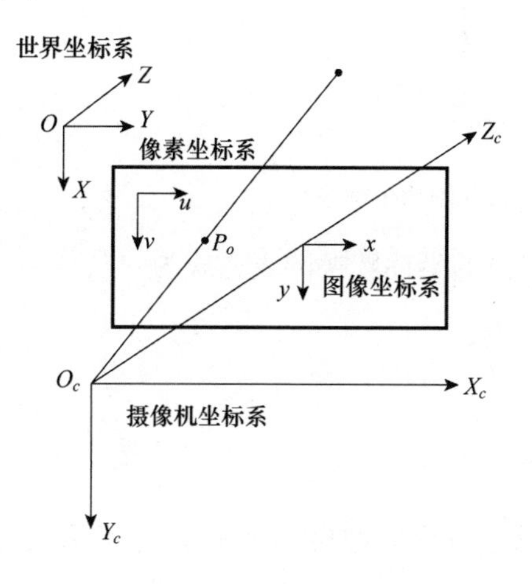

图 8.1 坐标系变换

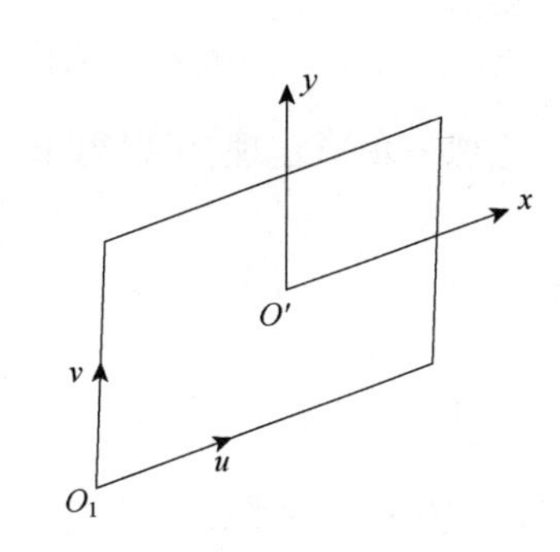

图 8.2 像素坐标系和物理坐标系

$$\begin{cases} u = \dfrac{x}{\mathrm{d}x} + a_u \\ v = \dfrac{y}{\mathrm{d}y} + a_v \end{cases} \tag{8.1}$$

将式(8.1)换算成齐次坐标为

$$\begin{bmatrix} u \\ v \\ 1 \end{bmatrix} = \begin{bmatrix} \frac{1}{\mathrm{d}x} & 0 & a_u \\ 0 & \frac{1}{\mathrm{d}y} & a_v \\ 0 & 0 & 1 \end{bmatrix} \begin{bmatrix} x \\ y \\ 1 \end{bmatrix} \tag{8.2}$$

2. 摄像机坐标系和图像坐标系

摄像机坐标系显示了摄像机与真实三维世界及成像平面之间的几何关系,假设原点为 O_{cam} ,并且它也是摄像机中心,则其中的 X_{cam} 轴和 Y_{cam} 轴分别平行于图像物理坐标系中的 x 轴和 y 轴,同时以相机的主轴为 Z_{cam} 轴,如图 8.3 所示。

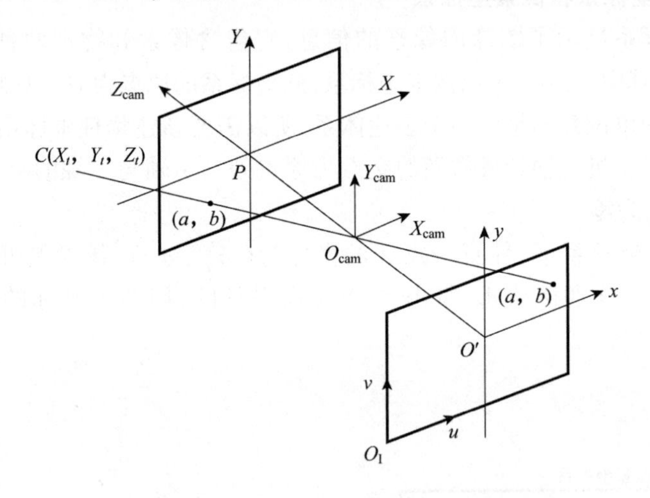

图 8.3　摄像机坐标系和图像坐标系

根据相似三角形定理,可以得出式(8.3)的坐标转换的表达式为

$$\begin{cases} \dfrac{X_c}{Z_c} = \dfrac{a}{f} \\ \dfrac{Y_c}{Z_c} = \dfrac{b}{f} \end{cases} \tag{8.3}$$

式中:(a,b)为传感器坐标;($X_{\text{cam}},Y_{\text{cam}},Z_{\text{cam}}$)为摄像机的坐标系点;f 为摄像机的焦距,使用齐次坐标可得到:

$$Z_{\text{cam}} \begin{bmatrix} a \\ b \\ 1 \end{bmatrix} = \begin{bmatrix} f & 0 & 0 & 0 \\ 0 & f & 0 & 0 \\ 0 & 0 & 1 & 0 \end{bmatrix} \begin{bmatrix} X_{\text{cam}} \\ Y_{\text{cam}} \\ Z_{\text{cam}} \\ 1 \end{bmatrix} \tag{8.4}$$

3. 摄像机坐标系和世界坐标系

在实际应用过程中,世界坐标系和摄像机坐标系之间往往存在一定的变换关系,两者之间可通过坐标系的平移和旋转进行联系,变换关系如下:

$$\boldsymbol{Z}_{\text{cam}} = \boldsymbol{R}\boldsymbol{Z}_{\text{w}} + \boldsymbol{T} \tag{8.5}$$

式中:$\boldsymbol{R}$ 为真实物体坐标系到摄像机坐标系之间的旋转量,它是一个 3×3 的正交矩阵; $\boldsymbol{Z}_{\text{w}}$ 为世界坐标系; $\boldsymbol{T}$ 为真实物体坐标系到摄像机坐标系的平移距离。将式(8.5)展开可得到:

$$\begin{bmatrix} X_{\text{cam}} \\ Y_{\text{cam}} \\ Z_{\text{cam}} \end{bmatrix} = \boldsymbol{R}\begin{bmatrix} X_{\text{w}} \\ Y_{\text{w}} \\ Z_{\text{w}} \end{bmatrix} + \boldsymbol{T} \tag{8.6}$$

将式(8.6)化成齐次坐标为

$$\begin{bmatrix} X_{\text{cam}} \\ Y_{\text{cam}} \\ Z_{\text{cam}} \\ 1 \end{bmatrix} = \begin{bmatrix} \boldsymbol{R} & \boldsymbol{T} \\ \boldsymbol{0}^{\text{T}} & 1 \end{bmatrix}\begin{bmatrix} X_{\text{w}} \\ Y_{\text{w}} \\ Z_{\text{w}} \\ 1 \end{bmatrix} \tag{8.7}$$

当旋转中心轴为 X 轴、Y 轴、Z 轴中的任意一个时,表达式可转换为

$$\begin{gathered}
\begin{bmatrix} X_{\text{cam}} \\ Y_{\text{cam}} \\ Z_{\text{cam}} \\ 1 \end{bmatrix} = \begin{bmatrix} 1 & 0 & 0 & 0 \\ 0 & \cos\alpha & -\sin\alpha & 0 \\ 0 & \sin\alpha & \cos\alpha & 0 \\ 0 & 0 & 0 & 1 \end{bmatrix}\begin{bmatrix} X_{\text{cam}} \\ Y_{\text{cam}} \\ Z_{\text{cam}} \\ 1 \end{bmatrix} \\
\begin{bmatrix} X_{\text{cam}} \\ Y_{\text{cam}} \\ Z_{\text{cam}} \\ 1 \end{bmatrix} = \begin{bmatrix} \cos\beta & 0 & \sin\beta & 0 \\ 0 & 1 & 0 & 0 \\ -\sin\beta & 0 & \cos\beta & 0 \\ 0 & 0 & 0 & 1 \end{bmatrix}\begin{bmatrix} X_{\text{cam}} \\ Y_{\text{cam}} \\ Z_{\text{cam}} \\ 1 \end{bmatrix} \\
\begin{bmatrix} X_{\text{cam}} \\ Y_{\text{cam}} \\ Z_{\text{cam}} \\ 1 \end{bmatrix} = \begin{bmatrix} \cos\gamma & -\sin\gamma & 0 & 0 \\ \sin\gamma & \cos\gamma & 0 & 0 \\ 0 & 0 & 1 & 0 \\ 0 & 0 & 0 & 1 \end{bmatrix}\begin{bmatrix} X_{\text{cam}} \\ Y_{\text{cam}} \\ Z_{\text{cam}} \\ 1 \end{bmatrix}
\end{gathered} \tag{8.8}$$

4. 摄像机模型

假设真实世界内的任意点为 $B(x_1, y_1)$,则它可以通过针孔摄像机模型来表示,将点 $B(x_1, y_1)$代入式(8.3),即可得关系式:

$$
\begin{cases} x_1 = \dfrac{fX_c}{Z_c} \\ x_2 = \dfrac{fY_c}{Z_c} \end{cases} \tag{8.9}
$$

根据摄像机坐标系和图像坐标系的关系将式(8.8)与式(8.4)联立,从而得到:

$$
Z_{\text{cam}}\begin{bmatrix} x \\ y \\ 1 \end{bmatrix} = \begin{bmatrix} \dfrac{1}{\mathrm{d}x} & 0 & a_u \\ 0 & \dfrac{1}{\mathrm{d}y} & a_v \\ 0 & 0 & 1 \end{bmatrix}\begin{bmatrix} f & 0 & 0 & 0 \\ 0 & f & 0 & 0 \\ 0 & 0 & 1 & 0 \end{bmatrix}\begin{bmatrix} \boldsymbol{R} & \boldsymbol{T} \\ \boldsymbol{0}^{\mathrm{T}} & 1 \end{bmatrix}\begin{bmatrix} X_{\mathrm{w}} \\ Y_{\mathrm{w}} \\ Z_{\mathrm{w}} \\ 1 \end{bmatrix} \tag{8.10}
$$

进一步化简得

$$
\begin{bmatrix} f_x & 0 & a_u \\ 0 & f_y & a_v \\ 0 & 0 & 1 \end{bmatrix}\begin{bmatrix} \boldsymbol{R} & \boldsymbol{T} \\ \boldsymbol{0}^{\mathrm{T}} & 1 \end{bmatrix}\begin{bmatrix} X_{\mathrm{w}} \\ Y_{\mathrm{w}} \\ Z_{\mathrm{w}} \\ 1 \end{bmatrix} = \boldsymbol{P}_1\boldsymbol{P}_2M_{\mathrm{w}} = \boldsymbol{P}M_{\mathrm{w}} \tag{8.11}
$$

式中:$\boldsymbol{P}$ 为投影矩阵;M_{w} 为真实世界点 M 的齐次坐标,此表达式的作用是将真实世界坐标与图像像素坐标进行关联。

8.1.2 DIBR 视点图像绘制

DIBR 基于深度图的图像绘制技术,根据当前视点的彩色数据和深度数据,得到周围任意点的视点三维信息。

1. 基于单视点的 DIBR 算法

基于单视点的 DIBR 算法是利用图像深度信息来绘制另一个视点图像的处理方法,其具体流程如图 8.4 所示。

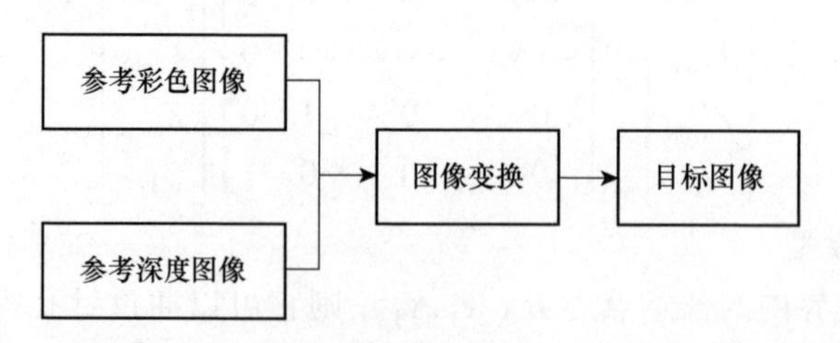

图 8.4 基于单视点的 DIBR 算法

基于单视点的 DIBR 算法只使用单幅彩色图像及其对应的深度图像作为参考

图像,这种算法虽然绘制过程十分简单,但是由于只使用了一个视点图像作为参考,因此绘制生成的图像通常会存在大量空洞以及裂缝。虽然简单的深度图预处理操作可以在一定程度上减少空洞的数量,但是仅仅依靠一个视角的参考图像进行大量空洞修复并不能取得良好的效果,而基于多视点的 DIBR 算法则在一定程度上解决了这类问题。

2. 基于两视点的 DIBR 算法

基于两视点的 DIBR 算法使用左右两个参考视点对应的彩色图像及其深度图像生成虚拟视点图像,其具体流程如图 8.5 所示。

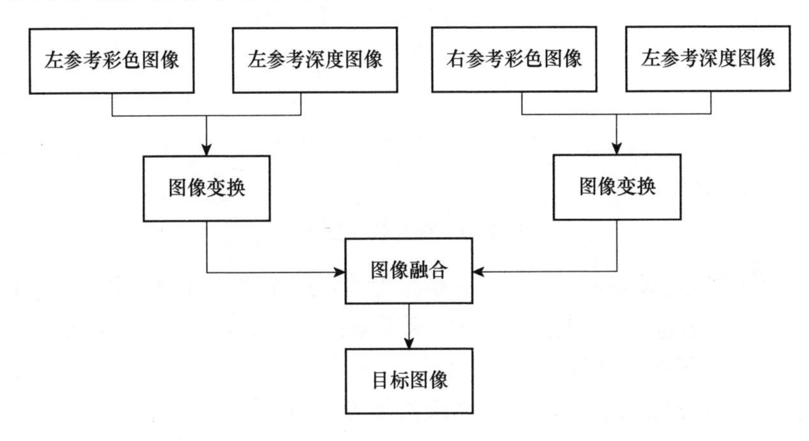

图 8.5 基于两视点的 DIBR 算法

基于两视点的 DIBR 算法使用左右两个参考视点,一定程度地避免了由于遮挡而产生的信息丢失问题,使生成的虚拟视点图像中空洞数量大幅减少,从而有更好的生成效果。相比基于单视点的 DIBR 算法而言,基于两视点的 DIBR 算法使用了较为全面的场景信息,但是同一场景的两个参考视点图像中存在大量重复信息,并且得到的两个视点图像高度相似,故此类立体图像信息的传输过程需要较大带宽。同时,双目图像对的获取具有一定难度,因而无形中增加了 DIBR 算法的数据成本。

3. 两视点虚拟绘制优化算法

对于现有的 2D 电影视频,大部分影片的摄像机内外参数已经丢失,导致 DIBR 算法中所需参数已经无法获取,仅仅能够得到图像帧序列信息。同时,由于传统 DIBR 算法生成的虚拟视点图像质量不佳,影响了最终合成的 3D 图像画面效果,所以这里介绍一种改进的两视点虚拟绘制算法。

通常,人的双眼间距在 65mm 左右,并且双眼的瞳孔位置大约在同一水平线上,设定平行于双眼所在直线的上方水平线为 x 轴,左右眼连线的垂直平分线为 y 轴,则可以建立出双目视觉模型。如图 8.6 所示,假设双眼间距 $2e=65\text{mm}$,则左眼

坐标为 $(-32.5, -ON)$,右眼坐标为 $(32.5, -ON)$,并且观察者位于 $y=-N$ 处观看视频,显示器平面用直线 M 表示。

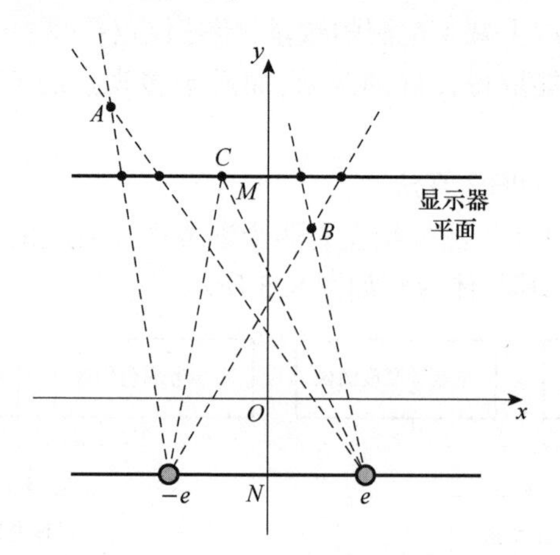

图 8.6 双目视觉模型

如图 8.6 所示,将显示器平面 $y=M$ 作为零视差平面。如果物体 $C(x,M)$ 位于零视差平面(显示器平面)上,即 $y=M$,则其双眼视差 $W=T_l-T_r=0$,即左、右虚拟像点 $T_l=T_r$;如果物体 $A(x,y)$ 在显示器后面,即 $y>M$,则其双眼视差 $W=T_l-T_r<0$,即左、右虚拟像点 $T_l<T_r$;如果物体 $B(x,y)$ 在显示器前面,即 $y<M$,则其双眼视差 $W=T_l-T_r>0$,即左、右虚拟像点 $T_l>T_r$。综上所述,如果想得到入屏效果(物体凹进显示器内),则双眼视差应为负;如果想得到出屏效果(物体凸出显示器外),则双眼视差应为正。所以,对于图像中任意一个像素点 $Z(x,y)$,只要计算出其双眼视差 W,即可得到其虚拟视点坐标 $Z'(x+W,y)$,从而得到虚拟视点图像。

如式(8.12)所示,可将视差转换为像素差,例如,显示器为 27 英寸,实际物理宽度是 61.7cm,如果分辨率为 1920×1080,则 $D_{\text{screen}}=0.032\text{cm}/$像素:

$$\text{Mon}_{\text{pixel}}=\frac{W}{D_{\text{screen}}} \tag{8.12}$$

式中:D_{screen} 代表显示器中每个像素点的实际物理尺寸,D_{screen} 值由实际的显示器参数决定。

改进的两视点虚拟绘制算法根据深度图获取任一个采样像素点的位置信息,对采样点进行入屏与出屏分析,从而可以求解出视平面上左视图的透视点 D 和右视图的透视点 G 的位置信息。图 8.7 为双目视觉成像模型,假设 L 为左眼、R 为右眼、LR 为双目视距,视平面与深度映射近平面的距离为 OQ,成像平面与深度映射近平面的距离为 OP,深度映射最大距离为 OT,垂直视差为 0,任意采样点 F 的深度值为 D_f,则 L 点坐标为 $(-LR/2, -OQ)$、R 点坐标为 $(LR/2, -OQ)$、P 点坐标为 $(0, OP)$、F 点坐标为 $(-LR/2, D_f/255\times OT)$。

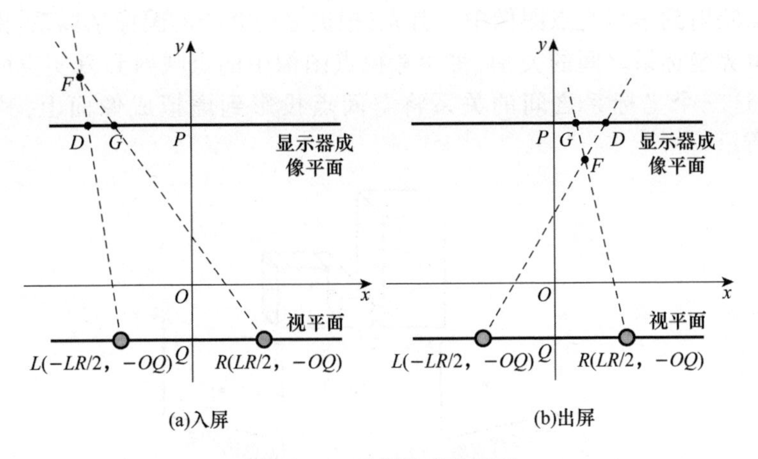

图 8.7　双目视觉成像模型

如图 8.7（a）所示，如果采样点 F 在视平面之前，即入屏状态，则根据式(8.13)可分别求得左视图透视点 D 和右视图透视点 G 的位置信息：

$$\begin{cases}\dfrac{(L_x - F_x)}{(L_y - F_y)} = \dfrac{(D_x - F_x)}{(D_y - F_y)} \\ \dfrac{(R_x - F_x)}{(R_y - F_y)} = \dfrac{(G_x - F_x)}{(G_y - F_y)}\end{cases} \tag{8.13}$$

由式（8.13）可得，$D_x = F_x - \dfrac{(L_x - F_x)(F_y - D_y)}{L_y - F_y}$、$G_x = F_x - \dfrac{(R_x - F_x)(F_y - G_y)}{R_y - F_y}$，即 $D = (D_x, OP)$、$G = (G_x, OP)$。

如图 8.7(b) 所示，如果采样点 F 在视平面之后，即出屏状态，则根据式(8.14)可分别求得左视图透视点 D 和右视图透视点 G 的位置信息：

$$\begin{cases}\dfrac{(L_x - F_x)}{(L_y - F_y)} = \dfrac{(F_x - D_x)}{(F_y - D_y)} \\ \dfrac{(R_x - F_x)}{(R_y - F_y)} = \dfrac{(F_x - G_x)}{(F_y - G_y)}\end{cases} \tag{8.14}$$

由式（8.14）可得，$D_x = F_x + \dfrac{(L_x - F_x)(D_y - F_y)}{L_y - F_y}$、$G_x = F_x + \dfrac{(R_x - F_x)(G_y - F_y)}{R_y - F_y}$，即 $D = (D_x, OP)$、$G = (G_x, OP)$。

4. 3D Image Warping

3D Image Warping 是 DIBR 的技术核心，其处理过程就是将原有参考视点图像中的点映射到虚拟视点图像中。首先,根据之前介绍的图像坐标系、摄像机坐标系和世界坐标系之间的关系,将参考视点图像中的点映射到真实空间中。然后,根据这三个坐标系之间的关系将空间点投影到虚拟成像面上,其过程如图 8.8 所示。

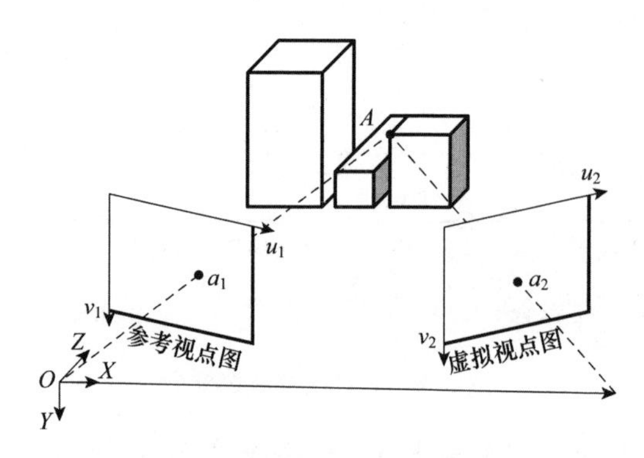

图 8.8　3D Image Warping 原理示意图

为了将参考视点图像的点 a_1 映射到虚拟成像平面中,需要对图像进行以下几项计算。首先,设摄像机的内参矩阵为 $\boldsymbol{K}_1$,摄像机与世界坐标系的旋转矩阵为 $\boldsymbol{R}_1$,平移矩阵为 $\boldsymbol{L}_1$,根据坐标系变换原理,则可以得到:

$$\boldsymbol{K}_1 = \begin{bmatrix} f_x^1 & 0 & Z_x^1 \\ 0 & f_y^1 & Z_y^1 \\ 0 & 0 & 1 \end{bmatrix} \tag{8.15}$$

式中:f_x 与 f_y 分别为摄像机在水平方向和垂直方向的焦距;(Z_x, Z_y) 为摄像机光轴和参考视点图像的交点。根据图像间的关系进行计算,参考视点图中的点 a_1 在世界坐标系下的换算关系式为

$$d_1 \boldsymbol{a}_1 = \boldsymbol{K}_1(\boldsymbol{R}_1 \boldsymbol{A} + \boldsymbol{L}_1) \tag{8.16}$$

式中:d_1 为参考视点像素 a_1 的真实深度值。通常情况下,将输入的深度图进行量化处理即可得到深度值,然后进行下一步运算,则可以得到空间坐标系的相应坐标:

$$\boldsymbol{A}(X,Y,Z) = \boldsymbol{R}_1^{-1}(d_1 \boldsymbol{K}_1^{-1} \boldsymbol{a}_1 - \boldsymbol{L}_1) \tag{8.17}$$

同理,将虚拟视点图像内的坐标映射至三维空间中,则其变换关系式如下:

$$\boldsymbol{A}(X,Y,Z) = \boldsymbol{R}_2^{-1}(d_2 \boldsymbol{K}_2^{-1} \boldsymbol{a}_2 - \boldsymbol{L}_2) \tag{8.18}$$

令式(8.17)等于式(8.18),即可得到:

$$\boldsymbol{R}_1^{-1}(d_1 \boldsymbol{K}_1^{-1} \boldsymbol{a}_1 - \boldsymbol{L}_1) = \boldsymbol{R}_2^{-1}(d_2 \boldsymbol{K}_2^{-1} \boldsymbol{a}_2 - \boldsymbol{L}_2) \tag{8.19}$$

对式(8.19)进行化简,则虚拟视点图像的像素点 a_2 坐标可表示为

$$\boldsymbol{a}_2(u_2, v_2) = \frac{1}{d_2} \boldsymbol{K}_2(\boldsymbol{R}_2 \boldsymbol{R}_1^{-1}(d_1 \boldsymbol{K}_1^{-1} \boldsymbol{a}_1 - \boldsymbol{L}_1) + \boldsymbol{L}_2 \tag{8.20}$$

通常情况下,虚拟视点像素平行于参考视点像素,而且相机参数相同,则可得到:

$$\boldsymbol{R}_1 = \boldsymbol{R}_2 = \begin{bmatrix} 1 & 0 & 0 \\ 0 & 1 & 0 \\ 0 & 0 & 1 \end{bmatrix}, \boldsymbol{K}_1 = \boldsymbol{K}_2 = \begin{bmatrix} f_x & 0 & Z_x \\ 0 & f_y & Z_y \\ 0 & 0 & 1 \end{bmatrix}, \boldsymbol{L}_1 = \begin{bmatrix} 0 \\ 0 \\ 0 \end{bmatrix}, \boldsymbol{L}_2 = \begin{bmatrix} l_x \\ 0 \\ 0 \end{bmatrix} \tag{8.21}$$

将式(8.21)代入式(8.20),则可以得到:

$$\boldsymbol{a}_2(u_2, v_2) = \frac{d_1}{d_2}\boldsymbol{a}_2 + \frac{1}{d_2}\boldsymbol{K}_2\boldsymbol{L}_2 \tag{8.22}$$

同时,可将其转化为

$$\begin{bmatrix} u_2 \\ v_2 \\ 1 \end{bmatrix} = \frac{d_1}{d_2}\begin{bmatrix} u_1 \\ v_1 \\ 1 \end{bmatrix} + \frac{1}{d_2}\begin{bmatrix} f_x & 0 & Z_x \\ 0 & f_y & Z_y \\ 0 & 0 & 1 \end{bmatrix}\begin{bmatrix} l_x \\ 0 \\ 0 \end{bmatrix} \tag{8.23}$$

在虚拟视点图像的生成过程中,虚拟视点图像与参考视点图像的差别主要体现于水平方向的视差不同,而其他条件基本相同,即 $v_1 = v_2$。同时,虚拟视点的深度信息与参考视点图的深度信息相同, $d_1 = d_2$,所以得到:

$$\mathrm{d}s = u_2 - u_1 = \frac{f_x l_x}{d_1} \tag{8.24}$$

式中: $\mathrm{d}s$ 为两个视点图之间的视差值,也就是上一步骤中得到的视差值,利用这些视差值可进行新视点图像的生成操作。

如图 8.9 所示,经过 3D Image Warping 方法变换处理后,生成了 $N_1 \sim N_5$ 的映射图像,这些虚拟视点图像表示了依次增大的五组空洞图像。从以上五组新视点图像中可以明显看出,不同大小的图像映射会生成空洞大小不同的新视点图像,而且随着映射的增大,空洞区域的面积也越来越大。同时,从图像的右边缘可以看出,随着图像的映射逐渐增大,整幅图像向左进行了不规则移动。因此,如何选择合适的映射尺寸,使生成图像在融合之后让人们的视觉感受更加舒适将变得尤其重要。

为了方便后续开展实验,在实验过程中添加了信息采集器,也就是将图像中像素为 0 的空洞区域提取出来,以此生成这些全景图像的掩膜图作为后续的数据集使用。其中,掩膜通常是一组数据表示,它的作用是得到数据处理时所需要的部分图像。同时,掩膜还可以将图像内不需要的区域进行忽略处理,或进行一些特别的图像制作,此处生成的掩膜图像的作用是将掩膜图像作为后续空洞填补网络的输入图像。图 8.10 选取了图 8.9 中空洞大小为 N_3 的空洞图像及其掩膜图作为示例。

此处 DIBR 过程生成了五组空洞图片,图 8.10 是从图 8.9 图像映射大小为 N_3

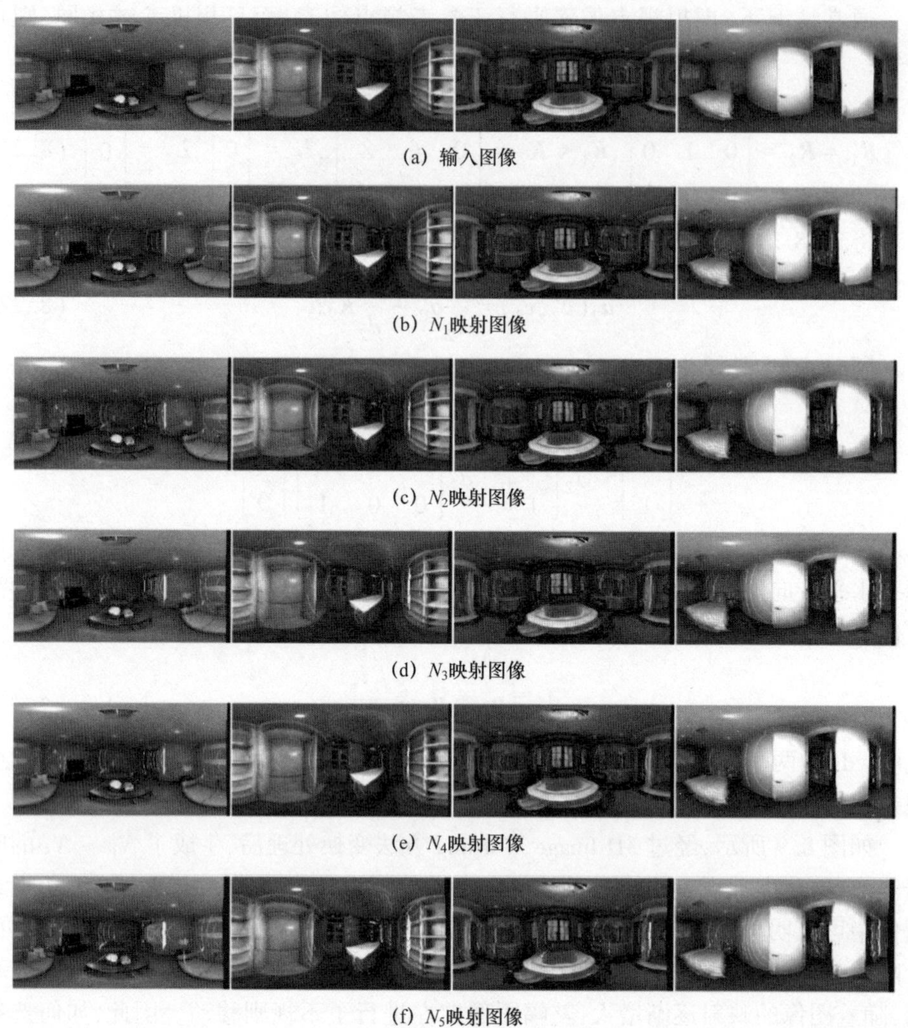

(a) 输入图像

(b) N_1映射图像

(c) N_2映射图像

(d) N_3映射图像

(e) N_4映射图像

(f) N_5映射图像

图 8.9 新视点全景图

的图像数据集中选取的四组不同图片,然后分别对这些图片根据空洞区域生成掩膜图,从而作为后续模型的输入数据。

8.1.3 Criminisi 图像修复

Criminisi 等[3]提出了一种空洞区域形状结构信息与空洞区域周围纹理信息相结合的图像修复算法,该算法无须单独在纹理或结构方面进行两次修复,Criminisi 算法在修复纹理时,通过寻找图像中的最佳匹配块对待修复区域进行填充;在

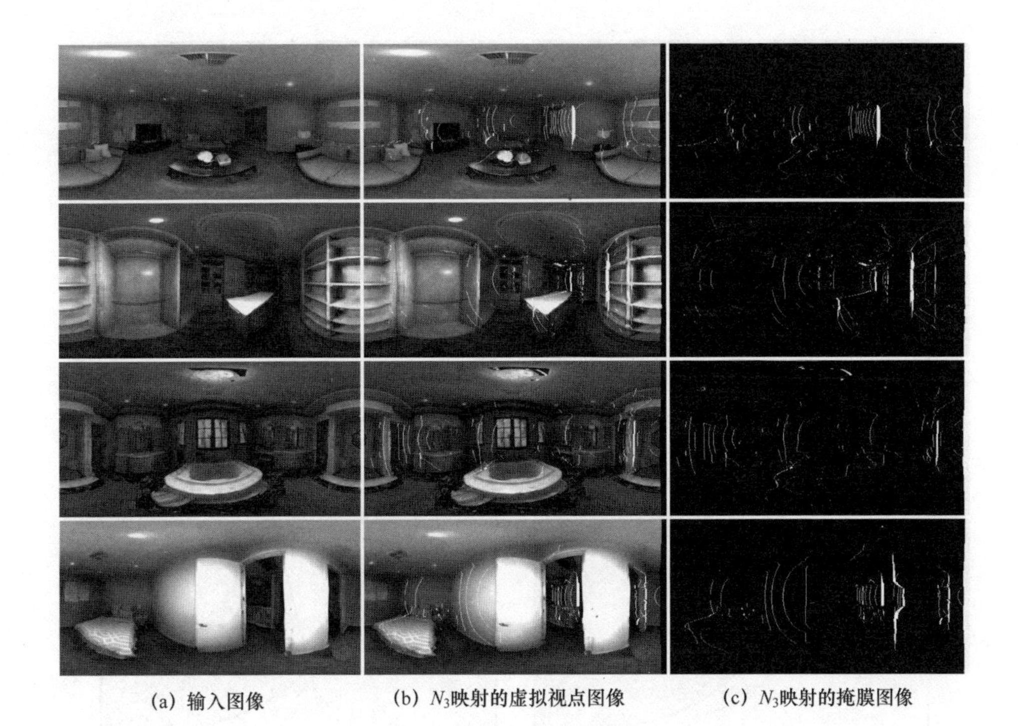

图 8.10 （见彩图）新视点全景图对应掩膜图

修复结构时，利用偏微分方程约束传播方向，使其按照等幅度线进行修复。该方法的优点是还原的纹理信息质量较高，并且使空洞边缘处结构得到了较好的保留。而且，由于修复时使用块进行搜索，相比逐像素搜索提高了算法的效率。其缺点是填补顺序会对最终的修复结果起至关重要的作用，一旦计算错误就会导致图像纹理和结构发生混乱现象。

Criminisi 算法进行图像修复的大体过程如图 8.11 所示，其中：Φ 为已知的非空洞区域，即源区（source region）；Ω 为空洞区域，也为待修复区域，即目标区域（target region）；$\delta\Omega$ 为空洞区域的边界，k 为 $\delta\Omega$ 上的一个像素点；ψ_k 是以 k 为中心、$W\times W$ 大小的待修复块。在非空洞区域 Φ 中，搜索和 ψ_k 匹配最佳的块对 ψ_k 进行填充。Criminisi 算法共包含三个主要步骤：首先，对于图像中的待修复块 ψ_k 来说，计算各修复块的优先级并选取优先级较高的块作为待修复块；然后，在整幅图像中寻找与待修复块最相符的图像块，找到最佳匹配块后对待修复块进行填充；最后，更新置信度以及空洞区域，更新空洞边缘像素点集合 $\delta\Omega$，下面详细介绍 Criminisi 的三个主要步骤。

1. 计算空洞边缘像素优先级

Criminisi 算法的核心思想是在空洞区域中寻找到结构特征最可信、最明显的

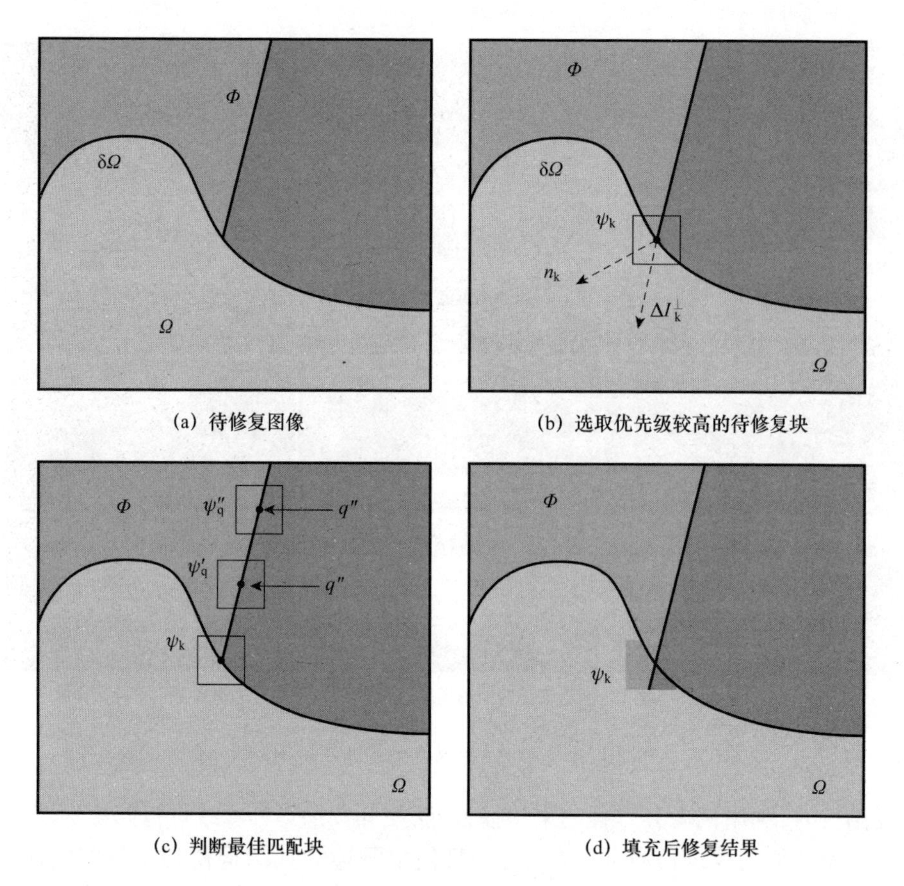

(a) 待修复图像

(b) 选取优先级较高的待修复块

(c) 判断最佳匹配块

(d) 填充后修复结果

图 8.11　Criminisi 算法示意图

待修补区域进行优先修复，使迭代过程成为最可靠的扩展和延伸，尽可能地保留和还原原始图像的纹理结构。若想计算空洞边缘像素的优先级，则可进行以下两个步骤：

第一步是找到哪些像素为空洞边缘像素[4]，并确定空洞边缘 $\delta\Omega$。通过虚拟视点绘制算法对得到的虚拟视点图像进行标记，进而构造空洞模板，将空洞像素点标记为 0、非空洞像素点标记为 1。根据空洞模板对图形中任何一个非空洞像素进行评判，如果其周围存在空洞像素，那么将该像素点视为空洞边缘像素，并将其添加到集合 $\delta\Omega$ 中，然后重复此判断，直到所有的空洞边缘像素点都被添加到集合 $\delta\Omega$ 中。

第二步是对像素的优先级 P 进行计算，计算优先级 P 时，首要考虑的是某一像素点处纹理的复杂程度，以及可靠像素点的数量多少。对于 $\delta\Omega$ 上任意一点 k，取以 k 为中心、大小为 $W \times W$ 的块 ψ_k，该点的 $P(k)$ 计算方式如下：

$$P(k) = C(k) \cdot D(k) \tag{8.25}$$

式中:通过计算置信项 $C(k)$ 和数据项 $D(k)$ 即可得到修复空洞边缘像素点的优先级 $P(k)$,其具体定义表达如下:

$$C(k)=\frac{\sum_{q\in\psi_k\cap(1-\Omega)}C(q)}{|\psi_k|} \tag{8.26}$$

$$D(k)=\frac{|\nabla \boldsymbol{I}_k^{\perp}\cdot n_k|}{\alpha} \tag{8.27}$$

这种处理方式较好地保留了原始图像的结构和纹理信息,并且修复结果的可信度较高。

在置信项公式中,分母 $|\psi_k|$是以 k 为中心点、大小为 $W\times W$ 的待修复块 ψ_k 的像素点总个数,也就是修复块 ψ_k 的面积;分子为待修复块 ψ_k 中全部非空洞点的置信项之和。置信项 $C(k)$ 越大,k 点所在的块就保留了越多的原始图像像素点,即具有较高的可信度。因此,置信项的大小,决定对哪些形状优先进行填充。比如,由于狭窄细长的空洞区域周围包含了较多的可靠信息,则首先对该类型的空洞进行修复;与此相反,如果空洞区域是孤立的块状,或是延伸至图像的末端,由于其周围没有可靠的像素信息作为参考,则将该空洞区域暂时搁置,等到周围被较大程度地填充后再进行处理。在一定程度上,置信项 $C(k)$ 保证了图像修复结果的可信度。

通常情况下,先将彩色图像转化为灰度图像,所以在数据项 $D(k)$ 中,归一化因子 α 取值为 255;在分子项中,$\boldsymbol{n}_k$ 是空洞边缘上 k 点处法线方向的单位向量,其中,k 点的灰度值用 I_k 表示,k 点图像梯度的正交向量用 $\nabla \boldsymbol{I}_k^{\perp}$ 表示,正交运算符用 $\perp$ 表示。$D(k)$ 越大,则代表沿着空洞边缘 $\delta\Omega$ 法线方向上,k 点所在块的灰度值变化越大,故优先修复此类像素点,以延续空洞区域的这种变化。在一定程度上,数据项 $D(k)$ 保证了修复空洞区域使用的是可靠的图像纹理结构,从而确保最终图像的修复效果。

2. 确认最佳匹配块并对其填充

在经典的图像修复方法中,像素信息通过逐像素点传播的方法扩散[5],此方法修复后效果较好,但某些像素点仍会有模糊情况发生,当存在比较大的空洞时,将导致图像质量不佳。Criminisi 算法使用块对空洞进行填充和修复,从而避免了此类情况发生。

当计算出空洞边缘 $\delta\Omega$ 上每个像素点的优先级后,即可找到具有最高优先级的像素点 k,再对以 k 为中心的待修复块 ψ_k 进行修复。在源区中搜索并找到与待修复块的纹理和结构最佳匹配的修复块时,使用式(8.28)进行计算:

$$\psi_q=\operatorname{argmin}_{\psi_q\in\Phi}d(\psi_k,\psi_q) \tag{8.28}$$

式中:$d(\psi_k,\psi_q)$ 为待修复块 ψ_k 与修复块 ψ_q 之间的相似程度,使用误差平方和

(sum of squared differences, SSD)算法计算其像素颜色差距,如式(8.29)所示为SSD计算方式。SSD值越小则表示块之间越相似,同时,当计算SSD时,由于空洞区域像素点不可信,故空洞区域像素点将不参与计算。

$$\mathrm{SSD} = \sum \{[R_{\hat{k}}(k) - R_q(P)]^2 + [G_{\hat{k}}(k) - G_q(P)]^2 + [B_{\hat{k}}(k) - B_q(P)]^2\} \tag{8.29}$$

式中:$R_{\hat{k}}$、$G_{\hat{k}}$、$B_{\hat{k}}$ 分别为待修复块内的红色、绿色、蓝色三原色;R_q、G_q、B_q 分别为修复块内的红色、绿色、蓝色三原色。

当找到最佳匹配块 ψ_q 后,即可将 ψ_q 内的像素点信息依次完整地复制到 ψ_k 中,从而实现对待修复块 ψ_k 的修复处理。

3. 更新置信项

当待修复块 ψ_k 修复完成以后,将该块所在位置的空洞像素点变为已知像素点,所以需要重新计算置信项 $C(k)$ 的值以及优先级 $P(k)$,同时更新空洞区域。对于新添加到源区内的像素点来说,将它们的置信度设置为与 k 点相同的置信度值,使后续进行空洞修复的像素点 $C(k)$ 值低于已知像素,表达如下:

$$C(k) = C(\hat{k})\ \forall k \in \psi, \hat{k} \cap \Omega \tag{8.30}$$

式中:k 点为待修复块 ψ_k 内的像素点,但已被添加至源区 Φ 中。

重复上述三个步骤直至全部空洞被修复完成。

8.2 最佳优先级匹配的图像空洞修复

虚拟视点绘制是2D转3D过程的关键步骤,尽管DIBR算法在一定程度上减少了生成视点图像的裂纹或空洞数量,但是仍然不能消除这些问题的产生或出现,使得虚拟视点图像质量表现不佳而影响最终合成的图像效果。为了解决此类问题,本节将介绍一种最佳优先级匹配的图像空洞修复方法,该方法主要从优先级设置、最佳匹配块选取等方面入手,构建类Criminisi算法的空洞修复流程,同时进行空洞修复实验及实验效果评估。开始探讨空洞修复方法之前,我们先了解一下空洞产生的原因,根据空洞产生的原因,将空洞主要分为以下两种:细小空洞、大面积空洞。

对于细小空洞而言,图像出现细小空洞主要有以下三种原因:一方面是由视点切换造成的,即物体的成像尺寸发生了变化,因此,在物体采样率不变的情况下,通过切换视点来生成图像就会产生细小空洞。另一方面是通过不同方式获取的深度图存在误差导致的,当处于同一平面的深度值不相等时,经过DIBR算法的投影变换之后,虚拟视点图像中便会产生部分像素位置错位情况,其具体表现就是会出现一些细小的裂纹或空洞点。最后,像素坐标系的坐标均为整数值,而经过DIBR算法投影变换之后,虚拟视点图像中的像素坐标值可能不是整数,因此需要将浮点数坐标四舍五入为整数坐标,从而导致一系列细小空洞出现。

对于大面积空洞而言,图像出现大面积空洞主要是因为视点切换后,在原来视点下存在的遮挡关系使虚拟视点图像信息变得不完整。例如,在视点 A 下,因为物体 O_1 遮挡了物体 O_2 的一部分,所以在视点 A 下只能看到完整的物体 O_1 和物体 O_2 没有被遮挡的区域。当由视点 A 变换到视点 B 时,之前被遮挡的区域变为可见,然而这部分区域的图像信息无从获得,因此在视点 B 下的虚拟视点图像就会表现为大面积空洞。

8.2.1 结构优先级设置

1. 置信项计算

对于优先级 $P(k)$ 中的置信项 $C(k)$ 而言,仍然采用 Criminisi 图像修复过程的计算方法,如式(8.26)所示。当置信项的值很小时,说明此区域的可信度过低,则可以先不对其进行处理,当此区域有较多部分被修复后再进行处理。假设 θ 为可信阈值,如果置信项 $C(k) < 0$,则将此像素点的优先级 $P(k)$ 直接设置为 0,使其无需通过复杂的计算即可获得该点的数据项 $D(k)$ 值,有效地提高了算法可靠性和运算速度。

2. 数据项计算

对于优先级 $P(k)$ 中的置信项 $D(k)$ 来说,仍然采用 Criminisi 图像修复过程的计算方法,如式(8.27)所示,其中,$\nabla \boldsymbol{I}_k^{\perp}$ 表示 k 点梯度的正交向量,它可以约束整个修复过程,使其沿着等幅度线的法线方向进行。对于本算法而言,$\nabla \boldsymbol{I}_k^{\perp}$ 因子十分重要,它既可以使图像中的结构信息得到较好保留,还可以使由于空洞而中断的图像重新恢复连接,故使用索贝尔算子[6](Sobel)对 $\nabla \boldsymbol{I}_k^{\perp}$ 进行计算(图 8.12)。

在数字图像处理中,经常使用 Sobel 算子进行边缘检测。假设 S_x 为水平方向算子、S_y 为垂直方向算子,首先将原始图像转化为灰度图像;然后,对以 k 点为中心、大小为 3×3 的待修复块 ψ_k,使用 Sobel 水平算子和 Sobel 垂直算子分别与待修复块 ψ_k 的灰度值相乘,式(8.31)为具体计算过程,从而得到 k 点的垂直分量与梯度水平估计值:

$$\nabla \boldsymbol{I}_k^{\perp} = (g_x, g_y)^{\perp} = (\boldsymbol{\psi}_k \cdot \boldsymbol{S}_x, \boldsymbol{\psi}_k \cdot \boldsymbol{S}_y)^{\perp} \tag{8.31}$$

式中:$\boldsymbol{\psi}_k \cdot \boldsymbol{S}_x$ 与 $\boldsymbol{\psi}_k \cdot \boldsymbol{S}_y$ 进行的算术运算并非普通矩阵乘法,二者代表的计算过程是将两个矩阵的对应像素灰度值进行相乘,再将乘积进行求和的操作。原始 Criminisi 算法先为待修复块 ψ_k 的灰度值赋予定值再进行计算,而该计算过程并未考虑以下因素:如果待修复块 ψ_k 中包含的灰度值并不存在,则将会使计算结果出现误差,从而导致最终的修复效果不佳。

由 Sobel 算子结构可知，它会对块中左右两列或者上下两行的像素值进行比较，如图 8.12(a)所示，第一列和第三列垂直算子的权值符号相反，但数值相同，使梯度值随着对应像素点的差异变大而增大。为了提高计算结果的准确性，在计算梯度时，假设空洞点所处行或者列的灰度值并无任何变化，故仅需对其他行或者列进行计算。比如，当计算垂直梯度分量时，如果 Sobel 垂直算子中一行三列处(权值为 1)对应的像素点是空洞像素点，则不必考虑其灰度变化，而是将一行一列处(权值为-1)和一行三列处(权值为 1)的权值都变为 0。此方法既保留了可靠的梯度值，还有效避免了错误地计算梯度值。

假设 $\boldsymbol{n}_k$ 是数据项 $D(k)$ 的分量，它代表 k 点在法线方向上的单位向量。使用空洞的参考模板(图 8.13)，可得到空洞的边缘方向，其具体计算方式如下：

$$\boldsymbol{n}_x(x,y) = \boldsymbol{T} \cdot F(x+1,y) - \boldsymbol{T} \cdot F(x-1,y) \tag{8.32}$$

$$\boldsymbol{n}_y(x,y) = \boldsymbol{T} \cdot F(x,y+1) - \boldsymbol{T} \cdot F(x,y-1) \tag{8.33}$$

式中：$\boldsymbol{T}$ 为一个 3×3 大小的参考模板矩阵，如图 8.13 所示；$F(x,y)$ 是模板中以 (x,y) 为中心点、大小为 3×3 的块，其中权重为 0 说明该点是空洞点，权重为 1 说明该点为非空洞像素点。

所以，数据项 $D(k)$ 的计算方法表达如下：

$$D(k) = (\boldsymbol{n}_x \cdot g_y + \boldsymbol{n}_y \cdot g_x)/255 \tag{8.34}$$

−1	0	1
−2	0	2
−1	0	1

(a) 垂直方向

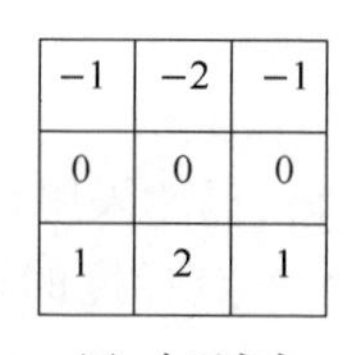

−1	−2	−1
0	0	0
1	2	1

(b) 水平方向

图 8.12 Sobel 算子

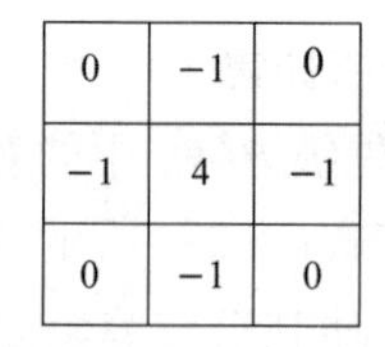

0	−1	0
−1	4	−1
0	−1	0

图 8.13 参考模板

3. 优先级计算

在原始 Criminisi 算法中，优先级 $P(k)$ 通过将置信项 $C(k)$ 与数据项 $D(k)$ 相乘得到。然而，实际图像中存在很多置信项为 0 的像素点，这将导致此区域的空洞点无法得到有效填补。这一问题出现的主要原因有两个：一是此图像区域纹理结构相对平坦，二是此区域存在的空洞点使 Sobel 算子无法起作用。为了改善此类情况，将优先级计算公式改变为

$$P(k) = W_c \cdot C(k) + W_d \cdot D(k) \tag{8.35}$$

式中：W_c 为置信项 $C(k)$ 的权值；W_d 为数据项 $D(k)$ 的权值。通过引入权重信息，有效地调整了置信项和数据项所占比重，并且将原始公式的相乘改为相加，从而较好地解决了上述问题。例如：当非空洞图像中纹理较平坦、细节较少时，可以将置信项权重增大、数据项权重降低，从而使修复结果既保留了大多数纹理结构，还对

可信度较高图像进行了优先修复;当非空洞图像中结构和纹理比较复杂、有很多纹理线条需要连接时,则将置信项权重降低、数据项权重增大,从而达到对图像结构优先考虑的目的。

8.2.2 最佳匹配块选取

1. 利用原始图像

虚拟视点绘制过程为原始图像分别绘制了左眼图像和右眼图像,绘制结果是根据视差大小对原始图像的像素点进行位移而得到的。由于物体在左右眼中存在遮挡现象,而且图像中不同物体具有不同的视差,从而导致最终生成的左右眼虚拟视点中存在明显空洞。因为左、右虚拟视点图像的所有像素信息均来自原始图像,所以在修复过程中,可以考虑同时在虚拟视点图像和原始图像中搜索最佳匹配块。

在搜索最佳匹配块时,对于左虚拟视点图像的空洞点来说,需同时参考左虚拟视点图像和原始图像;对于右虚拟视点图像的空洞点来说,需同时参考右虚拟视点图像和原始图像。但由实验过程得知,该方法将会耗费近 2 倍的搜索时间,而且图像质量并没有较大提高。因此,本节介绍一种在原始图像中搜索最佳匹配块的方法。

通常情况下,与待修复块匹配的最佳匹配块应位于与其距离较近的位置,并且搜索时无须在整幅图像中进行,而仅需要查找待修复块的邻近区域。根据人眼视觉特性可知,相比垂直方向的变化,人眼对水平方向的变化较为敏感。故本节将采用不对称的搜索块进行搜索匹配,这种不对称搜索块的高度略小于宽度。

由于原始图像和左、右虚拟视点图像中对应的像素会有一定视差,即如果点 $A(x,y)$ 为右虚拟视点图像中的空洞像素点,其在原始图像中对应的位置可能并不是 (x,y),其位置使用 $(x+D,y)$ 表示。在以 (x,y) 为中心、$2W \times 2H$ 大小的区域内查找时,如果 $W < D$,即搜索块太小,则会导致搜索结果并不是最佳匹配块。同理,左虚拟视点图像亦然。因此,需要根据图像的具体情况,选取不同的搜索块中心点。当修复右虚拟视点图像时,由于物体在右虚拟视点图像中的位置比原始图像偏右,故可以把搜索块的中心点位置向左偏移一点。

2. 利用深度图

根据绘制的左右虚拟视点图像可知,绝大部分的空洞出现于背景区域以及前景和背景的交界处,这是由物体之间的遮挡现象导致的,为了使原始图像中被遮挡的部分能够在新视点中显示出来,本节在搜索最佳匹配块时,主要对背景区域进行搜索。

首先,对于待修复点 k 而言,在虚拟视点图像中搜索非空洞像素点;然后,根据投影变换关系,在原始图像中找到该像素点的对应位置,并将它们的深度值大小进行比较,使背景区域对应其中深度值最小的像素点,并且将该像素点作为搜索块的中心去搜索最佳匹配块。

3. 选择最佳匹配块大小

在查找最佳匹配块时,影响修复质量的重要因素是搜索块大小的选择。如果搜索块过大,则每次被修复的区域也比较大,尽管这种方式效率比较高,但出现错误匹配的情况也越多,使其找到的并不是最佳匹配块,即对待修复块使用错误像素信息进行填充,从而导致误差像素信息被一直传播下去;如果搜索块过小,则每次被修复的空洞面积较小,使得修复效率不高。

综合考虑以上因素,本节采用一种“大块搜索,小块填充”的修复策略[7]。如图 8.14 所示,在进行搜索时,应选择相对较大的块;在进行填充时,应选择相对较小的块。对像素点 k 周围的空洞点进行修复时,假设 k 是空洞区域中优先级最高的点,首先,将待匹配块的尺寸设置为 5×5 并进行搜索;然后,当找到最佳匹配块后,仅填充以 k 为中心点、大小为 3×3 的块区域。这样既可以通过使用较大的搜索块,快速且准确地查找到整幅图像中的最佳匹配块,还使填充的精度得到保证,有效地减小了修复误差。

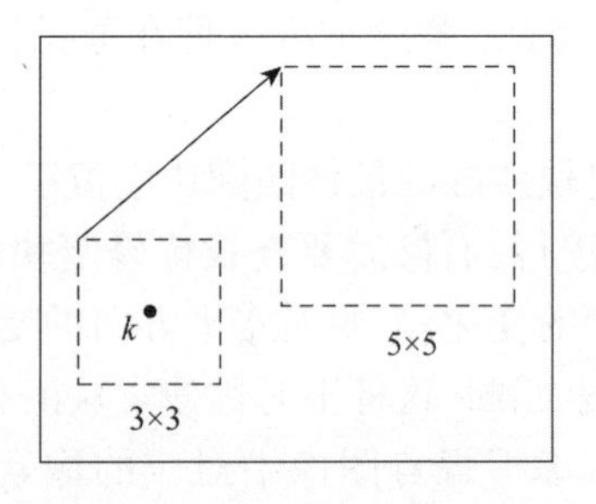

图 8.14　选择最佳匹配块大小

8.2.3　空洞修复框架结构

相比传统 DIBR 方法,采用改进的两视点 DIBR 算法生成的左右虚拟视点图像质量已有显著提高,人物边缘及背景区域未见大面积空洞现象,但仍会存在一些大小不一、形状各异且位置不定的狭小裂缝。而且,由于 Criminisi 算法是一种基于样本的图像修复算法,采用的是块匹配搜索策略,故其修复结果受到块的大小、形状以及重叠区域大小等方面的影响。本节结合 2D 转 3D 的实际情况,介绍改进的 Criminisi 空洞修复算法流程,如图 8.15 所示。该算法保留了原算法的主要思想,即先修复纹理结构明显、优先级高的区域。算法的改进主要针对优先级的计算方法以及最佳匹配块的选择两方面,使修复过程尽可能不受块参数的影响。

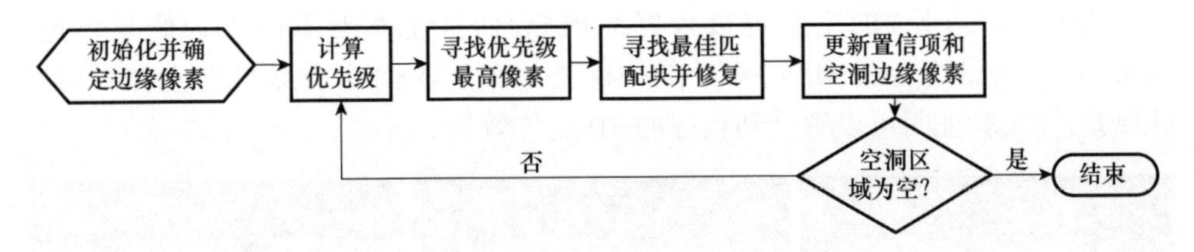

图 8.15　改进的 Criminisi 空洞修复算法流程图

由于绘制的虚拟视点图像可能存在很多单像素点或者仅为 1 个像素宽或高的细长狭缝空洞等情况,为了提高算法的执行效率,对此类较小的像素点采用其他处理方法,而不使用本节算法。首先,对这类区域进行简单的预处理操作,比如:当某一单空洞像素点的四邻域点都是已知像素点时,直接取四邻域像素点的像素平均值进行空洞填充;当空洞为单像素高或单像素宽的细长狭缝区域时,如果空洞区域的上下邻域或左右邻域的像素信息为已知的,那么只需计算其上下邻域或左右邻域的像素点均值,并对空洞区域进行填充。这种预处理操作大大提高了算法的效率。

8.2.4　实验结果及数理分析

本节采用微软数据集 Breakdancers 视频序列[8]的参考图和深度图作为基础数据,对本节中最佳优先级匹配的图像空洞修复方法进行实验及评估。如图 8.16 所示,Breakdancers 数据集中存在很多细小空洞和大面积空洞。

(a) 细小空洞

(b) 大面积空洞

图 8.16　两种空洞类型

利用 Breakdancers 测试序列对左右虚拟视点图像中存在的空洞点进行修复验证,其修复结果如图 8.17 所示,从图 8.17(a)和(b)中可以看出,原本存在于背景区域的黑色细小狭缝和不规则空洞已被修复,背景与前景交界处(如帽子边缘、中心人物手臂边缘等)的空洞也被较好地填充,而且基本看不出人为修复痕迹。图 8.17(c)为最终合成 3D 效果图,在 3D 显示器上显示,并佩戴红蓝立体眼镜即可观看,经实验证明可以感受到较好的 3D 立体效果。

(a) 修复后的左虚拟视点图像

(b) 修复后的右虚拟视点图像

(c) 最终合成3D效果图

图 8.17 (见彩图)空洞修复结果及合成结果

随机选取 16 张测试序列图像,经过 2D 转 3D 过程得到 3D 红蓝图像,实验结果如图 8.18 所示,这些随机选取的 3D 红蓝图像空洞修复效果较好。

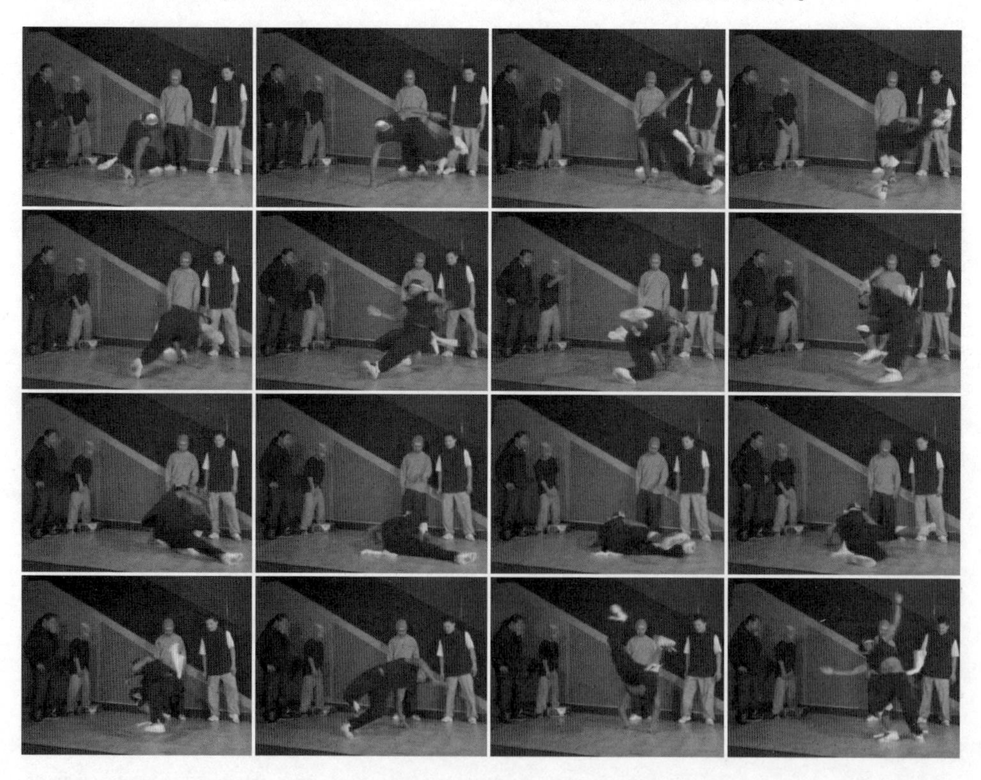

图 8.18 (见彩图)关键帧序列的 3D 红蓝图像

8.3 生成对抗网络的视点图像空洞修复

由于原始数据图像的空洞区域往往存在于物体周围或者建筑物墙体边缘等，但是通常这些区域没有复杂的纹理信息，而只有一些水平或垂直的轮廓信息，因此基于空洞区域常表现出的空洞特征，本节介绍一种基于生成对抗网络的视点图像空洞修复方法，从而进一步解决图像周围或边缘类的空洞修复。此方法的空洞填补修复过程主要分为三步：首先对空洞区域进行轮廓补充，然后根据轮廓信息进行纹理填充，最后添加细节修复模块并对图像进行全局细节修复。

8.3.1 纹理细节填补结构

1. 基于 Canny 算法的轮廓生成器

Canny 边缘检测器是常用的边缘检测方法，通过计算图像的梯度来检测图像轮廓信息。灰度值突变区域通常就是图像的边缘，将连续的灰度值突变区域进行保留，从而得到图像的边缘轮廓。

假设 T_{gt} 为原视点的真实图像，并且它的轮廓值为 R_{gt}、灰度值为 G_{gt}，则在轮廓生成器中，将使用带有灰度的掩膜图像作为输入，此掩膜图像就是带有缺失部分的灰度图，它的值可以通过式(8.36)计算得到：

$$G_{gt}' = G_{gt}(1 - M) \tag{8.36}$$

式中：M 为图像的掩膜图，图像空洞区域值为 1，其他区域值为 0。轮廓生成器得到的不完整边缘值可以通过式(8.37)计算得到：

$$R_{gt}' = R_{gt}(1 - M) \tag{8.37}$$

最终生成的轮廓预测模型如下：

$$R_{\text{pre}} = P_1(G_{gt}', R_{gt}', M) \tag{8.38}$$

式中：R_{pre} 为最终的轮廓预测值；P_1 为轮廓生成器。同时，以 R_{gt}、G_{gt} 和 R_{pre} 为鉴别器网络的输入值，通过鉴别器来判断其轮廓值是否为实数值。

2. 纹理生成器

原始图像通过轮廓生成器网络生成带有轮廓的未补全空洞图，纹理生成器则以上一阶段生成的图像为输入，再利用式(8.39)进行数据计算：

$$T_{gt}' = T_{gt}(1 - M) \tag{8.39}$$

已修复完整边缘图像 R_{com} 的计算过程表达如下：

$$R_{\text{com}} = R_{gt}(1 - M) + R_{\text{pre}}M \tag{8.40}$$

则图像的纹理预测值 T_{pre} 为

$$T_{\text{pre}} = P_2(T_{\text{pre}}', R_{\text{com}}) \tag{8.41}$$

3. 细节填补结构

由于上述两个步骤对图像的轮廓和纹理图像分别进行修复,会导致纹理和图像边界的填补效果较差,以致留下一些细小的空洞区域,因此在网络模型中需添加细节填补结构。由于需要填补的部分只剩细小空洞区域,因此需要先修补小空洞区域的最外围像素点,再将剩余空洞区域看作新的空洞区域进行再次填补,从而实现所有像素点的填补操作,细小空洞填补原理如图 8.19 所示。

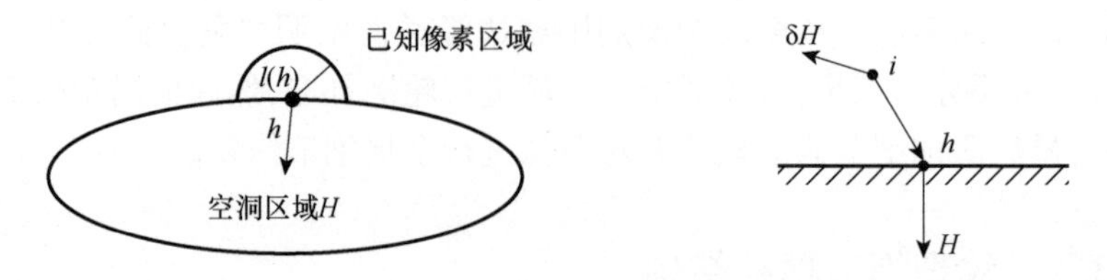

图 8.19　细小空洞填补原理

在图 8.19 中, H 为小空洞区域, δH 是空洞区域的最外边界像素。空洞填补的最终目的就是将像素值为 0 的空洞区域修复为计算后的像素值,以待填补区域像素的灰度值为例,设空洞像素点为 h ,其邻域为 $l(h)$,邻域内的像素值均为已知, i 点为邻域 $l(h)$ 内的已知像素点,则通过已知点 i 即可计算未知点 h 的灰度值,其公式如下:

$$G_i(h) = G(i) + \delta G(i)(h - i) \tag{8.42}$$

然后,利用邻域内的所有像素点计算未知点 h 的灰度值。由于像素点距离未知点的远近不同,因此各像素点对该点的作用大小各不相同,故在式(8.42)中加入权值函数进行优化,从而决定各像素点对未知点的影响程度,具体表达如下:

$$G(h) = \frac{\sum\limits_{i \in l(h)} \lambda(h,i)\left[G(i) + \delta G(i)(h - i)\right]}{\sum\limits_{i \in l(h)} \lambda(h,i)} \tag{8.43}$$

式中: $\lambda(h,i)$ 为权值函数,通常用来判断像素的影响权重。

$$\text{direction}(h,i) = \frac{h - i}{|| h - i ||} \times L(h) \tag{8.44}$$

$$\text{distance}(h,i) = \frac{d_0^2}{|| h - i ||^2} \tag{8.45}$$

$$\text{level}(h,i) = \frac{t_0}{1 +| t(h) - t(i) ||} \tag{8.46}$$

式中: d_0、t_0 分别为距离值和水平参数,通常设为 1; direction(h,i) 为方向权重因子,它能确保到法线方向 $L = \delta t$ 的距离越小其权重越大; distance(h,i) 为几何权重因子,它确保到点 h 的整体距离越小其权重越大; level(h,i) 为水平权重因子,它

确保距离包含点 h 的空洞区域的边缘越近的已知像素值其权重越大。

本节将像素分为三类:未知像素、已知像素、待修复边缘像素,首先把待修复边缘像素点的值计算出来,再将它改为已知像素点,接着填补该点四个邻域的像素点,然后迭代式地反复填补,直到所有的点都变为已知像素点。

8.3.2 训练损失函数构建

轮廓生成与纹理生成是两个相对独立的处理阶段,所以它们的损失函数各不相同。在轮廓生成阶段,损失函数被设计为对抗损失和特征损失;在纹理生成阶段,纹理生成器的损失函数被设计为对抗损失、感知损失和风格损失。

1. 轮廓生成器损失函数

对于轮廓生成器阶段的损失函数来说,首先采用生成对抗网络的损失函数,其对抗损失为

$$L_{\text{con},1} = E_{(R_{gt},G_{gt})}\log[A_1(R_{gt},G_{gt})] + E_{G_{gt}}\log[1 - A_1(R_{\text{pre}},G_{gt})] \tag{8.47}$$

式中:E 为该损失函数的期望值,其下角标是真实数据的样本分布。

对于特征损失函数部分而言,由于空洞填补方法都是对 RGB 图像进行填补的,如果只选择 L_1 或 L_2 损失函数进行训练,则得到的图像都是模糊不清的,因为它并不是针对边缘损失而设计的。如果只采用对抗损失函数,由于其原理是在训练过程中寻找一个类似的结构进行填补,因此得到的图像修补结果并不自然。针对这些情况,则考虑先进行简单填补,也就是先不考虑三通道的彩色纹理 RGB 图像,而是考虑先填补图像的边缘轮廓,原因在于轮廓值体现的是二值图,所以这种结构更好填补;然后再将填补好的轮廓图转为 RGB 图像。这个过程可以看作高低信息的解耦合问题,所以特征损失表达式为

$$L_{FM} = E[\sum_{i=1}^{N}\frac{1}{N_i}\|A_1^{(i)}(R_{gt} - A_1^{(i)}(R_{\text{pre}})\|_1] \tag{8.48}$$

式中:N 为鉴别器的最后一层;N_i 为鉴别器经过激活函数 A_1 激活的第 i 层得到的处理结果。

将两个损失函数进行合并,得到轮廓生成器的损失函数为

$$\min_{P_1}\max_{A_1} L_{P_1} = \min(\lambda_{\text{con},1}\max_{A_1}(L_{\text{con},1}) + \lambda_{FM}L_{FM}) \tag{8.49}$$

式中:$\lambda_{\text{con},1} = 1$;$\lambda_{FM} = 10$。

2. 纹理生成器损失函数

对于纹理生成器损失函数的选择来说,设计为对抗损失、感知损失、风格损失和 L_1 损失函数的结合体。纹理生成器的对抗损失表达式与轮廓生成器的损失表达式类似,可表示为

$$L_{\text{con},2} = E_{(T_{gt}, R_{\text{com}})} \log[A_2(T_{gt}, R_{\text{com}})] + E_{R_{\text{com}}} \log[1 - A_2(T_{\text{pre}}, R_{\text{com}})] \tag{8.50}$$

感知损失通常作用于图像的底层特征上,其表达式为

$$L_{\text{prec}} = E[\sum_i \frac{1}{N_i} \| \varphi_1^{(i)}(T_{gt} - \varphi_1^{(i)}(T_{\text{pre}}) \|_1] \tag{8.51}$$

式中:φ_i 为经过激活函数激活的第 i 层网络输出, $i \in \{1,2,3,4,5\}$,并且使用 VGG-19 的 RELU 层作为输出。

风格损失作用于从底层到顶层的全部特征层上,其表达式如下:

$$L_{\text{style}} = E_j[\| G_j^{\varphi}(T_{gt}') - G_j^{\varphi}(T_{\text{pre}}') \|_1] \tag{8.52}$$

式中:G_j^{φ} 为一个 j 阶 Gram 矩阵,它由激活函数 φ_i 的特征图构造得出。

整体纹理生成器损失函数表达式为

$$\min_{P_2} \max_{A_2} L_{P_2} = \lambda_{l_1} L_{l_1} + \lambda_{\text{con},2} \max_{A_2}(L_{\text{con},2} + \lambda_{\text{prec}} L_{\text{prec}} + \lambda_{\text{sty}} L_{\text{style}}) \tag{8.53}$$

式中:$\lambda_{l_1} = 1; \lambda_{\text{con},2} = 0.1; \lambda_{\text{prec}} = 0.1; \lambda_{\text{sty}} = 250$。

8.3.3 空洞修复网络结构

空洞修复整体网络结构如图 8.20 所示,首先输入需要填补的空洞图像,经过 P_1 空洞卷积生成填补好边缘轮廓区域的图像以及鉴别器 A_1,然后经过 P_2 空洞卷积生成填补好纹理区域的图像以及鉴别器 A_2,最后将生成的图像经过细节处理模块生成填补好的完整新视点图像。

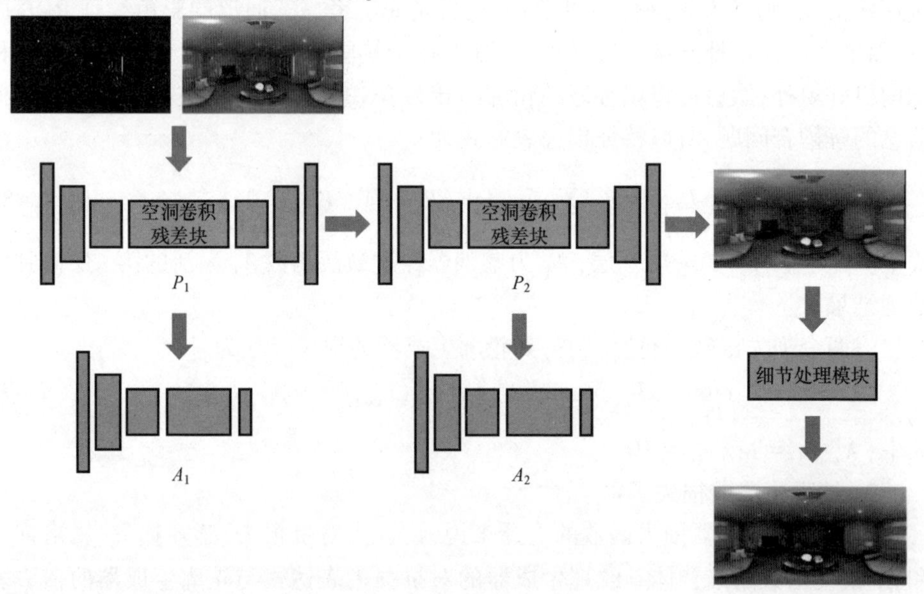

图 8.20 空洞修复整体网络结构

在整体网络结构中,前两个模块都是生成器鉴别器结构,生成器经过下采样和残差结构生成图像,鉴别器应用 PatchGAN 网络结构判别生成图像的真假。

8.3.4 实验结果及数理分析

1. 实验参数

在实验过程中,网络模型输入的全景图像尺寸设置为 512×256,训练过程的 batchsize 设置为 8。同时,使用 Adam 优化器对网络进行优化处理,网络初始学习率设置为 1×10^{-4},epoch 设置为 1000,激活函数均选择 elu 激活函数。

2. 评价过程

为了对空洞填补生成的全景图像效果进行定量评价,采用峰值信噪比作为评价指标,这种评价指标通常被用来进行生成图像效果优劣的评价标准。它利用均方差来定义,假设两幅大小为 $x\times y$ 的灰度图像分别为 P_1 和 P_2,并且两幅图像噪声类似,则它的均方差公式如下:

$$\mathrm{MSE}=\frac{1}{xy}\sum_{m=0}^{x-1}\sum_{n=0}^{y-1}\|P_1(m,n)-P_2(m,n)\|^2 \tag{8.54}$$

式中:MSE 是原图与填补后无空洞图像间的均方误差。

1)峰值信噪比

峰值信噪比(peak signal to noise ratio,PSNR)是较为常用的图像质量评价指标,表达如下:

$$\mathrm{PSNR}=10\cdot\lg\left(\frac{(2^n-1)^2}{\mathrm{MSE}}\right) \tag{8.55}$$

式中:n 为每个像素的比特大小(其值通常为 8),像素的灰度为 256,其单位为 dB,则 PSNR 的数值越大表示图像效果越好。

2)结构相似性

结构相似性(structural similarity,SSIM)是第二种常见的图像质量评价指标,它利用图像的亮度、对比度、结构对图像优劣进行评价,表达如下:

$$l(u,v)=\frac{2\mu_u\mu_v+C_1}{{\mu_u}^2+{\mu_v}^2+C_1} \tag{8.56}$$

$$c(u,v)=\frac{2\sigma_u\sigma_v+C_2}{{\sigma_u}^2+{\sigma_v}^2+C_2} \tag{8.57}$$

$$s(u,v)=\frac{\sigma_{uv}+C_3}{\sigma_u+\sigma_v+C_3} \tag{8.58}$$

式中:μ_u、μ_v 分别为图像 u、v 的均值;σ_u、σ_v 分别为图像 u、v 的方差;σ_{uv} 为图像 u、v 的协方差;C_1、C_2、C_3 为三个常数,其取值分别为 $C_1=(0.01\times255)^2$、$C_2=$

$(0.03\times255)^2$、$C_3=\dfrac{C_2}{2}$。SSIM 的计算公式为

$$\text{SSIM}(u,v)=l(u,v)\times c(u,v)\times s(u,v) \tag{8.59}$$

式中:SSIM 的范围为[0,1],它的值越大则代表图像质量越好。

3)与现有方法对比

为了验证生成对抗网络的视点图像空洞修复算法模型的有效性,本节进行了几组图像对比和数据对比,并将本节网络模型与 FMM[9] 方法、EdgeConnect[10] 方法在相同数据集下进行空洞填补验证,对生成结果进行图像效果和数值的比较分析。通过以下对比可以明显看出,本节网络模型在图像细节方面的效果优于其他方法。

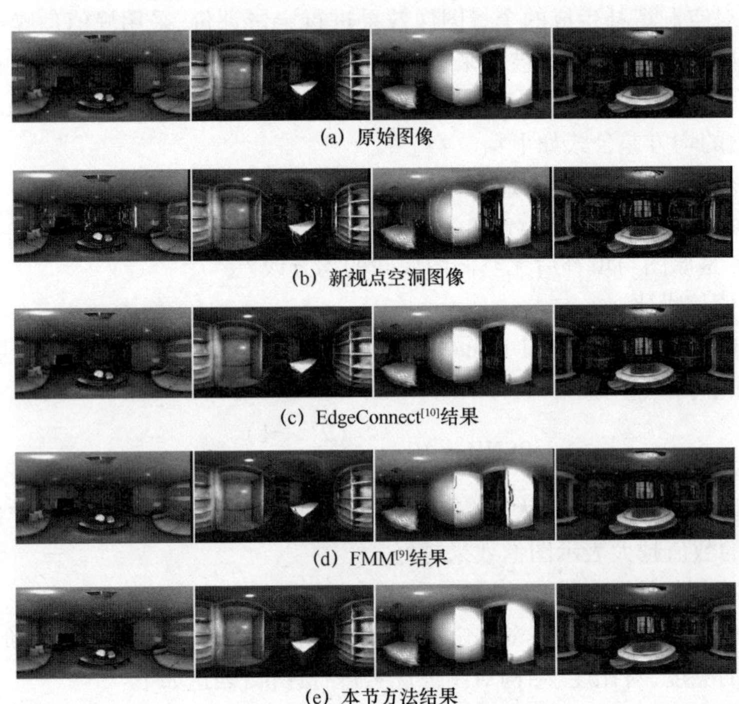

(a) 原始图像

(b) 新视点空洞图像

(c) EdgeConnect[10]结果

(d) FMM[9]结果

(e) 本节方法结果

图 8.21 不同填补方法生成结果图

图 8.21(a)为原始图像,(b)为利用传统 DIBR 方法生成的新视点空洞图像,(c)为使用 EdgeConnect[10] 方法进行空洞填补后的生成图像,(d)为利用 FMM[9] 方法进行空洞填补后的生成图像,(e)为本节实验方法进行空洞填补后的图像。

对比多组空洞填补的效果图可以看出,利用本节实验方法进行空洞填补的修复效果比其他几组空洞填补的修复效果好,图 8.21(c)的图像边缘填补效果较好

但对远处物体留下的细小空洞依旧没有完全填补,而且中间两幅图像的空洞区域尤为明显。图 8. 21(d)的空洞填补效果最差,映射后的边缘空洞留有大面积未填补部分,并且还有多个条状空洞填补不充分,使得细小空洞随处可见。相比之下,本节方法填补的效果最好,图像中没有未填补的细小空洞,而且图像最右边的边缘空洞也均被填补。

为了进一步分析本节实验方法的有效性,对各方法还进行了客观质量比较,如表 8. 1 所列。

表 8. 1　不同方法数据对比

方法	PSNR	SSIM
EdgeConnect[10]	22. 457	0. 713
FMM[9]	22. 832	0. 726
本节方法	**23. 256**	**0. 786**

在表 8. 1 中,PSNR 和 SSIM 取值越大表示图像效果越好,可以看出,本节方法对于全景图像的空洞填补效果更好,与 EdgeConnect 方法和 FMM 方法相比,PSNR 和 SSIM 取值更大、填补图像效果也更好。

8. 4　本章小结

在理论介绍的基础上,本章主要介绍了两种图像空洞修复方法:最佳优先级匹配的图像空洞修复方法、生成对抗网络的视点图像空洞修复方法。

最佳优先级匹配的图像空洞修复方法,主要针对 DIBR 算法不能有效消除生成视点图像的裂纹和空洞点数量较多等情况,构建了一种基于 Criminisi 算法的空洞修复方法,该方法主要从优先级设置、最佳匹配块选取等方面入手,同时,进行了空洞修复实验及实验效果评估。通过对"Breakdancers"测试序列进行实验可知,实验结果得到较好的空洞修复效果。

生成对抗网络的视点图像空洞修复方法,不仅利用了生成对抗网络进行空洞填补,而且加入了细节填补模块以实现空洞填补的细节处理。生成对抗网络的视点图像空洞修复方法,首先找到图像存留的细小空洞,然后采用边缘到中心的填补法对整幅图像进行填补,此网络在图像表现和数据处理方面都有更好的结果。

参考文献

[1] Wang L, Hou C, Lei J, et al. View generation with DIBR for 3D display system[J]. Multimedia Tools and Applications, 2015, 74(21): 9529-9545.

[2] 冯雅美. 自然三维电视系统中虚拟视点绘制技术研究[D]. 杭州:浙江大学, 2010.

[3] Criminisi A, Pérez P, Toyama K. Region filling and object removal by exemplar-based image inpainting[J]. IEEE Transactions on Image Processing, 2004, 13(9): 1200-1212.

[4] 丁焱. 基于深度图的虚拟视点绘制中空洞填补技术研究[D]. 哈尔滨: 哈尔滨工业大学, 2015.

[5] Yiguo Qiao, Cheolkon Jung. Dictionary based hole filling with assistance of depth[C]//2014 IEEE International Conference on Multimedia and Expo (ICME). Chengdu: IEEE, 2014: 1-6.

[6] 李忠海, 金海洋, 邢晓红. 整数阶滤波的分数阶 Sobel 算子的边缘检测算法[J]. 计算机工程与应用, 2018, 54(4): 179-184.

[7] Kim J B, Piao N, Kim H I, et al. Depth hole filling for 3D reconstruction using color and depth images [C]//Consumer Electronics (ISCE 2014), The 18th IEEE International Symposium on IEEE, JeJu Island, South Korea IEEE, 2014: 1-2.

[8] Hartley R, Zisserman A. Multiple view geometry in computer vision[M]. Cambridge: Cambridge University Press, 2003.

[9] A. C. Telea. An image inpainting technique based on the fast marching method[J]. Journal of Graphics Tools, 2004, 9(1): 25-36.

[10] Nazeri K, Ng E, Joseph T, et al. Edgeconnect: generative image inpainting with adversarial edge learning [J]. arXiv preprint arXiv:1901.00212, 2019.

(a) 蓝色单一背景

(b) 绿色单一背景

图 1.2　基于单一背景的数字图像抠图

(a) 原始自然图像

(b) 区域划分图像

(c) 前景掩膜图像

图 1.3　基于三分元素图的数字图像抠图

(a) 原始自然图像

(b) 笔刷涂鸦图像

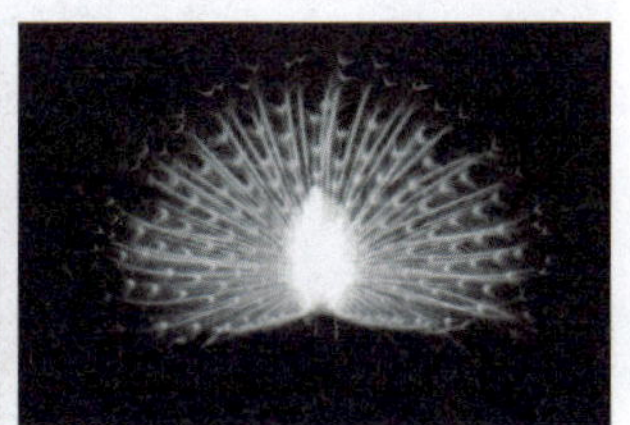

(c) 前景掩膜图像

图 1.4　基于笔刷涂鸦的数字图像抠图

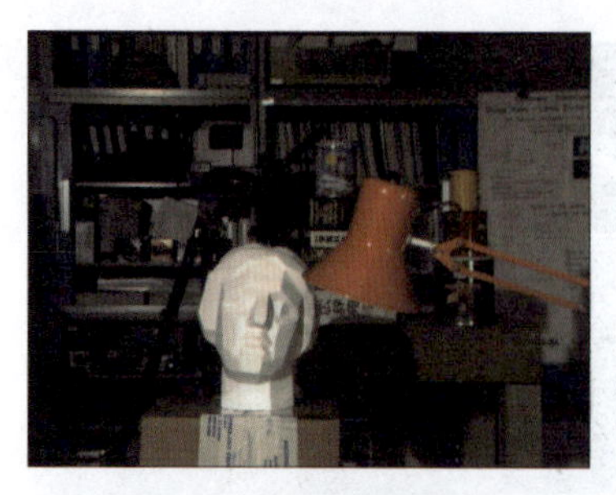

(a) 原始自然图像

(b) 深度图像

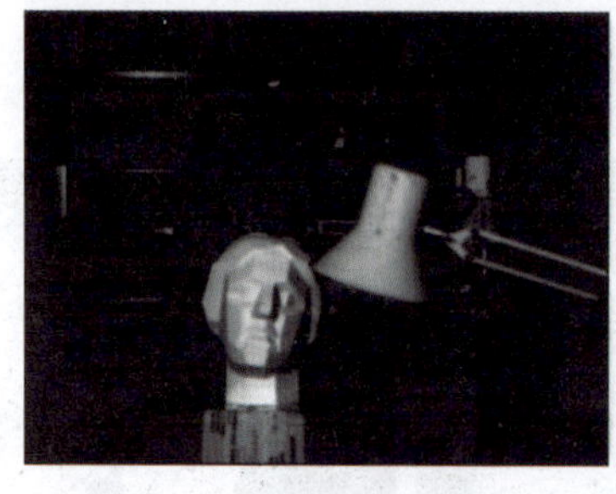

(c) 视觉显著度图像

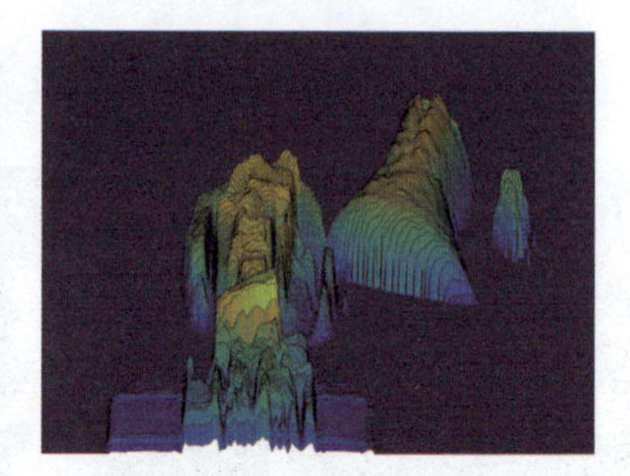

(d) 深度分割区视觉显著度特性的可视化表现

图 4.5 感兴趣区域粗分割(实验效果一)

(a) 前景图像与山石图像合成

(b) 前景图像与大象图像合成

图 4.8 前景图像与背景图像合成(实验效果一)

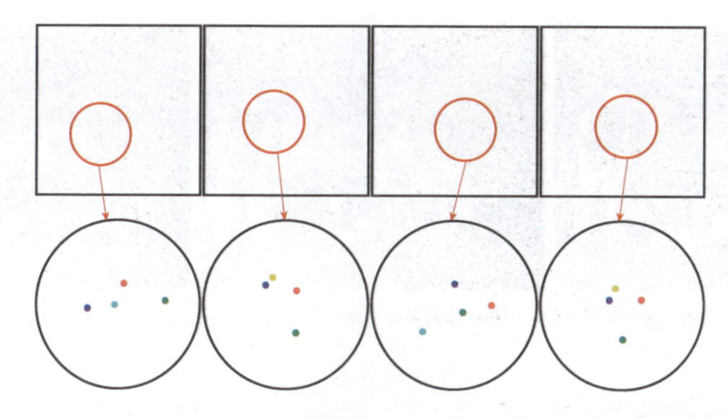

图 6.14　连通区域标记图

(a) 虚实遮挡叠加

(b) 虚实遮挡局部放大

(c) 虚实遮挡左右眼立体合成

图 7.11　虚实遮挡一致性处理(实验效果二)

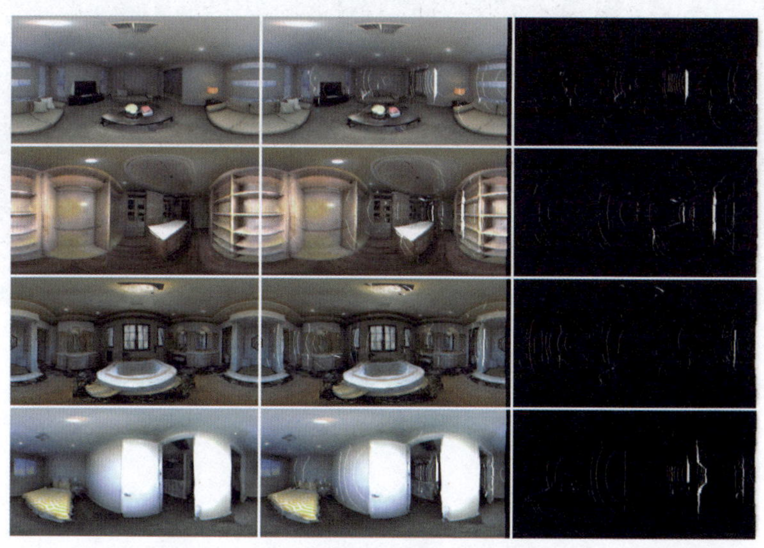

(a) 输入图像　(b) N_3映射的虚拟视点图像　(c) N_3映射的掩膜图像

图 8.10　新视点全景图对应掩膜图

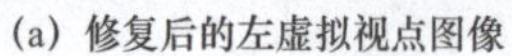
(a) 修复后的左虚拟视点图像　(b) 修复后的右虚拟视点图像　(c) 最终合成3D效果图

图 8.17　空洞修复结果及合成结果

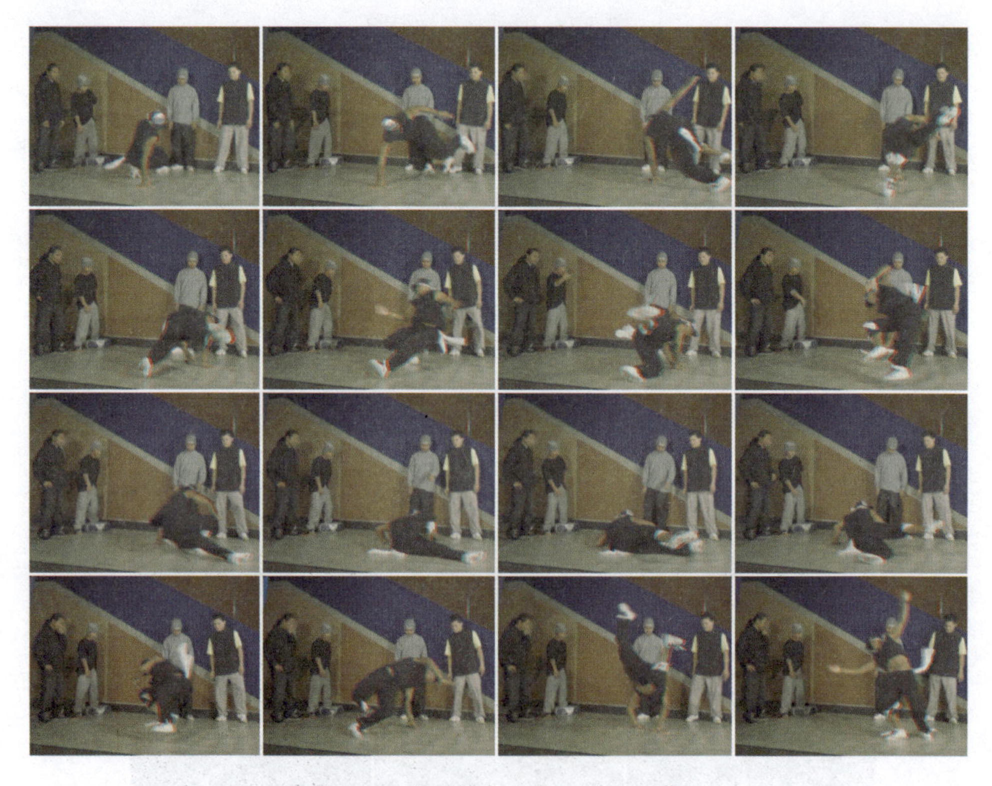

图 8.18　关键帧序列的 3D 红蓝图像